校企协同软件工程应用型专业"十三五"实训规划系列教材

天津工业大学计算机科学与技术学院
融创软通公司教育培训部　　联合编写

Java 程序设计

李春青 / 主　编

张建军　陈香凝　王佳欣 / 副主编

天津大学出版社
TIANJIN UNIVERSITY PRESS

图书在版编目（CIP）数据

Java程序设计 / 李春青主编；天津工业大学计算机科学与技术学院,融创软通公司教育培训部编写. —天津：天津大学出版社，2019.1（2020.8重印）

校企协同软件工程应用型专业"十三五"实训规划系列教材

ISBN 978-7-5618-6334-3

Ⅰ.①J… Ⅱ.①李… ②天… ③融… Ⅲ.①JAVA语言－程序设计－教材 Ⅳ.① TP312.8

中国版本图书馆 CIP 数据核字 (2019) 第 012015 号

Java Chengxu Sheji

出版发行	天津大学出版社	
地　　址	天津市卫津路 92 号天津大学内 (邮编:300072)	
电　　话	发行部:022-27403647	
网　　址	www.tjupress.com.cn	
印　　刷	廊坊市海涛印刷有限公司	
经　　销	全国各地新华书店	
开　　本	185mm×260mm	
印　　张	21.75	
字　　数	543 千	
版　　次	2019 年 1 月第 1 版	
印　　次	2020 年 8 月第 2 次	
定　　价	56.00 元	

前　言

本书属于"校企协同软件工程应用型专业'十三五'实训规划系列教材"，是天津工业大学计算机科学与技术学院和融创软通公司的多位教师在近 12 年的校企协同育人过程中的经验总结经过不断修改的成果。

本书编写背景

在多年的教学过程中，编者使用过多本关于 Java 的教材。这些教材理论讲解准确充分，学生听课的时候也可以听懂，但是学完之后却不知道如何应用，对于独立编写一个应用功能无从下手。这几年编者一直潜心研究其中的原因，逐渐发现了问题所在，于是提出了一些解决方法，并在多个班级进行试验，取得了良好的效果。现在想把这些想法与更多老师分享，也让学生学有所用。

阅读本书所需的基础知识

阅读本书的读者需要具有一定的 Java 基础和 HTML 基础：具有一定的 Java 基础意味着读者需要熟悉 Java 的基本语法，熟悉面向对象的概念以及熟悉 Java 的常用类库；具有一定的 HTML 基础意味着读者需要掌握 HTML 文档的基本结构以及常用的标签，掌握 CSS 和简单的 JavaScript 语法知识。如果读者有网络相关的知识则更好，对于 Web 应用的运行机制理解会更深入。

本书设计思路

本书主要讲解了 Java 语言的语法基础、面向对象基础、集合框架、IO 流、多线程、JDBC 数据库编程等多个层面的必备知识点，使用了大量的经典案例来加深读者对重点知识的理解，几乎每个知识点都配有相应的案例。

本书强化了关于 Java 工具类的使用、泛型与反射、JDBC 数据库编程的内容，剔除了关于网络编程、GUI 编程、注解与设计模式等不常用技术的内容。

本书每章都包含"小结""经典面试题"和"跟我上机"等内容，以帮助读者巩固知识、锤炼技术、提高找工作面试的成功率。

寄语读者

亲爱的读者朋友，感谢您在茫茫书海中发现并选择了本书。您手中的这本教材,不是出自某知名出版社,更不是出自某位名师、大家。它的作者就在您的身边,希望它能架起你我之间学习、友谊的桥梁,希望它能带您轻松步入妙趣横生的编程世界,希望它能成为您进入 IT 编程行业的奠基石。

  Java 技术是无数人经验的积累,希望通过这本书的学习,您能够从一些案例中领悟到 Java 开发的精髓,并能够在合适的项目场景下应用它们。有了这本书做参考,您会在学习的过程中体味到更多的乐趣。

  由于时间仓促、学识有限,本书难免有不足和疏漏之处,恳请广大读者将意见和建议通过出版社反馈给我们,以便在后续版本中不断改进和完善。

编　者

2018 年 6 月

目录
Contents

第 1 章　Java 语言概述

本章要点：

☐ Java 语言的产生背景

☐ Java 语言的应用领域及版本

☐ Java 语言的特点

☐ JDK 的安装及配置

☐ Java 程序的开发过程

☐ Eclipse 开发工具的使用方法

☐ Java 是由太阳微系统（Sun Microsystems）公司开发的一种应用于分布式网络环境的程序设计语言。Java 语言具有跨平台的特性，它编译的程序能够在多种操作系统平台上运行，可以达到"一次编写，到处运行"的目的。本章将介绍 Java 语言的产生背景、特点、开发环境、开发过程以及 Eclipse、IntelliJ IDEA 开发工具的使用。

1.1　Java 语言的产生背景

Java 语言是 Sun Microsystems 于 1990 年开发的。当时 Green 项目小组的研究人员正在致力于为未来的智能设备开发一种新的编程语言,由于该小组的成员詹姆斯·高斯林(James Gosling)对 C++ 在执行过程中的表现非常不满,他编写了一种新的语言,将其命名为 Oak(即 Java 语言的前身,这个名称源于 Gosling 办公室窗外的一棵橡树)。这时的 Oak 已经具备安全性、网络通信、面向对象、垃圾回收、多线程等特性,是一种相当优秀的程序语言。但是当他们去注册 Oak 商标时,却发现它已经被另一家公司注册,所以不得不改名。改成什么名字好呢? 工程师们一边喝着咖啡一边讨论着,看到杯中的咖啡,联想到印度尼西亚有一个重要的盛产咖啡的岛屿,名叫 Java(爪哇),于是将其改名为 Java。

随着 Internet 的迅速发展,Web 的应用日益广泛,Java 语言也得到了快速普及。1994 年, Gosling 用 Java 开发了一个实时性较好、可靠、安全、有交互功能的新型 Web 浏览器,它不依赖于任何硬件平台和软件平台而运行。这个浏览器名为 HotJava,于 1995 年同 Java 语言一起在业界正式对外发布,这项技术引起了巨大的轰动,Java 的地位随之得到巩固,此后的发展非常迅速。

1.2　Java 简介

Java 是由 Sun Microsystems 公司于 1995 年 5 月推出的 Java 面向对象程序设计语言和 Java 平台的总称。Java 分为以下三个体系:

(1)Java SE,全称为 Java 2 Platform Standard Edition,可进一步简写为 J2SE,即 Java 平台标准版;

(2)Java EE,全称为 Java 2 Platform Enterprise Edition,可进一步简写为 J2EE,即 Java 平台企业版;

(3)Java ME,全称为 Java 2 Platform Micro Edition,可进一步简写为 J2ME,即 Java 平台微型版。

1.3　Java 语言的特点

1. Java 语言是简单的

Java 语言的语法与 C 语言和 C++ 语言很接近,对于大多数程序员来说很容易学习和使用。而且 Java 丢弃了 C++ 中很少使用的、很难理解的、令人迷惑的特性,如操作符重载、多继承、自动类型转换和强制类型转换。特别是 Java 语言不使用指针,而使用引用,并提供了垃圾自动回收机制,使得程序员不必为内存管理而担忧。

2. Java 语言是面向对象的

Java 语言提供类、接口和继承等原语，为了简单起见，只支持类之间的单继承，但支持接口之间的多继承，并支持类与接口之间的实现机制（关键字为 implements）。Java 语言全面支持动态绑定，而 C++ 语言只对虚函数使用动态绑定。总之，Java 语言是一种纯粹的面向对象的程序设计语言。

3. Java 语言是分布式的

Java 语言支持 Internet 应用的开发，在基本的 Java 应用编程接口中有一个网络应用编程接口（java.net），它提供了用于网络应用编程的类库，包括 URL、URLConnection、Socket、ServerSocket 等。Java 的远程方法调用机制也是开发分布式应用的重要手段。

4. Java 语言是健壮的

Java 的强类型机制、异常处理、垃圾自动回收等是 Java 程序健壮性的重要保证。丢弃指针是 Java 的明智选择。Java 的安全检查机制使得 Java 更具健壮性。

5. Java 语言是安全的

Java 通常被用在网络环境中，因此 Java 提供了一个安全机制以防恶意代码攻击。除了许多安全特性以外，Java 对通过网络下载的类还具有安全防范机制（类 ClassLoader），如分配不同的名字空间以防本地的同名类被替代，逃避字节代码检查，并提供安全管理机制（类 SecurityManager），为 Java 应用设置安全哨兵。

6. Java 语言是体系结构中立的

Java 程序（后缀为".java"的文件）在 Java 平台上被编译为体系结构中立的字节码文件（后缀为".class"），然后可以在实现 Java 平台的任何系统中运行。这种途径适合异构的网络环境和软件的开发。

7. Java 语言是可移植的

这种可移植性来源于体系结构的中立性。Java 严格规定了各个基本数据类型的长度。Java 系统本身也具有很强的可移植性，如 Java 编译器是用 Java 实现的，Java 的运行环境是用 ANSI C 实现的。

8. Java 语言是解释型的

如上所述，Java 程序在 Java 平台上被编译为字节码文件，然后可以在实现 Java 平台的任何系统中运行。运行时，Java 平台上的 Java 解释器对这些字节码进行解释执行，执行过程中需要的类在连接阶段被载入运行环境中。

9. Java 是高性能的

与解释型的高级脚本语言相比，Java 的确是高性能的。事实上，Java 的运行速度随着 JIT(Just-In-Time)编译器技术的发展越来越接近 C++。

10. Java 语言是多线程的

在 Java 语言中，线程是一种特殊的对象，必须由 Thread 类或其子(孙)类创建。通常用两种方法创建线程：其一，使用 Thread(Runnable)的构造方法将一个实现了 Runnable 接口的对象包装成一个线程；其二，由 Thread 类派生出子类并重写 run 方法，使用该子类创建的对象即为线程。值得注意的是 Thread 类已经实现了 Runnable 接口，因此，任何一个线程均有它的 run 方法，而 run 方法中包含了线程所要运行的代码。线程的活动由一组方法控制。

Java 语言支持多个线程同时执行,并提供多线程之间的同步机制(关键字为 synchronized)。

11. Java 语言是动态的

Java 语言的设计目标之一是适应动态变化的环境,这有利于软件的升级。Java 程序需要的类能够被动态地载入运行环境中,也可以通过网络载入所需要的类。另外,Java 的类能进行运行时刻的类型检查。

1.4　Java 虚拟机(JVM)

虚拟机是一种对计算机物理硬件环境的软件实现。

虚拟机是一种抽象机器,内部包含一个解释器(Interpreter),可以将其他高级语言编译为虚拟机解释器可以执行的代码(称这种代码为中间语言(Intermediate Language)),实现高级语言程序的可移植平台无关性(System Independence),无论是运行在嵌入式设备上还是多个处理器的服务器上,虚拟机都执行相同的指令,所使用的支持库均具有标准的 API 和完全相同或相似的行为。

Java 虚拟机(Java Virtual Machine, JVM)是一种抽象机器,它附着在具体操作系统上,本身具有一套虚拟机器指令,并有自己的栈、寄存器等,是运行 Java 程序不可缺少的机制。编译后的 Java 程序指令并不是直接在硬件系统的 CPU 上执行的,而是在 JVM 上执行的。在 JVM 中有一个 Java 解释器用来解释 Java 编译器编译后的程序。任何一台机器只要配备了解释器,就可以运行这个程序,而不管字节码是在何种平台上生成的,如图 1-1 所示。

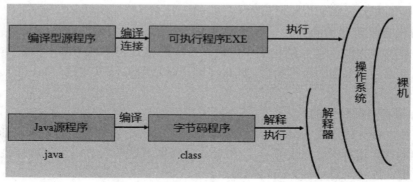

图 1-1　计算机硬件、操作系统、JVM 与各种可执行程序之间的关系

1.5　Java 的运行机制

Java 编写的源程序(扩展名是".java")需要通过 Java 编译器进行编译,编译后生成与平台无关的字节码文件(扩展名是".class"),该字节码文件通过 Java 解释器解释执行后,转换为计算机可以识别的机器码,然后在计算机上运行。Java 程序的运行原理如图 1-2 所示。

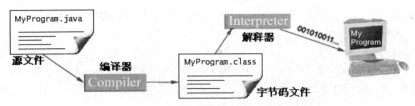

图 1-2　Java 程序的编译和执行过程

Java 的字节码文件是通过 JVM 解释执行的,不同平台的 JVM 是不同的,但是它们都提供了相同的接口,因此, Java 的字节码文件可以在任何安装了 JVM 的计算机和外部设备上运行。

1.6　JDK 的安装及配置

在学习一种编程语言之前,首先需要把相应的开发环境搭建好。要编译和执行 Java 程序, Java 开发包(Java Development Kit, JDK)是必需的,下面具体介绍下载并安装 JDK 和配置环境变量的方法。

1.6.1　下载 JDK

由于 Sun Microsystems 公司已经被 Oracle 公司收购,因此需要在 Oracle 公司的官方网站(http://www.oracle.com/index.html)下载 JDK。下面以目前最新版本的 JDK 8 Update 121 为例介绍下载 JDK 的方法,具体步骤如下。

(1)打开 IE 浏览器,在地址栏中输入 URL 地址“http://www.oracle.com/index.html”并按 Enter 键,进入图 1-3 所示的 Oracle 官方网站页面。在 Oracle 主页面中“Downloads”选项卡的“Popular Downloads”栏目中单击“Java for Developers”超级链接(在图 1-3 中箭头所指位置),进入 Java SE 相关资源下载页面。

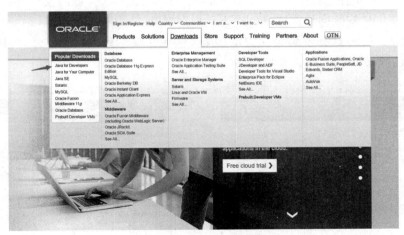

图 1-3　Oracle 主页面

（2）跳转后的新页面如图 1-4 所示，单击"JDK"下方的"DOWNLOAD"按钮。

说明

在 JDK 中，已经包含了 JRE（Java Runtime Environment，即 Java 运行环境）。JDK 用于开发 Java 程序，JRE 用于运行 Java 程序。

（3）跳转后的新页面如图 1-5 所示，同意协议并选择适合当前系统版本的 JDK 下载。

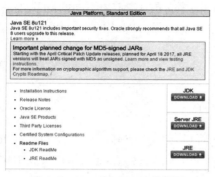

图 1-4　JDK 和 JRE 下载页面

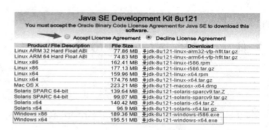

图 1-5　JDK 资源选择页面

1.6.2　安装 JDK

JDK（以名称"jdk-8u121-windows-x64.exe"为例）下载完毕后，就可以在需要编译和运行 Java 程序的机器中安装 JDK 了，具体步骤如下。

注意

在安装 JDK 8 之前，请确认系统中没有安装 JDK 的其他版本，否则，计算机在配置时会有冲突。

（1）关闭所有正在运行的程序，双击"jdk-8u121-windows-x64.exe"文件开始安装，弹出图 1-6 所示的 JDK 安装向导窗体，单击"下一步"按钮。

（2）在图 1-7 中，选择安装全部 JDK 功能，包括开发工具、源代码、公共 JRE 等。单击"更改"按钮，修改 JDK 的默认安装路径。

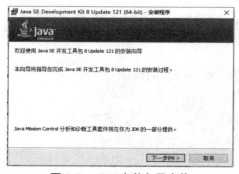

图 1-6　JDK 安装向导窗体

图 1-7　JDK 安装功能及位置选择窗体

注意

尽量安装在硬盘根目录下,并且路径中不允许有中文、其他非英文字符或空格。

说明

在 JDK 的安装文件中还包含一个 Java 运行环境(JRE),在默认情况下其同 JDK 一起安装,其安装目录要求与 JDK 相同。

(3)在图 1-8 中,修改安装路径"C:\Program Files\Java\jdk1.8.0_121\"为"C:\Java\jdk",单击"确定"按钮。

(4)在图 1-9 中,可以看到安装路径发生了变化,单击"下一步"按钮。

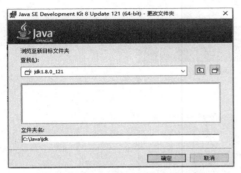

图 1-8　修改 JDK 安装路径窗体

图 1-9　修改完 JDK 安装路径后的窗体

(5)在图 1-10 中,显示的是 JDK 安装进度。

(6)在前面已经选择了安装 JRE,图 1-11 中显示的是 JRE 安装路径选择窗体,单击"更改"按钮。

图 1-10　JDK 安装进度窗体

图 1-11　JRE 安装路径选择窗体

(7)在图 1-12 中,更改安装路径"C:\Program Files\Java\jre1.8.0_121\"为"C:\Java\jre",单击"下一步"按钮。

(8)在图 1-13 中,显示的是 JRE 安装进度。

图 1-12　修改 JRE 安装路径窗体

图 1-13　JRE 安装进度窗体

（9）在图 1-14 中，显示的是安装完成窗体，单击"关闭"按钮。

图 1-14　安装完成窗体

1.6.3　在 Windows 系统中配置和测试 JDK

安装完 JDK 后，需要设置环境变量并测试 JDK 配置是否成功，具体步骤如下。

（1）在 Windows 10 系统中，同时按住 Win 键和 Pause 键打开系统基本信息窗体，如图 1-15 所示，选择"高级系统设置"（Windows 7、8 系统中的操作均与此类似）。

图 1-15　系统基本信息窗体

（2）在图 1-16 中，单击"环境变量"按钮。

（3）在图 1-17 中，单击"系统变量"列表框下方的"新建"按钮，新建系统变量。

图 1-16　系统属性窗体

图 1-17　环境变量窗体

（4）在"新建系统变量"对话框的"变量名"文本框中输入"JAVA_HOME"，在"变量值"文本框中输入 JDK 的安装路径"C:\Java\jdk"，如图 1-18 所示。单击"确定"按钮，完成 系统变量"JAVA_HOME"的配置。

（5）在系统变量中查找"Path"变量，如果不存在，则新建系统变量"Path"；否则选中该变量，单击"编辑"按钮，打开"编辑系统变量"对话框，如图 1-19 所示。

图 1-18　配置 JAVA_HOME

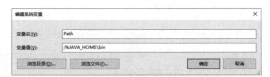

图 1-19　"编辑系统变量"对话框

在该对话框的"变量值"文本框的起始位置添加以下内容：

```
;%JAVA_HOME\bin
```

说明

不能把原来 Path 中的其他内容去掉或修改，只能在前面增加。在 Windows 系统中，环境变量需要使用英文的分号进行分隔；在 Linux 系统中，环境变量需要使用英文的冒号进行分隔。请注意全角和半角的区别。

（6）单击"确定"按钮，返回环境变量窗体。在"系统变量"列表框中查看"CLASS-PATH"变量，如果不存在，则新建变量"CLASSPATH"，变量值为：

```
;%JAVA_HOME%\lib\dt.jar;%JAVA_HOME%\lib\tools.jar
```

（7）JDK 程序的安装和配置完成后，可以测试 JDK 是否能够在机器上运行。

选择"开始"/"运行"命令，在打开的"运行"窗口中输入"cmd"命令，将进入命令提示符环境（DOS 环境）。在命令提示符后面直接输入"java"，按 Enter 键，系统会输出 java 的帮助信息，如图 1-20 所示，这说明已经成功配置了 JDK，否则需要仔细检查上面步骤的配置是否正确。

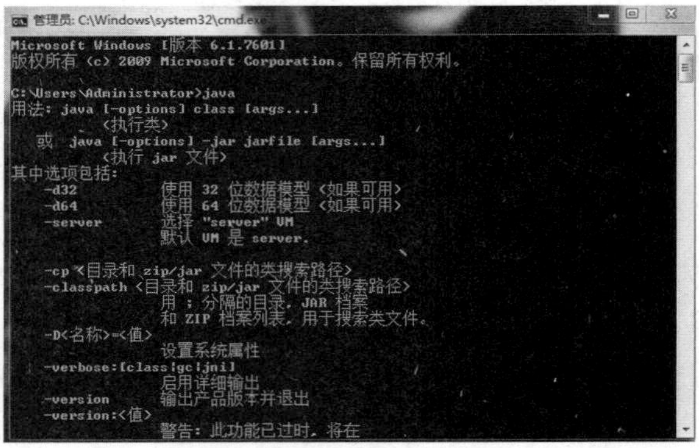

图 1-20　测试 JDK 安装及配置是否成功

1.7　开发工具 Eclipse

1.7.1　Eclipse 简介

Eclipse 是基于 Java 的、开放源代码的、可扩展的应用开发平台。它为编程人员提供了一流的 Java 集成开发环境（Integrated Development Environment，IDE），是一个可以用于构建集成 Web 应用程序的开发工具平台；其本身并不能提供强大的功能，是通过插件实现程序的快速开发功能的。

Eclipse 具有成熟的、可扩展的体系结构，为创建可扩展的开发环境提供了一个平台。这个平台允许任何人构建与环境或其他工具无缝集成的工具，而工具与 Eclipse 无缝集成的关键是插件。Eclipse 还包括插件开发环境（Plug-in Development Environment，PDE），PDE 主要针对那些希望扩展 Eclipse 的编程人员而设定，这正是 Eclipse 最具魅力的地方。通过不断地集成各种插件，Eclipse 的功能也在不断地扩展，可以支持各种不同的应用。

Eclipse 利用 Java 语言写成，所以支持跨平台操作，但是需要标准窗口工具包（Standard Widget Toolkit，SWT）的支持，不过这个问题已经得到解决，因为 SWT 已经被移植到许多常见的平台（例如 Windows、Linux、Solaris 等多个操作系统）上了，甚至可以应用到手机或者 PDA 程序开发中。

说明

Java 还有其他的开发工具，例如 MyEclipse、IntelliJ IDEA 等。

1.7.2　Eclipse 的安装

虽然 Eclipse 支持国际化，但是它默认的并不是本地化的应用环境，还需要进行相应的配置,如中文语言包、编译版本等。

1. 安装 Eclipse

安装 Eclipse 前需要先安装 JDK,JDK 的安装和配置参见本书 1.6 节中的内容。可以从 Eclipse 的官方网站(http://www. eclipse.org)下载最新版本的 Eclipse。本书中使用的 Eclipse 的版本代号为 Neon。

2. 启动 Eclipse

安装完之后就可以启动了。Eclipse 初次启动时,需要设置工作空间,本书中将 Eclipse 安装到 D 盘根目录下,将工作空间设置在"D:\eclipse\workspace"中,如图 1-21 所示。

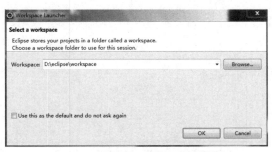

图 1-21 "设置工作空间"对话框

每次启动 Eclipse,都会出现"设置工作空间"对话框。如果不需要每次启动都出现该对话框,可以通过勾选"以此作为默认设置并且不再询问"(Use this as the default and do not ask again)选项屏蔽该对话框。

3. 使用 JDK 8 编译器

在使用 Eclipse 开发 Java 之前,必须确认 Eclipse 所使用的编译器的版本。在默认状态下,Eclipse Neon 使用 1.8 版本的编译器。如果在默认状态下使用的不是 1.8 版本的编译器,则修改步骤如下。

启动 Eclipse 以后,选择"窗口"节点,在右侧的"编译器一致性级别"下拉选项框中选择"1.8",单击"确定"按钮。这样就完成了 Eclipse 编译器版本的修改。

1.8 开发工具 IntelliJ IDEA

IntelliJ IDEA 被认为是当前 Java 开发效率最高的 IDE 工具。它整合了开发过程中的众多实用功能,几乎可以不用鼠标就方便地完成要做的事情,最大限度地加快开发的速度,简单而又功能强大。与其他一些繁冗而复杂的 IDE 工具形成了鲜明的对比。(图 1-22、图 1-23)

Licensed to zjj

图 1-22　IntelliJ IDEA 启动界面

图 1-23　IntelliJ IDEA 代码风格界面

小结

　　本章首先介绍了 Java 技术的相关概念、三个不同的版本以及 Java 语言的特点，以使读者对 Java 语言有一个初步的认识。然后带领读者完成 Java 开发环境的搭建，包括 JDK 8 的下载和安装步骤。JDK 8 是 Java 程序最新的稳定开发环境，它同时捆绑了 JRE，即 Java 运行环境。完成 JDK 8 的安装之后，本章又介绍了 JDK 8 相关系统变量的配置和 JDK 8 系统变量的配置方法。最后，为使读者快速掌握 Java 语言程序设计的相关语法、技术以及其他知识点，本章介绍了目前流行的 IDE 集成开发工具 Eclipse 和 IntelliJ IDEA，同时介绍了使用 Eclipse 开发 Java 程序的流程和编程风格。

　　通过本章的学习，读者不仅要对 Java 语言有初步的认识，还应该掌握 Java 环境的搭建以及开发工具的使用。其中 Eclipse 和 IntelliJ IDEA 开发工具的使用，还需要读者多做练习，并从开发工具自带的教程中了解更多知识和使用方法。

经典面试题

1-1　简述 Java 语言的特点。

1-2　简述 JDK 与 JRE 的区别。

1-3　列举并简要说明 Java 常用的开发工具。

1-4　在 Windows 系统中如何安装 JDK？需要配置哪些系统变量？

1-5　简述 Java 虚拟机（JVM）的工作原理。

跟我上机

1-1　使用 Eclipse 开发工具编写程序，输入三个数，求三个数中的最大数和最小数。

1-2　使用 IntelliJ IDEA 开发工具编写程序，输入一个数，判断这个数是正数、负数还是零。

1-3　判断某年是平年还是闰年。

1-4　判断学生成绩高于、低于或等于及格分 60。如果分数低于 60，应当给学生额外加 5 分。如果分数仍低于 60，则该学生不及格，显示学生的姓名、成绩以及学生是否及格。

1-5　将两个字符串连接并赋值到第三个字符串中。S1="患难时的朋友"，S2="是真正的朋友！"。

第 2 章　Java 语言的语法基础

本章要点：

- ☐ Java 语言中的标识符和关键字
- ☐ Java 语言中的常量和变量
- ☐ Java 语言中的数据类型
- ☐ 数组的创建和使用

- ☐ 任何知识都要从基础学起，同样，Java 语言也要
  从基本语法学起。本章将详细介绍 Java 语言的
  基本语法，建议初学者不要急于求成，要认真学习
  本章的内容，为后面的学习打下坚实的基础。

2.1　标识符和关键字

2.1.1　Unicode 字符集

　　Java 语言使用 Unicode 标准字符集,该字符集由 Unicode 协会管理并接受其技术上的修改,它最多可以识别 65536 个字符。在 Unicode 字符集中,前 128 个字符刚好属于 ASCII 字符集,而剩下的部分则被分配给了世界上常用的其他语言的字母及文字。因此,Java 所使用的字母不仅包括通常的拉丁字母,还包括汉字、俄文字母、希腊字母等。

2.1.2　标识符

　　Java 语言中的类名、对象名、方法名、常量名和变量名统称为标识符。

　　为了提高程序的可读性,在定义标识符时,要尽量遵循"见其名知其意"的原则。Java 标识符的具体命名规则如下。

　　(1)一个标识符可以由几个单词连接而成,以表明它的意思。

　　(2)标识符由一个或多个字母、数字、下画线(_)和美元符号($)组成,没有长度限制。

　　(3)标识符中第一个字符不能为数字。

　　(4)标识符不能是 true、false 和 null。

　　(5)类名中每个单词的首字母都要大写,其他字母则小写,例如 RecordInfo。

　　(6)方法名和变量名与类名有些相似,除了第一个单词的首字母小写外,其他单词的首字母都要大写,例如 getRecordName()、recordName。

　　(7)常量名中每个单词的每个字母都要大写,如果由多个单词组成,通常情况下单词之间用下画线(_)分隔,例如 MAX_VALUE。

　　(8)包名中每个单词的每个字母都要小写,例如 com.frame。

> **注意**
> 　　Java 语言是区分字母大小写的,即 Java 不等于 java。

2.1.3　关键字

　　在 Java 语言中还定义了一些专有词,统称为关键字。关键字有 53 个,包括 51 个关键词(例如 public、class、int 等)和 2 个保留字(const 和 goto),它们都具有特定的含义,只能用于特定的位置,不能作为标识符使用。表 2-1 中列出了 Java 语言的所有关键字。

表 2-1　Java 语言的所有关键字

访问控制	类、方法和变量修饰符		程序控制		错误处理	包相关	基本类型		变量引用	保留字
private	abstract	strictfp	break	switch	try	import	boolean	true	super	goto
protected	class	synchro-nized	continue	case	catch	pack-age	byte	false	this	const
public	extends	transient	return	default	throw		char	enum	void	
	final	volatile	do	else	throws		double	long		
	imple-ments	new	while	for	finally		float	short		
	inter-face	static	if	instan-ceof	assert		int	null		
	native									

2.2　常量与变量

常量和变量在程序代码中随处可见,下面具体讲解常量和变量的概念及使用要点。

2.2.1　常量的概念及使用要点

所谓常量,就是值永远不允许被改变的量。如果要声明一个常量,就必须用关键字 final 修饰。声明常量的具体方式如下:

```
final 常量类型 常量标识符 ;
```

例如:

```
final int YOUTH_AGE;            // 声明一个 int 型常量
final float PIE;                // 声明一个 float 型常量
```

注意

在定义常量标识符时,按照 Java 的命名规则,所有字符都要大写;如果常量标识符由多个单词组成,则各个单词之间用下画线(_)分隔,如"YOUTH_AGE"。

在声明常量时,通常情况下立即为其赋值,即立即对常量进行初始化。声明并初始化常量的具体方式如下:

```
final 常量类型 常量标识符 = 常量值 ;
```

例如：

```
final int YOUTH_AGE = 18;              // 声明一个 int 型常量，并初始化为 18
final float PIE = 3.14F;               // 声明一个 float 型常量，并初始化为 3.14
```

说明

为 float 型常量赋值时，需要在数值的后面加上一个字母"F"或"f"，说明数值为 float 型。

如果需要声明多个同一类型的常量，可以采用下面的形式：

```
final 常量类型 常量标识符 1, 常量标识符 2, 常量标识符 3;
final 常量类型 常量标识符 4 = 常量值 4, 常量标识符 5 = 常量值 5;
```

例如：

```
final int A,B,C;                       // 声明三个 int 型变量
final int D =4,E=5,F=6;                // 声明三个 int 型变量，并分别初始化为
                                          4、5、6
```

如果在声明常量时没有对其进行初始化，也可以在需要时进行初始化，例如：

```
final int YOUTH_AGE;                   // 声明一个 int 型变量
final float PIE;                       // 声明一个 float 型变量
YOUTH_AGE = 18;                        // 初始化常量 YOUTH_AGE 为 18
PIE = 3.14f;                           // 初始化常量 PIE 为 3.14
```

但是，如果在声明常量时已经对其进行初始化，则常量的值不允许再被修改。例如若尝试执行下面的代码，将在控制台输出常量值不能被修改的错误提示。

```
final int YOUTH_AGE = 18;              // 声明一个 int 型变量，并初始化为 18
YOUTH_AGE = 16;                        // 尝试修改已被初始化的常量
```

2.2.2　变量的概念及使用要点

所谓变量，就是值可以被改变的量。如果要声明一个变量，不需要使用任何关键字进行修饰。声明变量的具体方式如下：

```
变量类型 变量标识符 ;
```

例如：

String name;	// 声明一个 String 型变量
int partyMemberAge;	// 声明一个 int 型变量

注意

定义变量名时，按照 Java 的命名规则，第一个单词的首字母小写，其他单词的首字母大写，例如"partyMemberAge"。

在声明变量时，可以立即为其赋值，即立即对变量进行初始化。声明并初始化变量的具体方式如下：

变量类型 变量标识符 = 变量值 ;

例如：

String name = "MWQ";	// 声明一个 String 型变量，并初始化为"MWQ"
int partyMemberAge = 26;	// 声明一个 int 型变量，并初始化为 26
Student s1 = new Student();	// 声明一个 Student 型变量，并初始化为"new Student()"

如果需要声明多个同一类型的变量，可以采用下面的形式：

变量类型 变量 1, 变量 2, 变量 3;
变量类型 变量 4= 变量值 4, 变量 5= 变量值 5, 变量 6= 变量值 6;

例如：

int a,b,c;	// 声明三个 int 型变量
int d=4,e=5,f=6;	// 声明三个 int 型变量，并分别初始化为 4、5、6

变量区别于常量之处在于它的值允许被改变。例如，下面的代码是正确的：

String name = "Jerry";	// 声明一个 String 型变量，并初始化为"Jerry"
name = "Tom";	// 尝试修改已经被初始化的变量

2.3 数据类型

Java 是强类型的编程语言，Java 语言的数据类型划分为两大类，分别是基本数据类型和引用数据类型。其中基本数据类型由 Java 语言定义，不可以再进行划分。基本数据类型的数据占用内存的大小固定，在内存中存储的是数值本身；而引用数据类型在内存中存储的是引用数据的存放地址，并不是数据本身。

2.3.1　基本数据类型

基本数据类型分为整数型、浮点数型、字符型和逻辑型,分别用来存储整数、小数、字符和逻辑值。下面依次讲解这四个基本数据类型的特征及使用方法。

1. 整数型

声明为整数型的常量或变量用来存储整数。整数型包括字节型(byte)、短整型(short)、整型(int)和长整型(long)。

这四个数据类型的区别是它们在内存中所占用的字节数不同,因此,它们能够存储的整数的取值范围也不同,如表 2-2 所示。

表 2-2　整数型数据占用内存的字节数以及取值范围

数据类型	关键字	占用内存的字节数	取值范围
字节型	byte	1	−128~127
短整型	short	2	−32768~32767
整型	int	4	−2147483648~2147483647
长整型	long	8	−9223372036854775808~9223372036854775807

在为这四个数据类型的常量或者变量赋值时,所赋的值不能超出对应数据类型允许的取值范围。例如,在下面的代码中将 byte、short 和 int 型变量赋值为 9412、794125 和 9876543210 是不允许的,即下面的代码均是错误的:

```
byte b = 9412;              // 声明一个 byte 型变量,并初始化为 9412
short s = 794125;           // 声明一个 short 型变量,并初始化为 794125
int i = 9876543210;         // 声明一个 int 型变量,并初始化为 9876543210
```

在为 long 型常量或变量赋值时,需要在所赋值的后面加上一个字母“L”(或“l”),说明所赋的值为 long 型。如果所赋的值未超出 int 型的取值范围,也可以省略字母“L”(或“l”)。

例如,下面的代码均是正确的:

```
long la = 9876543234L;      // 所赋值超出 int 型的取值范围,必须加上“L”
long lb = 98765432L;        // 所赋值未超出 int 型的取值范围,可以加上“L”
long lc = 98765432;         // 所赋值未超出 int 型的取值范围,也可以省略“L”
```

但下面的代码就是错误的:

```
long l = 9876543210;        // 所赋值超出 int 型的取值范围,不加字母“L”
                               是错误的
```

【例 2-1】　使用基本数据类型定义员工的年龄。

```
public class BasicMessage {
private int id;
private String name;
private int age;
private int dept;
private int headship;
private String sex;
...                              // 省略部分代码
public int getAge() {
return age;
}
public void setAge(int age) {
this.age = age;
}
public void setHeadship(int headship) {
this.headship = headship;
}
}
```

2. 浮点型

声明为浮点型的常量或变量用来存储小数（也可以存储整数）。浮点型包括单精度型（float）和双精度型（double）两个基本数据类型，这两个数据类型的区别是它们在内存中所占用的字节数不同，因此，它们所能够存储的整数的取值范围也不同，如表 2-3 所示。

表 2-3　浮点型数据占用内存的字节数以及取值范围

数据类型	关键字	占用内存的字节数	取值范围
单精度型	float	4	1.4E-45~3.4028235E38
双精度型	double	8	4.9E-324~1.7976931348623157E308

在为 float 型常量或变量赋值时，需要在所赋值的后面加上一个字母"F"（或"f"），说明所赋的值为 float 型。如果所赋的值为整数，并且未超出 int 型的取值范围，也可以省略字母"F"（或"f"）。

例如，下面的代码均是正确的：

```
float fa = 9412.75F;             // 所赋值为小数，必须加上"F"
float fb = 9876543210F;          // 所赋值超出 int 型的取值范围，必须加上"F"
float fc = 9412F;                // 所赋值未超出 int 型的取值范围，可以加上"F"
float fd = 9412;                 // 所赋值未超出 int 型的取值范围，也可以省略"F"
```

但下面的代码就是错误的：

```
float fa = 9412.75;              // 所赋值为小数，不加"F"是错误的
float fb = 9876543210;          // 所赋值超出 int 型的取值范围，不加"F"是错误的
```

在为 double 型常量或变量赋值时，需要在所赋值的后面加上一个字母"D"（或"d"），说明所赋的值为 double 型。如果所赋的值为小数，或者所赋的值为整数，并且未超出 int 型的取值范围，也可以省略字母"D"（或"d"）。

例如，下面的代码均是正确的：

```
float da =9412.75D;             // 所赋值为小数，可以加上"D"
float db = 9412.75;             // 所赋值为小数，也可以省略"D"
float dc = 9412D ;              // 所赋值未超出 int 型的取值范围，可以加上"D"
float dd = 9412;                // 所赋值未超出 int 型的取值范围，也可以省略"D"
double de = 9876543210D;        // 所赋值超出 int 型的取值范围，必须加上"D"
```

说明

Java 默认小数为 double 型，所以在将小数赋值给 double 型常量或变量时，可以不加字母"D"（或者"d"）。

3. 字符型

声明为字符型的常量或变量用来存储单个字符，它占用内存的 2 个字节来存储，字符型利用关键字"char"进行声明。

因为计算机只能存储二进制数据，所以需要将字符用一串二进制数据来表示，也就是通常所说的字符编码。Java 采用 Unicode 字符编码，Unicode 使用 2 个字节标识 1 个字符，并且 Unicode 字符集中的前 128 个字符与 ASCII 字符集兼容。例如，字符"a"的 ASCII 编码的二进制数据形式为 01100001，Unicode 编码的二进制数据形式为 00000000 01100001，它们都表示十进制数 97，因此 Java 与 C、C++ 一样，都把字符作为整数对待。

说明

ASCII 是用来表示英文字符的一种编码，每个字符占用 1 个字节，所以最多可表示 256 个字符。但英文字符没有那么多，故 ASCII 使用前 128 个（字节中最高位为 0）来存储包括控制符、数字、大小写英文字母和一些其他符号的字符。字节中最高位为 1 的另外 128 个字符称为"扩展 ASCII"，通常用于存储英文的制表符、部分音标字符等符号。使用 ASCII 编码无法表示多国语言文字。

Java 中的字符通过 Unicode 编码，以二进制的形式存储在计算机中，计算机可通过数据类型判断要输出的是字符还是整数。Unicode 编码采用无符号编码，一共可存储 65536 个字符（0x0000~0xffff），所以 Java 中的字符几乎可以处理所有国家的语言文字。

在为 char 型常量或变量赋值时，无论值是一个英文字母、一个符号，还是一个汉字，都必须将所赋的值放在英文状态下的一对单引号中。例如下面的代码分别将字母"M"、符号

"*"和汉字"男"赋值给 char 型变量 ca、cb 和 cc：

```
char ca = 'M';                          // 将大写字母"M"赋值给 char 型变量
char cb = '*';                          // 将符号"*"赋值给 char 型变量
char cc = ' 男 ';                       // 将汉字"男"赋值给 char 型变量
```

注意

在为 char 型常量或变量赋值时，无论所赋的值是字母、符号，还是汉字，都只能为一个字符。

因为 Java 把字符作为整数对待，并且可以存储 65536 个字符，所以也可以将 0~65535 的整数赋值给 char 型常量或变量，但是在输出时得到的并不是所赋的整数。例如，下面的代码将整数 88 赋值给 char 型变量 c，在输出变量 c 时得到的是大写字母"X"：

```
char c = 88;                            // 将整数 88 赋值给 char 型变量
System.out.println(c);                  // 输出 char 型变量
```

注意

代码"System.out.println();"用来将指定的内容输出到控制台，并且在输出后换行；代码"System.out.print();"用来将指定的内容输出到控制台，但是在输出后不换行。

也可以将数字 0~9 以字符的形式赋值给 char 型常量或变量，赋值方式为将数字 0~9 放在英文状态下的一对单引号中。例如，下面的代码将数字 6 赋值给 char 型变量 c：

```
char c ='6';                            // 将数字 6 赋值给 char 型变量
```

4. 逻辑型

声明为逻辑型的常量或变量用来存储逻辑值，逻辑值只有 true 和 false，分别代表逻辑判断中的"真"和"假"。逻辑型利用关键字"boolean"进行声明。

可以将逻辑值 true 和 false 赋值给 boolean 型变量，例如下面的代码分别将"true"和"false"赋值给变量 ba 和 bb。

```
boolean ba = true;                      // 将"true"赋值给变量 ba
boolean bb = false;                     // 将"false"赋值给变量 bb
```

也可以将逻辑表达式赋值给 boolean 型变量，例如下面的代码分别将逻辑表达式"6 < 8"和逻辑表达式"9 > 8"赋值给 boolean 型变量 ba 和 bb。

```
boolean ba = 6 < 8;                     // 将表达式"6 < 8"赋值给变量 ba
boolean bb = 9 > 8;                     // 将表达式"9 > 8"赋值给变量 bb
```

2.3.2 引用数据类型

引用数据类型包括类引用、接口引用以及数组引用。下面的代码分别表示声明一个 java.lang.Object 类的引用、一个 java.util.List 接口的引用和一个 int 型数组的引用：

```
Object object = null;          // 声明一个 java.lang.Object 类的引用
List list = null;              // 声明一个 java.util.List 接口的引用
int[] months = null;           // 声明一个 int 型数组的引用
```

说明

将引用数据类型的常量或变量初始化为 null,表示引用数据类型的常量或变量不引用任何对象。

在初始化引用数据类型时需要注意的是,对接口引用的初始化需要通过接口的相应实现类实现。例如,下面的代码在初始化接口引用 List 时,是通过接口 java.util.List 的实现类 java.util.ArrayList 实现的：

```
Object object = new Object();          // 声明并初始化一个 java.lang.Object
                                       // 类的引用
List list = new ArrayList();           // 声明并初始化一个 java.util.List 类
                                       // 的引用
int[] months = new int[12];            // 声明并初始化一个 int 型数组的引
                                       // 用
System.out.println("object is " + object);    // 输出类引用 object
System.out.println("list  is "+ list);        // 输出接口引用 list
System.out.println("months is " + months);    // 输出数组引用 months
```

执行上面的代码,在控制台将输出如下内容：

```
object is java.lang.Object@27c170f0
list is []
months is [I@5451c3a8
```

2.3.3 基本数据类型与引用数据类型的区别

基本数据类型与引用数据类型的主要区别在以下两个方面：
(1)基本数据类型与引用数据类型的组成；
(2)Java 虚拟机处理基本数据类型变量与引用数据类型变量的方式。

1. 组成

基本数据类型是一个单纯的数据类型,它表示的是一个具体的数字、字符或逻辑值,例如 68、M 或 true。若一个变量引用的是一个复杂的数据结构的实例,则该变量就属于引用数据类型。在引用数据类型的变量所引用的实例中,不仅可以包含基本数据类型的变量,而且可以包含对这些变量的具体操作行为,甚至可以包含其他引用类型的变量。

【例 2-2】 基本数据类型与引用数据类型。

创建一个档案类 Record,在该类中利用引用数据类型变量 name 存储姓名,利用 char 型变量 sex 存储性别,利用 int 型变量 age 存储年龄,利用 boolean 型变量 married 存储婚姻状况,并提供一些操作这些变量的方法。Record 类的具体代码如下:

```java
public class Record{
    private String name;                          // 姓名
    private char sex;                             // 性别
    private int age;                              // 年龄
    private boolean married;                      // 婚姻状况
    public String getName() {                     // 获得姓名
            return name;
    }
    public void setName(String name) {            // 设置姓名
            this.name = name;
    }
    public char getSex() {                        // 获得性别
            return sex;
    }
    public void setSex(char sex) {                // 设置性别
            this.sex = sex;
    }
    public int getAge() {                         // 获得年龄
            return age;
    }
    public void setAge(int age) {                 // 设置年龄
            this.age = age;
    }
    public boolean isMarried() {                  // 获得婚姻状况
            return married;
    }
    public void setMarried(boolean married) {     // 设置婚姻状况
            this.married = married;
    }
}
```

下面创建两个 Record 类的实例,并分别通过变量 you 和 me 进行引用,具体代码如下:

```
public class Example {
    public static void main(String[] args) {
    Record you = new Record();                    // 创建代表读者的对象
    Record me = new Record();                      // 创建代表作者的对象
    }
}
```

上面的变量 you 和 me 就属于引用数据类型，并且引用的是类的实例，所以也是类引用类型。

接下来在 Example 类的 main 方法中编写如下代码，通过 Record 类中的相应方法，依次初始化分别代表读者和作者的变量 you 和 me 的姓名、性别、年龄和婚姻状况：

```
you.setName(" 读者 ");                    // 设置读者的姓名
you.setSex(' 女 ');                        // 设置读者的性别
you.setAge(22);                            // 设置读者的年龄
you.setMarried(false);                     // 设置读者的婚姻状况
me.setName(" 作者 ");                     // 设置作者的姓名
me.setSex(' 男 ');                        // 设置作者的性别
me.setAge(26);                            // 设置作者的年龄
me.setMarried(true);                       // 设置作者的婚姻状况
```

下面继续在 Example 类的 main 方法中编写如下代码，通过 Record 类中的相应方法，依次获得读者和作者的姓名、性别、年龄和婚姻状况，并将得到的信息输出到控制台：

```
System.out.print(you.getName() + "   ");          // 获得并输出读者的姓名
System.out.print(you.getSex() + "   ");           // 获得并输出读者的性别
System.out.print(you.getAge() + "   ");           // 获得并输出读者的年龄
System.out.println(you.isMarried() + "   ");      // 获得并输出读者的婚姻状况
System.out.print(me.getName() + "   ");           // 获得并输出作者的姓名
System.out.print(me.getSex() + "   ");            // 获得并输出作者的性别
System.out.print(me.getAge() + "   ");            // 获得并输出作者的年龄
System.out.println(me.isMarried() + "   ");       // 获得并输出作者的婚姻状况
```

执行上面的代码，在控制台将输出图 2-1 所示的信息。

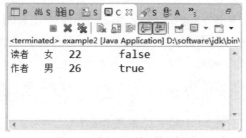

图 2-1　例 2-2 的运行结果

2. Java 虚拟机的处理方式

对于基本数据类型的变量，Java 虚拟机会根据变量的实际类型为其分配内存空间。例如为 int 型变量分配 4 个字节的内存空间。而对于引用数据类型的变量，Java 虚拟机在内存空间中存储的并不是变量所引用的对象，而是对象在堆内存中存储的地址，所以引用变量最终只是指向被引用的对象，而不是存储引用对象的数据，因此两个引用变量之间的赋值就是将一个引用变量存储的地址复制给另一个引用变量，从而使两个变量指向同一个对象。

例如，创建一个图书类 Book，具体代码如下：

```java
public class Book {
    String isbn = "978-7-115-16451-3";
    String name = "××× 应用开发完全手册 ";
    String author = "×× 科技 ";
    float price = 59.00F;
}
```

下面是声明两个 Book 类的实例，分别通过变量 book1 和 book2 进行引用，对 book1 进行初始化，而将 book2 初始化为 null，具体代码如下：

```java
Book book1 = new Book();
Book book2 = null;
```

Java 虚拟机为引用变量 book1、book2 及 book1 所引用对象的成员变量分配的内存空间如图 2-2 所示。

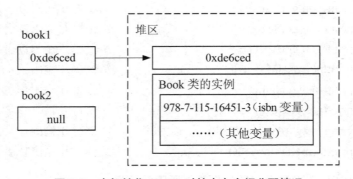

图 2-2　未初始化 book2 时的内存空间分配情况

从图 2-2 中可以看出，变量 book1 引用了 Book 类的实例，book2 没有引用任何实例。

下面对变量 book2 进行初始化，将 book1 所引用实例的地址复制给 book2 变量，即 book2 与 book1 引用同一个 Book 类的实例，具体代码如下：

```java
book2 = book1;
```

此时 Java 虚拟机的内存空间分配情况如图 2-3 所示。

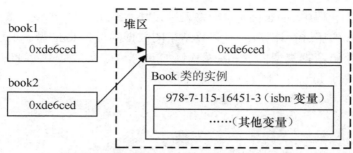

图 2-3　初始化 book2 后的内存空间分配情况

2.3.4　数据类型之间的相互转换

所谓数据类型之间的相互转换，就是将变量从当前的数据类型转换为其他数据类型。在 Java 中数据类型之间的相互转换可以分为以下三种情况：

（1）基本数据类型之间的相互转换；

（2）字符串与其他数据类型之间的相互转换；

（3）引用数据类型之间的相互转换。

这里只介绍基本数据类型之间的相互转换，其他两种情况将在相关的章节中介绍。

在对多个基本数据类型的数据进行混合运算时，如果这几个数据不属于同一基本数据类型，则需要先将它们转换为统一的数据类型，然后进行运算。

基本数据类型之间的相互转换又分为以下两种情况：

（1）自动类型转换；

（2）强制类型转换。

1. 自动类型转换

当需要从低级类型向高级类型转换时，编程人员无须进行任何操作，Java 会自动完成类型转换。低级类型是取值范围较小的数据类型，高级类型是取值范围较大的数据类型，例如 long 型相对于 float 型是低级数据类型，但是相对于 int 型则是高级数据类型。在基本数据类型中，除了 boolean 类型外，其他数据类型均可参与算术运算，这些数据类型从低级到高级的排序如图 2-4 所示。

图 2-4　数据类型从低级到高级的排序

在不同数据类型的算术运算中，自动类型转换可以分为两种情况考虑：一种情况是算术表达式中含有 int、long、float 或 double 型的数据，另一种情况是不含有上述四种类型的数据，即只含有 byte、short 或 char 型的数据。

（1）如果算术表达式中含有 int、long、float 或者 double 型的数据，Java 首先将所有数据类型较低级的变量自动转换为表达式中最高级的数据类型，然后进行计算，并且计算结果的数据类型也为表达式中最高级的数据类型。

例如在下面的代码中,Java 首先自动将表达式"b * c - i + l"中的变量 b、c 和 i 的数据类型转换为 long 型,然后进行计算,并且计算结果的数据类型为 long 型。所以将表达式"b * c - i + l"直接赋值给数据类型低于 long 型(例如 int 型)的变量是不允许的,但是可以直接赋值给数据类型高于 long 型(例如 float 型)的变量。

```
byte b = 75;
char c = 'c';
int i = 794251;
long l = 9876543210L;
long result = b * c - i + l;
```

而在下面的代码中,Java 首先自动将表达式"b * c - i + d"中的变量 b、c 和 i 的数据类型转换为 double 型,然后进行计算,并且计算结果的数据类型为 double 型。所以将表达式"b * c - i + d"直接赋值给数据类型低于 double 型(例如 long 型)的变量是不允许的。

```
byte b = 75;
char c = 'c';
int i = 794251;
double d = 11.17;
long result = b * c - i + d;
```

(2)如果算术表达式中只含有 byte、short 或 char 型的数据,Java 首先将所有变量的类型自动转换为 int 型,然后进行计算,并且计算结果的数据类型是 int 型。

例如下面这段代码:

```
byte b = 75;
short s = 9412;
char c = 'c';
int result = b + s * c;
```

Java 首先自动将表达式"b + s * c"中的变量 b、s 和 c 的数据类型转换为 int 型,然后进行计算,并且计算结果的数据类型为 int 型。所以将表达式"b + s * c"直接赋值给数据类型低于 int 型(例如 char 型)的变量是不允许的,但是可以直接赋值给数据类型高于 int 型(例如 long 型)的变量。

再看下面这段代码:

```
short s1 = 75;
short s2 = 9412;
int result = s1 * s2;
```

在这段代码中,Java 也会自动将表达式"s1 * s2"中的变量 s1 和 s2 的数据类型转换为 int 型,然后进行计算,并且计算结果的数据类型也为 int 型。

对于数据类型为 byte、short、int、long、float 和 double 的变量,可以将数据类型较低的数据或变量直接赋值给数据类型较高的变量,反之则不成立。

对于数据类型为 char 的变量,不可以将数据类型为 byte 和 short 的变量直接赋值给 char 型变量,但是可以将 char 型变量直接赋值给 int、long、float 和 double 型变量。

2. 强制类型转换

如果需要把数据类型较高级的数据或变量赋值给数据类型较低级的变量,就必须进行强制类型转换。例如,将 Java 默认为 double 型的数据"7.5"赋值给 int 型变量的方式如下:

```
int i = (int) 7.5;
```

这句代码在数据"7.5"的前方添加了代码"(int)",意思是将数据"7.5"的类型强制转换为 int 型。

在执行强制类型转换时,可能导致数据溢出或精度降低。例如上面的语句中变量 i 的值最终为 7,导致数据精度降低。如果将 Java 默认为 int 型的数据"774"赋值给 byte 型变量,方式如下:

```
byte b = (byte) 774;
```

最终变量 b 的值为 6,原因是整数 774 超出了 byte 型的取值范围,在进行强制类型转换时,表示整数 774 的二进制数据的前 24 位将被舍弃,所以最终赋值给变量 b 的数值是后 8 位二进制数据流表示的数据,如图 2-5 所示。

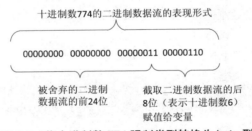

图 2-5　将十进制数 774 强制类型转换为 byte 型

2.4　数组

数组是一种最常见的数据结构,通过数组可以保存一组相同数据类型的数据。数组一旦创建,它的长度就固定了。数组的类型可以是基本数据类型,也可以是引用数据类型;可以是一维数据、二维数据,也可以是多维数据。

2.4.1　声明数组

声明数组的内容包括数组类型和数组标识符。

声明一维数组的方式如下:

```
数组类型 [] 数组标识符；
数组类型 数组标识符 [];
```

上面这两种声明数组的方式，其作用是相同的。相比之下，前一种方式更规范，但后一种方式更符合原始编程习惯。例如，分别声明一个 int 型和 boolean 型一维数组，具体代码如下：

```
int[] months;
boolean members[];
```

Java 语言中的二维数组是一种特殊的一维数组，即数组的每个元素又是一个一维数组，Java 语言并不直接支持二维数组。声明二维数组的方式如下：

```
数组类型 [][]   数组标识符；
数组类型       数组标识符 [][];
```

例如，分别声明一个 int 型和 boolean 型二维数组，具体代码如下：

```
int[][] days;
boolean holidays[][];
```

2.4.2 创建数组

创建数组实质上就是在内存中为数组分配相应的存储空间。

有两种方式可以创建数组：一种是通过 new 关键字创建，另一种是通过"{ }"创建。一维数组和二维数组的创建方式略有差别。

一维数组的创建方式如下：

```
int[] months = new int[12];                      //months 的长度为 12
boolean[] members = { false, true, true, false };  //members 的长度为 4
```

二维数组的创建方式如下：

```
int[][] days = new int[2][3];
boolean holidays[][] = { { true, false, true }, { false, true, false } };
```

二维数组可以看作一个表格。将数组 days 看成一个 2 行 3 列的表格，将数组 holidays 看成一个 2 行 3 列的表格，如表 2-4 所示。

表 2-4　二维数组的内部结构

	列索引 0	列索引 1	列索引 2
行索引 0	days[0][0]	days[0][1]	days[0][2]
行索引 1	days[1][0]	days[1][1]	days[1][2]

2.4.3　初始化数组

在声明数组的同时可以给数组元素一个初始值,例如一维数组初始化代码如下:

```
int boys [] = {2,45,36,7,69};
```

也可以进行动态初始化:

```
int boys [] = new int [5];
```

二维数组初始化代码如下:

```
boolean holidays[][] = { { true, false, true }, { false, true, false } };
```

2.4.4　数组长度

数组元素的个数称作数组的长度。对于一维数组,"数组名.length"的值就是数组元素的个数;对于二维数组,"数组名.length"的值是它含有的一维数组的个数。

```
int[] months=new int[12];                                // 一维数组 months
boolean[] members={false,true,true,false};               // 一维数组 members
int[][] days=new int[2][3];                              // 二维数组 days
boolean holidays[][]={{false, true, true },{ false, false, true } };  // 二维数组 holidays
```

如果需要获得一维数组的长度,可以通过下面的方式:

```
System.out.println(months.length);                       // 输出值为 12
System.out.println(members.length);                      // 输出值为 4
```

如果通过下面的方式获得二维数组的长度,得到的是二维数组的行数:

```
System.out.println(days.length);                         // 输出值为 2
System.out.println(holidays.length);                     // 输出值为 2
```

如果需要获得二维数组的列数,可以通过下面的方式:

```
System.out.println(days[0].length);                      // 输出值为 2
System.out.println(holidays[0].length);                  // 输出值为 3
```

如果是通过"{}"创建的数组,数组中每一行的列数可以不相同,例如:

```
boolean holidays[][]={
{false, true, true },                                    // 二维数组的第 1 行为 3 列
{false, true },                                          // 二维数组的第 2 行为 2 列
{ false, false, true }                                   // 二维数组的第 3 行为 3 列
}
```

在这种情况下，通过下面的方式得到的只是第 1 行的列数：

```
System.out.println(holidays[0].length);                  // 输出值为 3
```

如果需要获得二维数组中第 2 行和第 3 行的列数，可以通过下面的方式：

```
System.out.println(holidays[1].length);                  // 输出值为2
System.out.println(holidays[2].length);                  // 输出值为3
```

2.4.5　使用数组元素

一维数组通过索引位置访问自己的元素，如 months[0]、months[1] 等。需要注意的是，索引是从 0 开始，而不是从 1 开始的。如果数组中有 4 个元素，那么索引到 3 为止。

一维数组在访问数组中的元素时，需要同时指定数组标识符和元素在数组中的索引位置。例如访问上面的代码创建的数组，输出索引位置为 2 的元素，具体代码如下：

```
System.out.println(months[2]);
System.out.println(members[2]);
```

二维数组也通过索引位置访问自己的元素，在访问数组中的元素时，需要同时指定数组标识符和元素在数组中的索引位置。例如访问 2.4.2 节的代码创建的二维数组，输出位于第 2 行、第 3 列的元素，具体代码如下：

```
System.out.println(days[1][2]);
System.out.println(holidays[1][2]);
```

小结

本章详细介绍了 Java 语言的基础知识，主要包括标识符与关键字，常量和变量的区别，基本数据类型、引用数据类型，基本数据类型与引用数据类型的区别，不同数据类型之间相互转换的方法和需要注意的一些事项；讲解了一维数组和二维数组的使用方法，尤其是对二维数组的操作方法。

在 Java 语言中，由于把二维数组看作数组的数组，数组空间不是连续分配的，所以不要求二维数组每一维的大小相同。

经典面试题

2-1　简述常量和变量的区别。

2-2　Java 的基本数据类型有哪些？

2-3　标识符的命名规则是什么？

2-4　一个".java"源文件中是否可以包括多个类(不是内部类)？有什么限制？

2-5　Java 支持的数据类型有哪些？什么是自动拆装箱？

跟我上机

2-1　输入一个字符串,打印出该字符串中的每个字符对应的 ASCII 码。

2-2　设计一个逻辑算术计算器,用来输入所需要的数和运算符,输出对应的结果。

2-3　使用一维数组编写程序,输出数组的所有元素、最大值和最小值。

2-4　判断一维数组 {1,2,3,1,0} 中是否存在相同的元素,如果存在相同的元素输出"重复",否则输出"不重复"。

2-5　利用条件运算符嵌套完成此题:学习成绩≥ 90 分的同学用 A 表示,在 60~89 分之间的用 B 表示,在 60 分以下的用 C 表示。

第3章 运算符与流程控制

本章要点:

- ☐ 运算符
- ☐ if 语句
- ☐ switch 语句
- ☐ if 语句和 switch 语句的区别
- ☐ while、do...while 和 for 语句的区别
- ☐ 跳转语句

☐ 程序通常是按由上至下的顺序执行的,但有时程序会根据不同的情况选择不同的语句区块来运行,或者重复运行某一语句区块,或者跳转到某一语句区块继续运行。这些根据不同条件运行不同语句区块的方式被称为程序流程控制。Java 语言中的流程控制语句有分支语句、循环语句和跳转语句三种。

3.1 运算符

在 Java 语言中，与类无关的运算符主要有赋值运算符、算术运算符、关系运算符、逻辑运算符和位运算符，下面一一介绍各个运算符的使用方法。

3.1.1 赋值运算符

赋值运算符的符号为"="，它的作用是将数据、变量或对象赋值给相应类型的变量或对象，例如下面的代码：

```
int i=75;                        // 将数据赋值给变量
long l =i;                       // 将变量赋值给变量
Object object=new Object();      // 创建对象
```

赋值运算符的结合性为从右到左。例如，在下面的代码中，首先计算表达式"9412+75"，然后将计算结果赋值给变量 result：

```
int result=9412+75;
```

如果两个变量的值相同，也可以采用下面的方式完成赋值操作：

```
int x, y;                        // 声明两个 int 型变量
x=y=0;                           // 同时为两个变量赋值
```

3.1.2 算术运算符

算术运算符支持整数型数据和浮点型数据的运算。当整数型数据与浮点型数据之间进行算术运算时，Java 会自动完成数据类型的转换，并且计算结果为浮点数型。Java 语言中算术运算符的功能及使用方法如表 3-1 所示。

表 3-1 算术运算符

运算符	功能	举例	运算结果	结果类型
+	加法运算	10+7.5	17.5	double
−	减法运算	10−7.5F	2.5F	float
*	乘法运算	3*7	21	int
/	除法运算	21/3L	7L	long
%	求余运算	10%3	1	int

在进行算术运算时，有两种情况需要考虑：一种情况是没有小数参与运算，另一种情况

是有小数参与运算。

1. 没有小数参与运算

在对整数型数据或变量进行加法(+)、减法(−)和乘法(*)运算时，与数学中的运算方式完全相同，这里就不介绍了。下面介绍在整数之间进行除法(/)和求余(%)运算时需要注意的问题。

当在整数型数据或变量之间进行除法运算时，无论能否整除，运算结果都是一个整数，并且这个整数不是通过对实际运算结果四舍五入得到的，而是简单地去掉实际运算结果的小数部分得到的。例如，通过下面的代码分别计算 10 除以 3 和 5 除以 2：

```
System.out.println(10/3);        // 最终输出的运算结果为 3
System.out.println(5/2);         // 最终输出的运算结果为 2
```

当在整数型数据或变量之间进行求余运算时，运算结果为数字运算中的余数。例如，通过下面的代码分别计算 10 除以 3 求余，10 除以 5 求余：

```
System.out.println(10%3);        // 最终输出的运算结果为 1
System.out.println(10%5);        // 最终输出的运算结果为 0
System.out.println(10%7);        // 最终输出的运算结果为 3
```

与数学运算一样，0 可以做被除数，但是不可以做除数。当 0 做被除数时，无论是除法运算，还是求余运算，运算结果都为 0。例如，通过下面的代码分别计算 0 除以 6 和 0 除以 6 求余，最终输出的运算结果均为 0。

```
System.out.println(0/6);         // 最终输出的运算结果为 0
System.out.println(0%6);         // 最终输出的运算结果为 0
```

如果 0 做除数，虽然可以编译，但是在运行时会抛出 java.lang.ArithmeticException 异常，即出现算术运算异常，说明 0 不可以做除数。

2. 有小数参与运算

在对浮点型数据或变量进行算术运算时，如果算术表达式中含有 double 型数据或变量，则运算结果为 double 型，否则运算结果为 float 型。

在对浮点型数据或变量进行算术运算时，计算出的结果在小数点后可能有 n 位数字，这些数字有时候不是精确的，计算出的结果会与数学运算中的结果存在一定的误差，只能尽量接近数学运算中的结果。例如，在计算 4.0 减去 2.1 时，不同的数据类型会得到不同的计算结果，但都接近或等于数学运算中的结果 1.9，具体代码如下：

```
System.out.println(4.0F-2.1F);   // 输出的运算结果为 1.9000001
System.out.println(4.0-2.1F);    // 输出的运算结果为 1.9000000953674316
System.out.println(4.0F-2.1);    // 输出的运算结果为 1.9
System.out.println(4.0-2.1);     // 输出的运算结果为 1.9
```

如果被除数为浮点型数据或变量，无论是除法运算，还是求余运算，0 都可以做除数。

如果是除法运算,当被除数是正数时,运算结果为 Infinity,表示无穷大;当被除数是负数时,运算结果为 −Infinity,表示无穷小;如果是求余运算,运算结果为 NaN(Not a Number,表示非数,是计算机科学中数值数据类型的一类值)。例如下面的代码:

```
System.out.println(7.5/0);              // 输出的运算结果为 Infinity
System.out.println(−7.5/0);             // 输出的运算结果为 −Infinity
System.out.println (7.5%0);             // 输出的运算结果为 NaN
System.out.println (−7.5%0);            // 输出的运算结果为 NaN
```

3.1.3　关系运算符

关系运算符用于比较大小,运算结果为 boolean 型。当关系表达式成立时,运算结果为 true;当关系表达式不成立时,运算结果为 false。Java 中的关系运算符如表 3-2 所示。

表 3-2　关系运算符

运算符	功能	举例	运算结果	可运算数据类型
>	大于	'a'>'b'	false	整数型、浮点数型、字符型
<	小于	2<3.0	true	整数型、浮点数型、字符型
==	等于	'X'==88	true	所有数据类型
!=	不等于	true!=true	false	所有数据类型
>=	大于或等于	6.6>=8.8	false	整数型、浮点数型、字符型
<=	小于或等于	'M'<=88	true	整数型、浮点数型、字符型

从表 3-2 中可知,所有关系运算符均可用于整数型、浮点数型和字符型,其中"=="和"!="还可用于 boolean 型和引用数据类型,即可用于所有数据类型。要注意关系运算符"=="和赋值运算符"="的区别。

3.1.4　逻辑运算符

逻辑运算符用于对 boolean 型数据进行运算,运算结果仍为 boolean 型。Java 中的逻辑运算符有"!"(取反)、"^"(异或)、"&"(非简洁与)、"|"(非简洁或)、"&&"(简洁与)和"||"(简洁或)。下面依次介绍各个运算符的用法和特点。

1. 运算符"!"

运算符"!"用于对逻辑值进行取反运算。当逻辑值为 true 时,经过取反运算后运算结果为 false;当逻辑值为 false 时,经过取反运算后运算结果为 true。例如下面的代码:

```
System.out.println(!true);                      // 输出的运算结果为 false
System.out.println(!false);                     // 输出的运算结果为 true
```

2. 运算符"^"

运算符"^"用于对逻辑值进行异或运算。当运算符的两侧同时为 true 或 false 时,运算结果为 false,否则运算结果为 true,例如下面的代码:

```
System.out.println(true^true);          // 输出的运算结果为 false
System.out.println(true^false);         // 输出的运算结果为 true
System.out.println(false^true);         // 输出的运算结果为 true
System.out.println(false^false);        // 输出的运算结果为 false
```

3. 运算符"&&"和"&"

运算符"&&"和"&"均用于逻辑与运算。当运算符的两侧同时为 true 时,运算结果为 true,否则运算结果为 false,例如下面的代码:

```
System.out.println(true&true);          // 输出的运算结果为 true
System.out.println(true&false);         // 输出的运算结果为 false
System.out.println(false&true);         // 输出的运算结果为 false
System.out.println(false&false);        // 输出的运算结果为 false
System.out.println(true&&true);         // 输出的运算结果为 true
System.out.println(true&&false);        // 输出的运算结果为 false
System.out.println(false&&true);        // 输出的运算结果为 false
System.out.println(false&&false);       // 输出的运算结果为 false
```

运算符"&&"为简洁与运算符,运算符"&"为非简洁与运算符,它们的区别如下:运算符"&&"只有在其左侧为 true 时,才运算其右侧的逻辑表达式,否则直接返回运算结果 false;运算符"&"无论其左侧为 true 还是 false,都要运算其右侧的逻辑表达式,最后才返回运算结果。

下面首先声明两个 int 型变量 x 和 y,并分别初始化为 7 和 5,然后运算表达式"(x<y)&&(x++==y--)",并输出表达式的运算结果,具体代码如下:

```
int x=7,y=5;
System.out.println((x<y)&&(x++==y--));   // 输出的运算结果为 false
System.out.println("x=" +x);             // 输出的运算结果为 7
System.out.println("y=" +y);             // 输出的运算结果为 5
```

执行上面的代码,输出表达式的运算结果为 false,输出变量 x 和 y 的值分别为 7 和 5,说明当运算符"&&"的左侧为 false 时,不执行右侧的表达式。下面将运算符"&&"修改为"&",具体代码如下:

```
int x=7,y=5;
System.out.println((x<y)&(x++==y--));    // 输出的运算结果为 false
System.out.println("x=" +x);             // 输出的运算结果为 8
```

```
System.out.println("y=" +y);                    // 输出的运算结果为 4
```

执行上面的代码,输出表达式的运算结果为 false,输出变量 x 和 y 的值分别为 8 和 4,说明当运算符"&"的左侧为 false 时,也要执行右侧的表达式。

4. 运算符"||"和"|"

运算符"||"和"|"均用于逻辑或运算。当运算符的两侧同时为 false 时,运算结果为 false,否则运算结果为 true,例如下面的代码:

```
System.out.println(true | true);                // 输出的运算结果为 true
System.out.println(true | false);               // 输出的运算结果为 true
System.out.println(false | true);               // 输出的运算结果为 true
System.out.println(false | false);              // 输出的运算结果为 false
System.out.println(true || true);               // 输出的运算结果为 true
System.out.println(true || false);              // 输出的运算结果为 true
System.out.println(false || true);              // 输出的运算结果为 true
System.out.println(false || false);             // 输出的运算结果为 false
```

运算符"||"为简洁或运算符,运算符"|"为非简洁或运算符,它们的区别如下:运算符"||"只有在其左侧为 false 时,才运算其右侧的逻辑表达式,否则直接返回运算结果 true;运算符"|"无论其左侧为 true 还是 false,都要运算其右侧的逻辑表达式,最后才返回运算结果。

下面首先声明两个 int 型变量 x 和 y,并分别初始化为 7 和 5,然后运算表达式"(x>y)||(x++==y--)",并输出表达式的运算结果,具体代码如下:

```
int x=7,y=5;
System.out.println((x>y)||(x++==y--));          // 输出的运算结果为 true
System.out.println("x=" +x);                    // 输出 x 的值为 7
System.out.println("y=" +y);                    // 输出 y 的值为 5
```

执行上面的代码,输出表达式的运算结果为 true,输出变量 x 和 y 的值分别为 7 和 5,说明当运算符"||"的左侧为 true 时,不执行右侧的表达式。下面将运算符"||"修改为"|",具体代码如下:

```
int x=7,y=5;
System.out.println((x>y)|(x++==y--));           // 输出的运算结果为 true
System.out.println("x=" +x);                    // 输出 x 的值为 8
System.out.println("y=" +y);                    // 输出 y 的值为 4
```

执行上面的代码,输出表达式的运算结果为 true,输出变量 x 和 y 的值分别为 8 和 4,说明当运算符"|"的左侧为 true 时,也要执行右侧的表达式。

3.1.5　对象运算符

对象运算符（Instanceof）用来判断对象是否为某一类型，运算结果为 boolean 型，如果是返回 true，否则返回 false。对象运算符的关键字为"instanceof"，它的用法为：

对象标识符 instanceof 类型标识符 ;

例如：

```
java.util.Date date=new java.util.Date();
System.out.println(date instanceof java.util.Date);     // 运算结果为 true
System.out.println(date instanceof java.sql.Date);      // 运算结果为 false
```

3.1.6　其他运算符

除了前面介绍的几类运算符外，Java 语言中还有一些不属于上述类别的运算符，如表 3-3 所示。

表 3-3　其他运算符的运算规则

运算符	说明	运算结果类型
++	一元运算符，自动递增	与操作元的类型相同
− −	一元运算符，自动递减	与操作元的类型相同
?:	三元运算符，根据"?"左侧的逻辑值决定返回":"两侧中的一个值，类似于"if...else"流程控制语句	与返回值的类型相同
[]	用于声明、创建或访问数组元素	若用于创建数组对象，则类型为数组；若用于访问数组元素，则类型为该数组的类型
.	用于访问类的成员或对象的实例成员	若访问的是成员变量，则类型与该变量相同；若访问的是方法，则类型与该方法的返回值相同

1. 自动递增、递减运算符

与 C、C++ 相同，Java 语言也提供了自动递增与递减运算符，其作用是自动将变量值加 1 或减 1。它们既可以放在操作元素前面，又可以放在操作元素后面，运算符的位置不同，最终得到的结果也是不同的：放在操作元素前面的自动递增、递减运算符，会先将变量的值加 1，然后使该变量参与表达式的运算；放在操作元素后面的自动递增、递减运算符，会先使变量参与表达式的运算，然后将该变量的值加 1。例如：

```
int num1=3;
int num2=3;
int a=2+(++num1);                // 先将变量 num1 加 1,然后执行"2+4"
int b=2+(num2++);                // 先执行"2+3",然后将变量 num2 加 1
System.out.println(a);           // 输出结果为 6
System.out.println(b);           // 输出结果为 5
System.out.println(num1);        // 输出结果为 4
System.out.println(num2);        // 输出结果为 4
```

注意

自动递增、递减运算符的操作元素只能为变量,不能为字面常数和表达式,且该变量类型必须为整数型、浮点数型或 Java 包装类型。例如,"++1""(num+2)++"都是不合法的。

2. 三元运算符

三元元算符"? :"的应用形式如下:

```
逻辑表达式? 表达式 1: 表达式 2;
```

三元运算符"?"的运算规则为:若逻辑表达式的值为 true,则整个表达式的值为表达式 1 的值,否则为表达式 2 的值。例如:

```
int store=12;
System.out.println(store<=5?" 库存不足！ ":" 库存量:"+store);
```

以上代码等价于如下"if...else"语句:

```
int store=12;
if (store<=5)
  System.out.println(" 库存不足！ ");
else
  System.out.println(" 库存量:"+store);
```

需要注意的是,三元运算符"?"中的表达式 1 和表达式 2 只有一个会被执行,例如:

```
int x=7,y=5;
System.out.println(x>y?x++:y++);      // 输出结果为 7
System.out.println("x="+x);           //x 的值为 8
System.out.println("y="+y);           //y 的值为 5
```

3.1.7 运算符的优先级及结合性

当对一个存在多个运算符的表达式进行混合运算时,程序会根据运算符的优先级来决定执行顺序。运算符优先级的顺序如表 3-4 所示。

表 3-4 中所列运算符的优先级,由上而下逐渐降低。其中,优先级最高的是之前未提及的括号"()",它与数学运算中的括号一样,只是表明括号内的表达式要优先处理,括号内的多个运算符仍然要依照表 3-4 中的优先级顺序进行运算。

处在同一层级的运算符,则按照它们的结合性,即"先左后右"还是"先右后左"的顺序执行。Java 中除赋值运算符的结合性为"先右后左"外,其他运算符的结合性都是"先左后右"。

表 3-4　Java 语言中运算符的优先级

优先级	说明	运算符										
最高	括号	()										
↑	后置运算符	[]	.									
	正负号	+	−									
	一元运算符	++	−−	!	~							
	乘除运算	*	/	%								
	加减运算	+	−									
	移位运算	<<	>>	>>>								
	比较大小	<	>	<=	>=							
	比较是否相等	==	!=									
	按位与运算	&										
	按位异或运算	^										
	按位或运算	|										
	逻辑与运算	&&										
	逻辑或运算	||										
	三元运算符	?:										
最低	赋值及复合赋值	=	*=	/=	%=	+=	−=	>>=	>>>=	<<<=	&=	^=	|=

3.2　if 语句

if 语句也称条件语句,就是对语句中不同条件的值进行判断,从而根据不同的条件执行不同的语句。

条件语句可分为以下三种形式:简单的 if 条件语句;"if...else"条件语句;"if...else if"多分支条件语句。

3.2.1 简单的 if 条件语句

简单的 if 条件语句就是对某种条件进行相应的处理。其通常表现为"如果满足某种情况,就进行某种处理"。它的一般形式为:

```
if( 表达式 ){
    语句序列
}
```

例如:如果今天下雨,我们就不出去玩。
其条件语句为:

```
if( 今天下雨 ){
    我们就不出去玩
}
```

表达式:必要参数。其值可以由多个表达式组成,但是最后结果一定是 boolean 类型,即结果只能是 true 或 false。

语句序列:可选参数。一条或多条语句,当表达式的值为 true 时予以执行。当语句序列省略时,可以保留大括号,也可以去掉大括号,然后在 if 语句的末尾添加";"。如果只有一条语句,大括号也可以省略。但为了增强程序的可读性,最好不要省略。下面的代码都是正确的:

```
if( 今天下雨 );
if( 今天下雨 )
    我们就不出去玩 ;
```

简单的 if 条件语句的执行过程如图 3-1 所示。

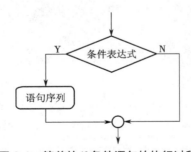

图 3-1 简单的 if 条件语句的执行过程

【例 3-1】 用 if 语句求出 c 的最终结果。

```
public class Example1{
    public static void main(String  args[]){
        int a=3,b=4,c=0;
        if(a<b){                                    // 比较 a 和 b
```

```
            c=a;                              // 将 a 的值赋给 c
        }
        if(a>b){                              // 比较 a 和 b
            c=b;                              // 将 b 的值赋给 c
        }
        System.out.println("c 的最终结果为："+c);    // 输出 c 值
    }
}
```

程序运行结果如图 3-2 所示。

图 3-2　例 3-1 的运行结果

【例 3-2】　判断用户添加的信息是否完整。

```
    System.out.println(" 需要用户添加的信息有：订单号、客户、交货日期、货物名称、数
量、金额。");
    if((''".equals(old)||('"".equals(wName)) ||('"".equals(wDate)) ||
    ('"".equals(count)) || ('"".equals(money))){      // 判断用户添加的信息
                                                      //   是否完整
        System.out.println(" 请将带星号的内容填写完整！");    // 给出提示信息
            return;                                     // 退出程序
    }
```

程序运行结果如图 3-3 所示。

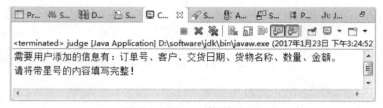

图 3-3　例 3-2 的运行结果

3.2.2 "if...else" 条件语句

"if...else" 条件语句也是条件语句最常用的一种方式。其中 else 是可选的，通常表现为

"如果满足某种条件,就进行某种处理,否则进行另一种处理"。它的一般形式为:

```
if( 表达式 ){
    语句序列 1
}else{
    语句序列 2
}
```

例如:如果指定年为闰年,则二月份为 29 天,否则为 28 天。

其条件语句为:

```
if( 今年是闰年 ){
    二月份为 29 天
}else{
    二月份为 28 天
}
```

表达式:必要参数。其值可以由多个表达式组成,但是最后结果一定是 boolean 类型,即结果只能是 true 或 false。

语句序列 1:可选参数。一条或多条语句,当表达式的值为 true 时予以执行。

语句序列 2:可选参数。一条或多条语句,当表达式的值为 false 时予以执行。

"if...else"条件语句的执行过程如图 3-4 所示。

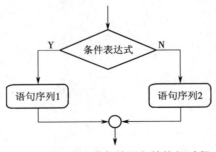

图 3-4 "if...else"条件语句的执行过程

【例 3-3】 用"if...else"条件语句判断 69 与 29 的大小。

```java
public class Example2{
    public static void main(String args[]){
        int a=69,b=29;
        if(a>b){                              // 判断 a 与 b 的大小
                System.out.println(a+" 大于 "+b);
        }else{
                System.out.println(a+" 小于 "+b);
```

```
            }
        }
    }
```

程序运行结果如图 3-5 所示。

图 3-5　例 3-3 的运行结果

3.2.3 "if...else if"多分支条件语句

"if...else if"多分支条件语句用于对某一事件的多种情况进行不同的处理。其通常表现为"如果满足某种条件,就进行某种处理,否则如果满足另一种条件才进行另一种处理"。它的一般形式为:

```
if( 表达式 1){
    语句序列 1
}else if( 表达式 2){
    语句序列 2
...
}else{
    语句序列 n
}
```

例如:如果今天是星期一,上数学课;如果今天是星期二,上语文课;否则上自习。
其条件语句为:

```
if( 今天是星期一 ){
    上数学课
}else if( 今天是星期二 ){
    上语文课
}else{
    上自习
}
```

表达式 1 和表达式 2:必要参数。其值可以由多个表达式组成,但是最后结果一定是

boolean 类型, 即结果只能是 true 或 false。

语句序列 1: 可选参数。一条或多条语句, 当表达式 1 的值为 true 时予以执行。

语句序列 2: 可选参数。一条或多条语句, 当表达式 1 的值为 false, 表达式 2 的值为 true 时予以执行。

语句序列 n: 可选参数。一条或多条语句, 当表达式 1 的值为 false, 表达式 2 的值为 false……时予以执行。

"if...else if" 多分支条件语句的执行过程如图 3-6 所示。

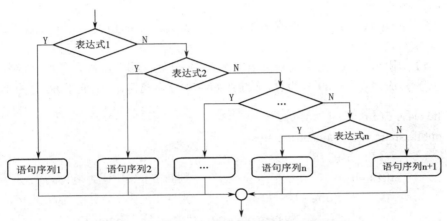

图 3-6 "if...else if" 多分支条件语句的执行过程

3.2.4 if 语句的嵌套

if 语句的嵌套指 if 语句中又包含一个或多个 if 语句, 一般用在比较复杂的分支语句中, 它的一般形式为:

```
if( 表达式 1){
    if( 表达式 2){
        语句序列 1
    }else{
        语句序列 2
    }
}else{
    if( 表达式 3){
        语句序列 3
    }else{
        语句序列 4
    }
}
```

表达式 1、表达式 2 和表达式 3：必要参数。其值可以由多个表达式组成，但是最后结果一定是 boolean 类型，即结果只能是 true 或 false。

语句序列 1：可选参数。一条或多条语句，当表达式 1 和表达式 2 的值为 true 时予以执行。

语句序列 2：可选参数。一条或多条语句，当表达式 1 的值为 true，表达式 2 的值为 false 时予以执行。

语句序列 3：可选参数。一条或多条语句，当表达式 1 的值为 false，表达式 3 的值为 true 时予以执行。

语句序列 4：可选参数。一条或多条语句，当表达式 1 的值为 false，表达式 3 的值为 false 时予以执行。

【例 3-4】 用"if...else"嵌套判断英语成绩为 78 分处在哪个层次。条件：成绩高于或等于 90 分为优秀，成绩在 75~89 分为良，成绩在 60~74 分为及格，成绩低于 60 分为不及格。

```java
public class Example3 {
    public static void main(String args[]){
        int English=78;
        if(English>=75){                    // 判断 English 分数是否高于或等于 75
            if(English>=90){                // 判断 English 分数是否高于或等于 90
                System.out.println(" 英语打 "+English+" 分：");
                System.out.println(" 英语是优 ");
            }else{
                System.out.println(" 英语打 "+English+" 分：");
                System.out.println(" 英语是良 ");
            }
        }else{
            if(English>=60){                // 判断 English 分数是否高于或等于 60
                System.out.println(" 英语打 "+English+" 分：");
                System.out.println(" 英语及格了 ");
            }else{
                System.out.println(" 英语打 "+English+" 分：");
                System.out.println(" 英语不及格 ");
            }
        }
    }
}
```

程序运行结果如图 3-7 所示。

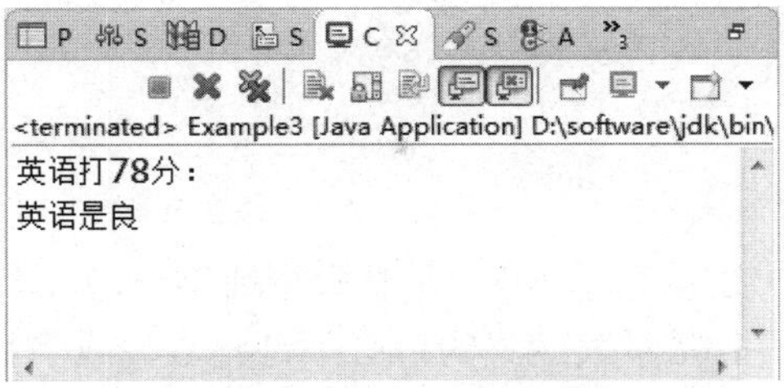

图 3-7 例 3-4 的运行结果

嵌套的语句最好不要省略大括号，以免造成视觉的错误与程序的混乱。

例如：

```
if(result>=0)
    if(result>0)
        System.out.println("yes");
else
        System.out.println("no");
```

即使 result 等于 0，也会输出 no。因此，很难判断 else 语句与哪个 if 配对。为了避免这样的情况发生，最好加上大括号，为代码划分界线。代码如下：

```
if(result>=0){
    if(result>0){
        System.out.println("yes");
    }
else{
        System.out.println("no");
    }
```

3.3 switch 多分支语句

switch 语句是多分支的开关语句。这样的语句一般用于多条件多值的分支语句中。它的一般形式为：

```
switch( 表达式 ){
    case 常量表达式 1: 语句序列 1
        [break;]
    case 常量表达式 2: 语句序列 2
        [break;]
    ...
    case 常量表达式 n: 语句序列 n
```

```
        [break;]
    default: 语句序列 n+1
        [break;]
```

表达式：switch 语句中表达式的值必须是整数型或字符型，即 int、short、byte 和 char 型。

常量表达式 1，2，…，n：常量表达式的值必须是整数型或字符型，以与表达式的数据类型相兼容。

语句序列 1：一条或多条语句。当常量表达式 1 的值与表达式的值相同时，执行该语句序列；如果不同则继续判断，直到执行常量表达式 n。

语句序列 n：一条或多条语句。当常量表达式 n 的值与表达式的值相同时，执行该语句序列；如果不同则执行 default。

default：可选参数。如果没有该参数，并且所有常量表达式的值与表达式的值都不相同，那么 switch 语句不会进行任何操作。

break：主要用于跳转语句。

注意

（1）switch 的参数类型一定要低于或等于 int 类型；

（2）case 后面的数据一定是常量，且不能相同；

（3）break 语句是可选的；

（4）default 语句是可选的，且是无序的；

（5）case 语句是无序的。

switch 多分支语句的执行过程如图 3-8 所示。

【例 3-5】 用 switch 语句判断 10、20、30 中间是否有等于 5 乘以 7 的结果。

```
public class Example4{
    public static void main(String  args[]){
        int x=5,y=7;
        switch(x*y){                              // 以 x 乘以 y 作为判断条件
            case 10 :                             // 当 x 乘以 y 为 10 时
                System.out.println("10");
                break;
            case 20 :                             // 当 x 乘以 y 为 20 时
                System.out.println("20");
                break;
            case 30:                              // 当 x 乘以 y 为 30 时
                System.out.println("30");
                break;
            default :
```

```
                    System.out.println(" 以上没有匹配的 ");
            }
        }
    }
```

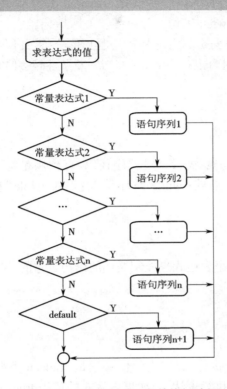

图 3-8 switch 多分支语句的执行过程

程序运行结果如图 3-9 所示。

图 3-9 例 3-5 的运行结果

3.4 if 语句和 switch 语句的比较

if 语句和 switch 语句既可以从使用效率的角度去比较,又可以从实用性的角度去比较。如果从使用效率的角度去比较,在对同一个变量的不同值进行条件判断时,既可以用 switch 语句又可以用 if 语句,但使用 switch 语句的效率高一些,尤其是判断的分支越多,效果越明显。如果从实用性的角度去比较,switch 语句不如 if 语句。if 语句是应用最广泛和最实用的语句。

注意

在程序开发的过程中,具体何时使用 if 和 switch 语句,要根据实际情况而定,尽量做到物尽其用。不能因为 switch 语句的效率高就一味地使用它,也不能因为 if 语句常用就不使用 switch 语句。要根据实际情况具体问题具体分析,使用最合适的条件语句。在一般情况下,判断条件较少时可以使用 if 语句;当判断条件较多时,就应该使用 switch 语句。

3.5　循环语句

循环语句的功能就是重复执行某段程序代码,直到满足特定条件为止。在 Java 语言中,循环语句有以下四种形式:while 循环语句;"do...while"循环语句;for 循环语句;"for...each"风格的 for 循环。

3.5.1　while 循环语句

while 循环语句是用一个表达式来控制循环的语句。它的一般形式为:

```
while( 表达式 ){
    语句序列
}
```

表达式:用于判断是否执行循环,它的值必须是 boolean 类型的,即结果只能是 true 或 false。当循环开始时,首先执行表达式,如果表达式的值为 true,则执行语句序列,也就是循环体。当到达循环体的末尾时,会再次执行表达式,直到表达式的值为 false,才开始执行循环语句后面的语句。

while 循环语句的执行过程如图 3-10 所示。

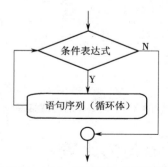

图 3-10　while 循环语句的执行过程

【例 3-6】 计算 1~99 的整数和。

```
public class Example6{
    public static void main(String args[]){
        int sum=0;
        int i=1;
        while(i<100){        // 当 i 小于 100
            sum+=i;        // 累加 i 的值
            i++;
        }
        System.out.println(" 从 1 到 99 的整数和为:"+sum);
    }
}
```

程序运行结果如图 3-11 所示。

图 3-11　例 3-6 的运行结果

注意

一定要保证程序正常结束,否则会造成死循环。

例如:在下面的代码中,0 永远小于 100,运行后程序将不停地输出 0。

```
int i=0;
while(i<100){
System.out.println(i);
}
```

3.5.2　"do...while"循环语句

"do...while"循环语句被称为后测试循环语句,它利用一个条件来控制是否要继续重复执行这个语句。它的一般形式为:

```
do{
    语句序列
}while( 表达式 );
```

"do...while"循环语句的执行过程与 while 循环语句有所区别。"do...while"循环至少被执行一次,它先执行循环体的语句序列,然后再判断是否继续执行。

"do...while"循环语句的执行过程如图 3-12 所示。

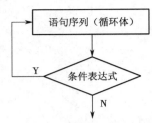

图 3-12　"do...while"循环语句的执行过程

【例 3-7】　计算 1~100 的整数和。

```
public class Example7{
    public static void main(String args[]){
        int sum=0,i=1;
        do{
            sum+=i;                      // 累加 i 的值
            i++;
        }while(i<=100);                  // 当 i 小于或等于 100
        System.out.println(" 从 1 到 100 的整数和为:"+sum);
    }
}
```

程序运行结果如图 3-13 所示。

图 3-13　例 3-7 的运行结果

一般情况下,如果 while 和"do...while"语句的循环体相同,它们的输出结果就相同。但是如果 while 后面的表达式一开始就是 false,那么它们的输出结果就不相同。

例如,在 while 和"do...while"循环语句的循环体相同,而且表达式的值为 false 的情况下:

```
public class Example8{
    public static void main(String args[]){
        int i=10;
```

```
int sum=i;
System.out.println("******** 当 i 的值为 "+i+" 时 ********");
System.out.println(" 通过 do...while 语句实现：");

do{
        System.out.println(i);              // 输出 i 的值
        i++;
        sum+=i;                             // 累加 i 的值
} while (sum<10);                           // 当累加和小于 10 时
i=10;
sum=i;
System.out.println(" 通过 while 语句实现：");
while(sum<10){                              // 当累加和小于 10 时
        System.out.println(i);              // 输出 i 的值
        i++;
        sum+=i;                             // 累加 i 的值
}
    }
}
```

程序运行结果如图 3-14 所示。

图 3-14 "do...while" 和 while 语句的运行结果

注意

在使用 "do...while" 循环语句时，一定要保证程序正常结束，否则会造成死循环。

例如：因为 0 永远都小于 100，下面这种情况就是死循环。

```
int i=0;
do{
System.out.println(i);
} while(i<100);
```

3.5.3　for 循环语句

for 循环语句是最常用的循环语句,一般用在循环次数已知的情况下。它的一般形式为:

```
for( 初始化语句 ;循环条件 ;迭代语句 ){
    语句序列
}
```

初始化语句:初始化循环体变量。

循环条件:起决定作用,用于判断是否继续执行循环体。其值是 boolean 型的表达式,即结果只能是 true 或 false。

迭代语句:用于改变循环条件的语句。

语句序列:该语句序列称为循环体,循环条件的结果为 true 时,重复执行。

for 循环语句的流程:首先执行初始化语句,然后判断循环条件,当循环条件为 true 时,就执行一次循环体,最后执行迭代语句,改变循环变量的值。这样就结束了一轮的循环。接下来进行下一次循环,直到循环条件的值为 false 时,才结束循环。

for 循环语句执行过程如图 3-15 所示。

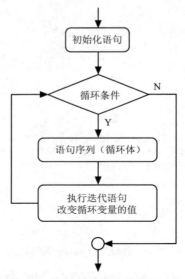

图 3-15　for 循环语句的执行过程

【例 3-8】　用 for 循环语句实现打印 1~10 的所有整数。

```
public class Example9{
    public static void main(String args[]){
        System.out.println("10 以内的所有整数为:");
        for(int i=1;i<=10;i++){
            System.out.println(i);
```

```
        }
    }
}
```

程序运行结果如图 3-16 所示。

图 3-16 例 3-8 的运行结果

注意

千万不要让程序无止境地执行,否则会造成死循环。例如:在下面的代码中,每执行一次"i++",i 就会加 1,永远满足循环条件,这个循环永远不会结束 for 循环:

```
for(i=0,i>0,i++){
System.out.println(i);
}
```

3.5.4 "for...each" 风格的 for 循环

"for...each" 循环在数组中用得比较多。它的一般形式为:

```
for( 类型 变量名:要遍历的数组 ){
语句序列
}
```

例如,遍历数组 num:

```
public class Demo{
    public static void main (String[] args){
    int[] num={1,2,3,4,5};
        for(int a:num){
         system.out.println(a);
        }
    }
}
```

3.5.5　循环的嵌套

　　循环的嵌套就是在一个循环体内又包含另一个完整的循环结构,而在这个完整的循环结构内还可以嵌套其他的循环结构。循环嵌套很复杂,在 for 语句、while 语句和"do...while"语句中都可以嵌套,并且在它们之间也可以相互嵌套。下面是几种嵌套的形式。

1. for 循环语句的嵌套

一般形式为:

```
for(; ;){
  for(; ;){
    语句序列
  }
}
```

2. while 循环语句嵌套

一般形式为:

```
while ( 条件表达式 1){
    while ( 条件表达式 2){
      语句序列
    }
}
```

3. "do...while"循环语句嵌套

一般形式为:

```
do{
  do{
    语句序列
  }while( 条件表达式 1);
} while( 条件表达式 2);
```

4. for 循环语句与 while 循环语句嵌套

一般形式为:

```
for(; ;){
  while( 条件表达式 ){
    语句序列
  }
}
```

5. while 循环语句与 for 循环语句的嵌套

一般形式为：

```
while( 条件表达式 ){
   for(; ;){
   }
}
```

6. "do...while" 循环语句与 for 循环语句嵌套

一般形式为：

```
do{
   for(; ;){
      语句序列
   }
}while（条件表达式）;
```

为了使读者更好地理解循环语句的嵌套，下面举两个实例。

【例 3-9】　打印九九乘法表。

```java
public class Example11{
    public static void main(String args[]){
        for(int i=1;i<=9;i++){
            for(int j=1;j<=i;j++){
                System.out.print(i+"*"+j+"="+i*j+"\t");
            }
            System.out.print("\r\n");                  // 输出一个回车换行符
        }
    }
}
```

程序运行结果如图 3-17 所示。

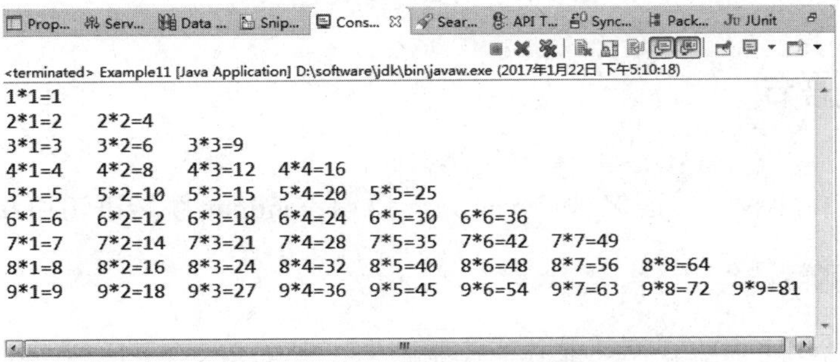

图 3-17　例 3-9 的运行结果

【例 3-10】 求 100 以内能被 3 和 7 整除的数。

```java
public class Example12{
    public static void main(String[] args){
        int i=1,num,num1;
        System.out.println("100以内能被3和7整除的数为：");
        while(i<=100){
            for(i=1;i<=100;i++){
                num=i%3;
                num1=i%7;
                if(num==0){                        // 判断是否被 3 整除
                    if(num1==0){                   // 判断是否被 7 整除
                        System.out.println(i);
                        System.out.println();
                    }
                }
            }
            i++;
        }
    }
}
```

程序运行结果如图 3-18 所示。

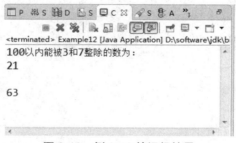

图 3-18 例 3-10 的运行结果

3.6 跳转语句

Java 语言支持多种跳转语句，如 break 跳转语句、continue 跳转语句和 return 跳转语句。

3.6.1 break 跳转语句

break 跳转语句可以终止循环或其他控制结构。它在 for、while 或"do...while"循环中，用于强行终止循环。

只要执行到 break 跳转语句,就会终止循环体的执行。break 跳转语句不仅在循环语句里适用,在 switch 多分支语句里也适用。

【例 3-11】　求 10 以内的素数。

```java
public class Example13{
    public static void main(String[] args) {
        System.out.println("10 以内的素数为：");
        int i,j,sum=0;
        for(i=1;i<=10;i++){
            for(j=2;j<=i/2;j++){
                if(i%j==0)
                    break;
            }
            if(j>i/2)
                System.out.print(i);
        }
    }
}
```

程序运行结果如图 3-19 所示。

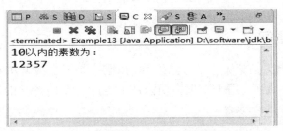

图 3-19　例 3-11 的运行结果

3.6.2　continue 跳转语句

continue 跳转语句应用在 for、while 和"do...while"等循环语句中,如果在某次循环体的执行中执行了 continue 语句,那么本次循环就结束,即不再执行本次循环中 continue 语句后面的语句而进行下一次循环。

【例 3-12】　求 100 以内能被 9 整除的数。

```java
public class Example14{
    public static void main(String args[]){
        int t=1;
        System.out.println("100 以内能被 9 整除的数为：");
```

```
        for(int i=1;i<100;i++){
            if(i%9!=0){                        // 当 i 的值不能被 9 整除时
                continue;
            }
            System.out.print(i+"\t");          // 输出 i 的值
            if(t%9==0){
                System.out.print("\r\n");      // 输出一个回车换行符
            }
            t++;
        }
    }
}
```

程序运行结果如图 3-20 所示。

图 3-20   例 3-12 的运行结果

3.6.3   return 跳转语句

return 跳转语句可以实现从一个方法返回,并把控制权交给调用它的语句。return 跳转语句通常被放在方法的最后,用于退出当前方法并返回一个值。它的语法格式为:

```
return [ 表达式 ];
```

表达式:可选参数,表示要返回的值。它的数据类型必须同方法声明中的返回值类型一致。例如:编写返回 a 和 b 两数相加之和的算法可以使用如下代码:

```
public int set(int a,int b){
    return sum=a+b;
}
```

如果方法没有返回值,则可以省略 return 关键字的表达式,使方法结束。代码如下:

```
public void set(int a,int b){
    sum=a+b;
    return;
}
```

小结

本章介绍了有关运算符的分类和各种运算符的使用方法以及运算符之间的优先级；还有流程控制的语句，主要包括分支语句、循环语句和跳转语句。这些流程控制语句是Java语言设计的基础。灵活使用流程控制语句，能够实现并提高程序的交互性，增加程序的可读性，使开发的程序更容易操作。

通过对本章的学习，读者应该掌握如何使用分支语句控制程序的流程。设计一个完善的 Java 程序，特别是面向对象的程序，必须能够对任何可能发生的情况进行判断，并进行相应的业务处理。使用循环语句可以提高程序的性能和可读性。对于批量的数据操作，在很多情况下使用循环语句可以大大精简程序的编码工作，提高工作效率，并且能够减轻计算机的工作量，提高程序运行的速度。

本章最后讲解的跳转语句主要用于提高循环语句的灵活性，在其他代码位置也可以灵活使用，这也是本章需要掌握的重点。

经典面试题

3-1 求从 1 加到 100 的和。

3-2 简述 & 和 && 的区别。

3-3 用循环语句输出"*"字符，运行效果如下：

```
    *
    *  *
    *  *  *
    *  *  *  *
    *  *  *  *  *
```

3-4 在 Java 语言中如何跳出当前的多重嵌套循环？

3-5 求出 100~300 内所有百位和个位相加可以被 3 整除的整数。

跟我上机

3-1 输入年、月、日，输出该日期是本年度的第几天。（使用 switch 语句）

3-2 歌咏大赛评分，输入几个评委的分数（数值要求是在 5~10 之间的小数），去掉最高分和最低分，求平均分。

3-3 打印九九乘法表。

3-4 将一个含有 10 个元素的一维数组，使用冒泡排序，并输出最大和最小值。

3-5 求多项式 1! +2! +3! +…+15! 的值。

第4章 面向对象基础

本章要点:

- ☐ 面向对象的概念
- ☐ 类的定义
- ☐ 成员变量与局部变量
- ☐ 构造方法与对象
- ☐ 参数传值
- ☐ 对象的组合
- ☐ 实例方法和类方法
- ☐ this 关键字
- ☐ 包
- ☐ import 语句
- ☐ 访问权限

☐ 面向对象思想最初起源于 20 世纪 60 年代中期的仿真程序设计语言 Simual。面向对象思想是将客观世界中的事物描述为对象,并通过抽象思维的方法将需要解决的问题分解成人们易于理解的对象模型,然后通过这些对象模型来构建应用程序的功能。它的目标是开发出能够反映现实世界某个特定片段的软件。本章将介绍 Java 语言面向对象程序设计的基础。

4.1 面向对象程序设计

面向对象程序设计是新一代的程序开发模式,它模拟现实世界的事物,把软件系统抽象成各种对象的集合,以对象为最小的系统单位,这更接近于人类的自然思维,给程序员更灵活的思维空间。

4.1.1 面向对象程序设计概述

传统的程序采用结构化的设计方法,即面向过程的设计方法。针对某一需求,自顶向下,逐步细化,通过模块的形式实现需求,然后对模块中的问题进行结构化编码。可以说,这种方式是针对问题求解。随着用户需求的不断增加,软件规模越来越大,传统的面向过程的设计方法暴露出许多缺点,如软件开发周期长,工程难于维护等。20 世纪 80 年代后期,人们提出了面向对象(Object Oriented Programming, OOP)的程序设计方法。面向对象的程序设计,将数据和处理数据的方式紧密地结合在一起,形成类,再将类实例化,就形成了对象。在面向对象的世界中,不再需要考虑数据结构和功能函数,只要关注对象就可以了。

对象就是客观世界中存在的人、事、物体等实体。在现实世界中,对象随处可见,例如,路边生长的树、天上飞的鸟、水里游的鱼、路上跑的车等。不过这里说的树、鸟、鱼、车都是对同一类事物的总称,这就是面向对象中的类(Class)。那么对象和类之间的关系是什么呢?对象就是符合某种类定义所产生出来的实例(Instance)。虽然在日常生活中,我们习惯用类名称呼这些对象,但是实际上看到的还是对象的实例,而不是一个类。例如,你看见树上站着一只鸟,虽然这里的"鸟"是一个类名,但实际上你看见的是鸟类的一个实例对象,而不是鸟类。由此可见,类只是一个抽象的称呼,而对象则是与现实生活中的事物相对应的实体。类与对象的关系如图 4-1 所示。

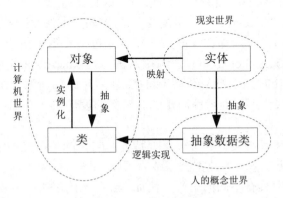

图 4-1 类与对象的关系

在现实生活中,只使用类或对象并不能很好地描述一个事物。例如,聪聪对妈妈说,他今天放学看见一只鸟,这时妈妈就不会知道聪聪说的鸟是什么样子的。但是,如果聪聪说看见一只绿色的会说话的鸟,这时妈妈就可以想象到这只鸟是什么样子的。这里说的绿色是指对象的属性,而会说话则是指对象的方法。由此可见,对象还具有属性和方法。在面向对象程序设计中,使用属性来描述对象的状态,使用方法来处理对象的行为。

4.1.2 面向对象程序设计的特点

面向对象编程更加符合人的思维模式,编写的程序更加强大。更重要的是,面向对象编程有利于系统开发时责任的分工,能有效地组织和管理一些比较复杂的应用程序的开发。面向对象程序设计的特点主要有封装性、继承性和多态性。

什么是面向对象程序设计?

这是一种以对象和数据结构为中心构造软件系统的程序设计方法。以该方法开发的软件系统具有很好的可扩展性、可维护性、可重用性。

1. 封装性

面向对象编程的核心思想之一就是将对象的属性和方法封装起来;用户知道并使用对象提供的属性和方法即可,而不需要知道对象的具体实现。例如,一部手机就是一个封装的对象,当你使用手机拨打电话时,只需要使用它提供的键盘输入电话号码,并按下拨号键即可,而不需要知道手机内部是如何工作的。

采用封装的原则可以使对象以外的部分不能随意存取对象内部的数据,从而有效地避免了外部错误对内部数据的影响,实现错误局部化,大大降低了查找错误和解决错误的难度。此外,采用封装的原则,也可以提高程序的可维护性,即便一个对象的内部结构或实现方法改变,只要对象的接口没有改变,就不用改变其他部分的处理。

2. 继承性

面向对象程序设计中,允许通过继承原有类的某些特性或全部特性而产生新的类,这时原有的类被称为父类(或超类),产生的新类被称为子类(或派生类)。子类不仅可以直接继承父类的共性,而且可以创建它特有的个性。例如,已经存在一个手机类,该类中包括两个方法,分别是接听电话的 receive 方法和拨打电话的 send 方法,这两个方法对于任何手机都适用。现在要定义一个时尚手机类,该类中除了要包括普通手机类的 receive 和 send 方法外,还需要包括拍照方法 photograph、视频摄录的方法 kinescope 和播放 MP4 的方法 play-MP4。这时就可以先让时尚手机类继承手机类,然后再添加新的方法完成时尚手机类的创建,如图 4-2 所示。由此可见,继承性简化了对新类的设计。

3. 多态性

多态性是面向对象程序设计的又一重要特征。它指的是在父类中定义的属性和方法被子类继承之后,可以具有不同的数据类型或表现出不同的行为。这使得同一个属性或方法在父类及其各个子类中具有不同的语义。例如,定义一个动物类,该类中存在一个指定的动物行为“叫喊”。再定义两个动物类的子类,如大象和老虎,这两个类都重写了父类的“叫喊”方法,实现了自己的叫喊行为,并且都进行了相应的处理(例如不同的声音),如图 4-3 所示。

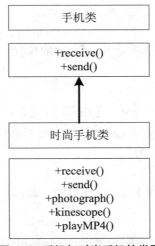

图 4-2 手机与时尚手机的类图

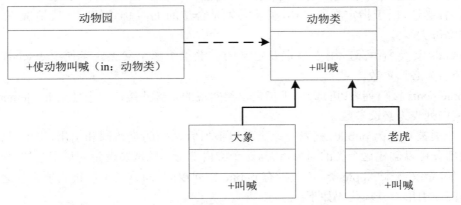

图 4-3 动物类之间的继承关系

这时,在动物类中执行使动物"叫喊"方法时,如果参数为动物类的实现,会使动物发出各自的叫声。例如:如果参数为大象,则会输出"大象的吼叫声!";如果参数为老虎,则会输出"老虎的吼叫声!"。由此可见,动物类在执行使动物"叫喊"方法时,根本不用判断应该去执行哪个类的"叫喊"方法,因为 Java 编译器会自动根据所传递的参数进行判断,根据运行时对象的类型不同而执行不同的操作。

多态性丰富了对象的内容,扩大了对象的适应性,改变了对象单一继承的关系。

4.2 类

Java 语言与其他面向对象的语言一样,引入了类和对象的概念。类是用来创建对象的模板,它包含创建对象的属性和方法的定义。因此,要学习 Java 编程就必须学会怎样去编写类,即怎样用 Java 的语法去描述一类事物共有的属性和行为。

4.2.1　定义类

在 Java 语言中，类是基本的构成要素，是对象的模板，Java 程序中所有的对象都是由类创建的。

1. 什么是类

类是同一种事物的统称，它是一个抽象的概念，比如鸟类、人类、手机类、车类等。

Java 是面向对象的程序设计语言，而类是面向对象的核心机制，我们在类中编写属性和方法，然后通过对象来实现类的行为。

2. 类的声明

在类的声明中，需要定义类的名称、对该类的访问权限、该类与其他类的关系等。类声明的格式如下：

> [修饰符] class < 类名 > [extends 父类名] [implements 接口列表]{ }

修饰符：可选，用于指定类的访问权限，可选值为 public、abstract 和 final。

类名：必选，用于指定类的名称，类名必须是合法的 Java 标识符。一般情况下，要求类名的首字母大写。

extends 父类名：可选，用于指定要定义的类继承于哪个父类。当使用 extends 关键字时，父类名为必选参数。

implements 接口列表：可选，用于指定该类实现的是哪些接口。当使用 implements 关键字时，接口列表为必选参数。

一个类被声明为 public，就表明该类可以被所有其他的类访问和引用，也就是说，程序的其他部分可以创建这个类的对象，访问这个类内部可见的成员变量和调用它的可见方法。

例如，定义一个 Apple 类，该类拥有 public 访问权限，即该类可以被它所在包之外的其他类访问或引用。具体代码如下：

> public class apple{ }

注意

Java 的类文件的扩展名为".java"，类文件名称必须与类名相同，即类文件的名称为"类名 .java"。例如，有一个 Java 类文件 Apple.java，则其类名为 Apple。

3. 类体

类的声明部分大括号中的内容为类体。类体主要由以下两部分构成：

（1）成员变量的定义；

（2）成员方法的定义。

稍后将会详细介绍成员变量和成员方法。

在程序设计过程中，编写一个能完全描述客观事物的类是不现实的。例如，构建一个 Apple 类，该类可以拥有很多的属性（即成员变量），在定义该类时，选取程序的必要属性和行为就可以了。Apple 类的成员变量列表如下：

属性（成员变量）：颜色（color）、产地（address）、单价（price）、单位（unit）。

这个 Apple 类只包含了苹果的部分属性和行为，但是它已经能够满足程序的需要。该类的实现代码如下：

```
class Apple{
String color;                              // 定义颜色成员变量
String address;                            // 定义产地成员变量
String price;                              // 定义单价成员变量
String unit;                               // 定义单位成员变量
}
```

4.2.2　成员变量和局部变量

在类体中变量定义部分所声明的变量为类的成员变量，而在方法体中声明的变量和方法的参数则称为局部变量。成员变量又可细分为实例变量和类变量。在声明成员变量时，用关键字 static 修饰的称为类变量（也可称作 static 变量或静态变量），否则称为实例变量。

1. 声明成员变量

Java 用成员变量来表示类的状态和属性，声明成员变量的基本语法格式如下：

[修饰符] [static] [final] < 变量类型 >< 变量名 >;

修饰符：可选，用于指定变量的被访问权限，可选值为 public、protected 和 private。

static：可选，用于指定该成员变量为静态变量，可以直接通过类名访问。如果省略该关键字，则表示该成员变量为实例变量。

final：可选，用于指定该成员变量为取值不会改变的常量。

变量类型：必选，用于指定变量的数据类型，其值可以为 Java 中的任何一种数据类型。

变量名：必选，用于指定成员变量的名称，变量名必须是合法的 Java 标识符。

例如，在类中声明三个成员变量。

```
public class Apple{
 public String color                       // 声明公共变量 color
public static int count;                    // 声明静态变量 count
public final boolean MATURE=true ;          // 声明常量 MATURE 并赋值
public static void main（String[] args）{
System.out.println(Apple.count);
Apple apple=new apple();
System.out.println(apple.color);
System.out.println(apple.MATURE);
}
```

```
    }
```

类变量与实例变量的区别：在运行时，Java 虚拟机只为类变量分配一次内存，在加载类的过程中完成类变量的内存分配，可以直接通过类名访问类变量；而实例变量则不同，每创建一个实例，就会为该实例的变量分配一次内存。

2. 声明局部变量

定义局部变量的基本语法格式与定义成员变量类似，所不同的是不能使用 public、protected、private 和 static 关键字对局部变量进行修饰，但可以使用 final 关键字：

```
[final] <变量类型> <变量名>;
```

final：可选，用于指定该局部变量为常量。

变量类型：必选，用于指定变量的数据类型，其值可以为 Java 中的任何一种数据类型。

变量名：必选，用于指定局部变量的名称，变量名必须是合法的 Java 标识符。

例如，在成员方法 grow 中声明两个局部变量。

```
public void grow(){
    final boolean STATE;                          // 声明常量 STATE
    int age;                                      // 声明局部变量 age
}
```

3. 变量的有效范围

变量的有效范围是指该变量在程序代码中的作用区域，在该区域外不能直接访问变量。有效范围决定了变量的生命周期，变量的生命周期是指声明一个变量并分配内存空间、使用变量，然后释放该变量并清除所占用内存空间的一个过程。变量声明的位置决定了变量的有效范围，根据有效范围的不同，可将变量分为以下两种。

（1）成员变量：在类中声明，在整个类中有效。

（2）局部变量：在方法内或方法内的复合代码块（就是方法内部，"{"与"}"之间的代码）中声明的变量。在复合代码块中声明的变量，只在当前复合代码块中有效；在复合代码块外、方法内声明的变量在整个方法内都有效。以下是一个实例：

```
public class Olympics {
    private int medal_All=800;                    // 成员变量
    public void China(){
        int medal_CN=100;                         // 方法的局部变量
        if(medal_CN<1000){                        // 代码块
            int gold=50;                          // 代码块的局部变量
            medal_CN+=50;                         // 允许访问
            medal_All-=150;                       // 允许访问
        }
```

```
        }
    }
```

Java 语言中各类型变量的初值如表 4-1 所示。

表 4-1　Java 变量的初始值

类型	初值
byte	0
short	0
int	0
float	0.0F
long	0L
double	0.0D
char	'\u0000'
boolean	false
引用类型	null

4.2.3　成员方法

Java 语言中类的行为由类的成员方法来实现。类的成员方法由以下两部分组成：
（1）方法的声明；
（2）方法体。
其一般格式如下：

```
    [ 修饰符 ] < 方法返回值的类型 > < 方法名 >( [ 参数列表 ]) {
    [ 方法体 ]
    }
```

修饰符：可选，用于指定方法的访问权限，可选值为 public、protected 和 private。

方法返回值的类型：必选，用于指定该方法的返回值的类型，如果该方法没有返回值，必须使用关键字 void 进行标识。方法返回值的类型可以是任何 Java 数据类型。

方法名：必选，用于指定成员方法的名称，方法名必须是合法的 Java 标识符。

参数列表：可选，用于指定方法中所需要的参数。当存在多个参数时，各参数之间应使用逗号分隔。方法的参数可以是任何 Java 数据类型。

方法体：可选，是方法的实现部分。在方法体中可以完成指定的工作，可以只打印一句话，也可以省略方法体，使方法什么都不做。需要注意的是：当省略方法体时，外面的大括号一定不能省略。

【例 4-1】 实现两数相加。

```
public class Count {
    public int add(int src,int des){
        int sum=src+des;                    // 将方法的两个参数相加
        return sum;                          // 返回运算结果
    }
    public static void main(String[] args){
        Count count=new Count();            // 创建类本身的对象
        int apple1=30;                       // 定义变量 apple1
        int apple2=20;                       // 定义变量 apple2
        int num=count.add(apple1,apple2);    // 调用 add 方法
        System.out.println(" 苹果总数是:"+num+" 箱。");
                                             // 输出运算结果
    }
}
```

程序运行结果如图 4-4 所示。

图 4-4　例 4-1 的运行结果

在上面的代码中包含 add 方法和 main 方法。在 add 方法的定义中,首先定义整数类型变量 sum,该变量是 add 方法参数列表中的两数之和,然后使用 return 关键字将变量 sum 的值返回给调用该方法的语句。main 方法是类的主方法,是程序执行的入口,该方法创建了本类自身的对象 count,然后调用 count 对象的 add 成员方法计算苹果数量的总和,并输出到控制台中。

注意

在同一个类中,不能定义所含参数与方法名称都和已有办法相同的方法。

【例 4-2】 查询部门编号。

```
public class Reseach {
    private String name;
    private int age;
```

```
public void searchNumber() {          // 方法体
    System.out.println(" 您要查找的部门编号是: "+" 查询结果 ");
}
public static void main (String[] args){
        Reseach find=new Reseach();
        find.searchNumber();          // 调用成员方法
    }
}
```

程序运行结果如图 4-5 所示。

图 4-5　例 4-2 的运行结果

4.2.4　注意事项

类体是由成员变量和成员方法组成的。而对成员变量的操作只能存储在方法中,方法使用各种语句对成员变量和方法体中声明的局部变量进行操作,声明成员变量是可以赋初值的。

例如:

```
public class A {
 int a = 12;                          // 声明变量的同时赋予初始值
}
```

但是不能这样:

```
public class A {
 int a ;
 a = 12;                              // 这样是非法的,此操作只能出现在方法体中
}
```

4.3　构造方法与对象

构造方法用于对对象中的所有成员变量进行初始化,在创建对象时立即被调用。对象的属性通过变量(也就是类的成员变量)来定义,而对象的行为通过方法(也就是类的成员方法)来体现。方法可以操作属性形成一定的算法来实现一个具体的功能。类把属性和方法封装成一个整体。

4.3.1 构造方法的概念及用途

构造方法是一种特殊的方法，它的名称必须与它所在类的名称完全相同，并且没有返回值，也不需要使用关键字 void 进行标识。

```java
public class Apple {
    public Apple() {                                    // 构造方法

    }
}
```

1. 默认构造方法和自定义构造方法

如果类例定义了一个或多个构造方法，那么 Java 中不提供默认的构造方法。

【例 4-3】 定义 Apple 类，在该类的构造方法中初始化成员变量。

```java
public class Apple {
    int num;                                            // 声明成员变量
    float price;
    Apple apple;
    public Apple() {                                    // 声明构造方法
            num=10;                                     // 初始化成员变量
            price=8.34f;
    }
    public static void main(String[] args) {
            Apple apple=new Apple();                    // 创建 Apple 的实例对象
            System.out.println(" 苹果数量："+apple.num);   // 输出成员变量值
            System.out.println(" 苹果单价："+apple.price);
            System.out.println(" 成员变量 apple="+apple.apple);

    }
}
```

程序运行结果如图 4-6 所示。

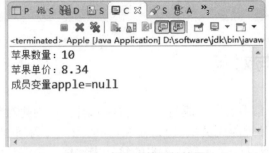

图 4-6 例 4-3 的运行结果

在 Java 语言中可以自定义无参数的构造函数和有参数的构造函数,例如:

```
public class Apple {
    int num=10;
    public Apple() {
    num=19;
    }
    public Apple(int i) {
    num=i;
    }
    public static void main(String[] args) {
        Apple apple=new Apple();              // 创建 Apple 的实例对象
        System.out.println(" 苹果数量: "+apple.num);   // 输出成员变量值
        Apple apple=new Apple(8);
        System.out.println(" 苹果数量: "+apple.num);
    }
}
```

注意

构造函数中有无参数的区别是:有参数的构造函数可以在创建的同时给创建的对象中的数据赋值。

2. 构造方法没有类型

需要注意的是,构造方法没有类型。

```
public class Apple {
    int a,b;
    public Apple() {                // 是构造方法
    a=1;
    b=2;
    }
    void Apple(int x,int y) {        // 不是构造方法,该方法的返回值类型是 void
    a=x;
    b=y;
     }
    int Apple() {                   // 不是构造方法,该方法的返回值类型是 int
    return 5;
     }
 }
```

需要注意的是，如果用户没有定义构造方法，Java 会自动提供一个默认的构造方法，用来实现成员变量的初始化。

4.3.2 对象概述

在面向对象的语言中，对象是对类的一个具体描述，是一个客观存在的实体。万物皆对象，也就是说任何事物都可看作对象，如一个人、一个动物，或者没有生命体的轮船、汽车、飞机，甚至概念性的抽象事物，如公司业绩等。

1. 对象的创建

对象是类的实例。Java 定义任何变量都需要指定变量类型，因此，在创建对象之前，一定要先声明该对象。

1）对象的声明

声明对象的一般格式如下：

> 类名 对象名；

类名：必选，用于指定一个已经定义的类。

对象名：必选，用于指定对象名称，对象名必须是合法的 Java 标识符。

声明 Apple 类的一个对象 redApple 的代码如下：

> Apple redApple;

2）实例化对象

在声明对象时，只是在内存中为其建立一个引用，并置初值为 null，表示不指向任何内存空间。

声明对象以后，需要为对象分配内存，这个过程称为实例化对象。在 Java 中使用关键字 new 来实例化对象，具体语法格式如下：

> 对象名 =new 构造方法名 ([参数列表]);

对象名：必选，用于指定已经声明的对象名。

构造方法名：必选，用于指定构造方法名，即类名，因为构造方法与类名相同。

参数列表：可选，用于指定构造方法的入口参数。如果构造方法无参数，则可以省略。

在声明 Apple 类的一个对象 redApple 后，可以通过以下代码为对象 redApple 分配内存（即创建该对象）：

> redApple=new Apple(); // 由于 Apple 类的构造方法无入口参数，所以省略了参数列表

在声明对象时，也可以直接实例化该对象：

> Apple redApple=new Apple();

这相当于同时执行了对象声明和创建对象：

```
Apple redApple;
redApple=new Apple();
```

2. 对象的使用

创建对象后,就可以访问对象的成员变量,并改变成员变量的值了,而且还可以调用对象的成员方法。通过使用运算符"."实现对成员变量的访问和成员方法的调用。

语法格式为:

```
对象 . 成员变量
对象 . 成员方法 ()
```

【例 4-4】 定义一个类,创建该类的对象,同时改变对象的成员变量的值,并调用该对象的成员方法。

创建一个名称为 Round 的类,在该类中定义一个常量 PI、一个成员变量 r、一个不带参数的方法 getArea 和一个带参数的方法 getCircumference,具体代码如下:

```java
public class Round {
    final float PI=3.14159f;                    // 定义一个用于表示圆周率的常
                                                //    量 PI

    public float r=0.0f;
    public float getArea() {                    // 定义计算圆面积的方法
        float area=PI*r*r;                      // 计算圆面积并赋值给变量 area
        return area;                            // 返回计算后的圆面积
    }
    public float getCircumference(float r) {    // 定义计算圆周长的方法
        float circumference=2*PI*r;             // 计算圆周长并赋值给变量
                                                //    circumference

        return circumference;                   // 返回计算后的圆周长
    }
    public static void main(String[] args) {
        Round round=new Round();
        round.r=20;                             // 改变成员变量的值
        float r=20;
        float area=round.getArea();             // 调用成员方法
        System.out.println(" 圆的面积为："+area);
        float circumference=round.getCircumference(r);
                                                // 调用带参数的成员方法
        System.out.println(" 圆的周长为："+circumference);
    }
```

```
    }
```

程序运行结果如图 4-7 所示。

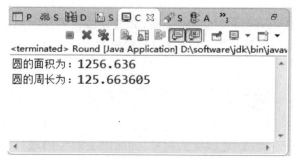

图 4-7　例 4-4 的运行结果

3. 对象的销毁

在许多程序设计语言中,需要手动释放对象所占用的内存,但是在 Java 中则不需要手动完成这项工作。Java 提供的垃圾回收机制可以自动判断对象是否还在使用,并能够自动销毁不再使用的对象,收回对象所占用的资源。

Java 提供了一个名为 finalize 的方法,用于在对象被垃圾回收机制销毁之前执行一些资源回收工作,由垃圾回收系统调用,可以重写该方法。但是垃圾回收系统的运行是不可预测的。finalize 方法没有任何参数和返回值,每个类有且只有一个 finalize 方法。

4.4　类与程序的结构关系

一个 Java 应用程序是由若干个类组成的,这些类可以在一个源文件中,也可以分布在若干个源文件中,如图 4-8 所示。

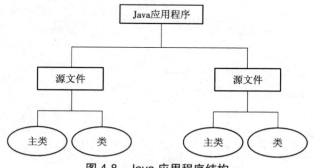

图 4-8　Java 应用程序结构

在 Java 应用程序中有一个主类,即含有 main 方法的类,main 方法是程序执行的入口,也就是说,要执行一个 Java 应用程序,必须从 main 方法开始执行。在编写一个 Java 应用程序时,可以编写若干个 Java 源文件,每个源文件编译后产生若干类的字节码文件。

当解释运行器运行一个 Java 应用程序时,Java 虚拟机将 Java 应用程序的字节码文件加载到内存中,然后由 Java 的虚拟机解释执行。

Java 程序以类为基本单位,从编译的角度看,每个源文件都是一个独立编译单位,当程序需要修改某个类时,只需要重新编译该类所在的源文件即可,不必重新编译其他类所在的文件源,这样对系统的维护非常有利。从软件设计角度看,Java 语言中的类是可复用的,编写具有一定功能的可复用代码在软件设计中非常重要。

4.5 参数传值

在 Java 程序中,如果声明方法时包含了形式参数声明,则调用方法时必须给这些形式参数指定参数值。调用方法时传递给形式参数的参数值称为实际参数。

4.5.1 传值机制

Java 方法中的参数传递方式只有一种,就是值传递。所谓的值传递,就是将实际参数的副本传递到方法内,而参数本身不受任何影响。例如,去银行开户需要身份证原件和复印件,原件和复印件上的内容完全相同,当复印件上的内容改变的时候,原件上的内容不会受到影响。也就是说,方法中参数变量的值是调用者指定值的复制。

4.5.2 基本数据类型的参数传值

对于基本数据类型的参数,向该参数传递值的级别不能高于该参数的级别。例如,不能向 int 型参数传递一个 float 值,但可以向 double 型参数传递一个 float 值。

【例 4-5】 首先在 Point 类中定义一个 add 方法,然后在 Example 类的 main 方法中创建 Point 类的对象,最后调用该对象的 add(int x,int y) 方法。当调用 add 方法时,必须向 add 方法中传递两个参数。

```java
public class Point{
 int add (int x, int y){
   return x+y;
  }
}
public class Example {
 public static void main (String [] args){
   Point ap = new Point ();
   int a = 15;
   int b = 32;
   int sum = ap.add(a,b);
   System.out.println(sum);
  }
}
```

4.5.3　引用数据类型的参数传值

当参数是引用数据类型时,传递的值是变量中存储的"引用",而不是变量所引用的实体。如果两个相同类型的引用型变量具有同样的引用,就会用同样的实体。因此,如果改变参数变量所引用的实体,就会导致原变量的实体发生同样的变化;但是,改变参数中存储的"引用"不会影响向其传值的变量中存储的"引用"。

【例 4-6】　Car 类为汽车类,负责创建一个汽车类的对象;fuelTank 类是一个油箱类,负责创建油箱的对象。Car 类创建的对象调用 run(fuelTank ft) 方法时需要将 fuelTank 类创建的油箱对象 ft 传递给 run(fuelTank ft)(该方法消耗汽油,油箱中的油会减少)。

```java
public class fuelTank {                                      // 定义一个油箱类
 int gas;                                                    // 定义汽油
 fuelTank (int x){
 gas = x;
 }
}
public class Car {                                           // 定义一个汽车类
 void run(fuelTank ft){
  ft.gas = ft.gas - 5;                                       // 消耗汽油
 }
}
public class Example2{
 public static void main (String [] args) {
  fuelTank ft = new fuelTank(100);                           // 创建油箱对象,然后给
                                                             //   油箱加满油
  System.out.println(" 当前油箱的油量是:"+ ft.gas); // 显示当前油箱的油量
  Car car = new Car();                                       // 创建汽车对象
  System.out.println(" 下面开始启动汽车 ");
  Car.run(ft);                                               // 启动汽车
  System.out.println(" 当前汽车油箱的油量是:"+ ft.gas);
 }
}
```

注意

按值传递意味着将一个参数传递给一个函数时,函数接收的是原始值的一个副本。因此,如果函数修改了该参数,改变的仅仅是副本,而原始值保持不变。按引用传递意味着两个变量指向的是同一个对象的引用地址,这两个变量操作的是同一个对象。因此,如果函数修改了该参数,调用代码中的原始值也会随之改变。

4.6 对象的组合

如果一个类把某个对象作为自己的一个成员变量，那么使用这样的类创建对象后，该对象中就会有其他对象，即该类对象将其他对象作为自己的一部分。

如果一个对象 a 组合了另一个对象 b，那么对象 a 就可以委托对象 b 调用其方法，即对象 a 以组合的方式复用对象 b 的方法。

【例 4-7】 计算圆锥的体积。

```
//Circle 类
public class Circle {
  double r;                          // 定义圆的半径
  double area;                       // 定义圆的面积
  Circle (double R){
    r = R;
  }
  void setR (double R) {
    r = R;
  }
  double getR(){
    return r;
  }
  double getArea(){
    area = 3.14 * r * r;
    return area;
  }
}
//Circular 类
public class Circular {
  Circle bottom;                     // 定义圆锥的底
  double height;                     // 定义圆锥的高
  Circular (Circle c, double h) {
    bottom = c;
    height = h;
  }
  double getVolme() {
    return bottom.getArea()* height/3;
  }
```

```
    }
```

4.7 实例方法与类方法

在 4.2.3 节已经对方法进行了介绍。在类中定义的方法可分为实例方法和类方法。

4.7.1 实例方法与类方法的定义

在声明方法时,方法类型前面不使用 static 修饰的是实例方法,使用 static 修饰的是类方法,也称作静态方法。

例如:

```
Class Student {
Int sum {int a, int b} {                              // 实例方法
Return a+b;
}
Static void run() {                                   // 类方法
...
}
}
```

在 Student 类中包含两个方法,其中 sum 方法是实例方法, run 方法是类方法。在声明类方法时,需要将 static 修饰符放在方法类型的前面。

4.7.2 实例方法和类方法的区别

1. 使用对象调用实例方法

当字节码文件被分配到内存时,实例方法不会被分配入口地址,只有当该类创建对象后,类中的实例方法才会被分配入口地址,这时实例方法才可被类创建的对象调用。

2. 使用类名调用类方法

类中定义的方法在该类被加载到内存时,就被分配了相应的入口地址,使得类方法不仅可以被类创建的任何对象调用执行,还可以直接通过类名调用。类方法的入口地址直到程序退出时才被取消。但是需要注意的是,类方法不能直接操作实例变量,因为在类创建对象之前,实例成员变量还没有分配内存。实例方法只能使用对象调用,不能通过类名调用。

4.8 this 关键字

this 关键字表示某个对象,this 关键字可以出现在实例方法和构造方法中,但不可以出现在类方法中。当局部变量和成员变量的名字相同时,成员变量就会被隐藏,这时如果想在

成员方法中使用成员变量,则必须使用关键字 this。

语句格式为:

> this. 成员变量名
> this. 成员方法名 ()

【例 4-8】 创建一个类文件,该类中定义了 setName 方法,并将方法的参数值赋予类中的成员变量。

```
class A {
private void setName(String name){                // 定义一个 setName 方法
    this.name=name;                               // 将参数值赋予类中的成员变量
}
}
```

从上述代码可以看到,成员变量与在 setName 方法中的形式参数的名称相同,都为 name,那么该如何在类中区分使用的是哪一个变量呢? Java 语言中规定使用 this 关键字来代表本类对象的引用,this 关键字被隐式地用于引用对象的成员变量和方法。如在上述代码中,"this.name"指的就是 A 类中的 name 成员变量,而"this.name=name"语句中的第二个 name 则指的是形式参数 name。实质上,setName 方法实现的功能就是将形式参数 name 的值赋予成员变量 name。

在这里 this 可以调用成员变量和成员方法,但 Java 语言中最常规的调用方式是使用"对象 . 成员变量"或"对象 . 成员方法"进行调用(关于使用对象调用成员变量和方法的问题,将在后续章节中进行讲述)。

既然 this 关键字和对象都可以调用成员变量和成员方法,那么 this 关键字与对象之间具有怎样的关系呢?

事实上,this 引用的就是本类的一个对象,在局部变量或方法参数覆盖了成员变量时,如上面代码的情况,就要添加 this 关键字明确引用的是类成员还是局部变量或方法参数。

如果省略 this 关键字直接写成"name=name",那只是把参数 name 赋值给参数变量本身而已,成员变量 name 的值没有改变,因为参数 name 在方法的作用域中覆盖了成员变量 name。

其实,this 除了可以调用成员变量或成员方法之外,还可以作为方法的返回值。

【例 4-9】 在项目中创建一个类文件,在该类中定义 Book 类型的方法,并通过 this 关键字返回。

```
public Book getBook(){
    return this;                                  // 返回 Book 类引用
}
```

在 getBook 方法中,因为方法的返回值为 Book 类,所以方法体中使用"return this"这种形式将 Book 类的对象进行返回。

【例 4-10】 在 Fruit 类中定义一个成员变量 color，并且在该类的成员方法中又定义了一个局部变量 color。这时，如果想在成员方法中使用成员变量 color，则需要使用 this 关键字。

```java
public class Fruit {
    public String color=" 绿色 ";                    // 定义颜色成员变量
    public void harvest(){                          // 定义收获的方法
    String color=" 红色 ";                           // 定义颜色局部变量
    System.out.println(" 水果是："+color+" 的！ ");    // 此处输出的是局部变量 color
            System.out.println(" 水果已经收获……");
            System.out.println(" 水果原来是："+this.color+" 的！ ");
                                                    // 此处输出的是成员变量 color
    }
    public static void main(String[] args) {
            Fruit obj=new Fruit();
            obj.harvest();
    }
}
```

程序运行结果如图 4-9 所示。

图 4-9 例 4-10 的运行结果

【例 4-11】 使用 this 关键字为 User 类的属性赋值。

```java
public class User {
    private int id;                         // 定义映射主键的属性
    private String userName;                // 定义映射用户名的属性
    private String passWord;                // 定义映射密码的属性
    public int getId() {                    //id 属性的 get 方法
            return id;
    }
    public void setId(int id) {             //id 属性的 set 方法
            this.id = id;
    }
    public String getUserName() {
```

```
        return userName;
    }
    public void setUserName(String userName) {
        this.userName = userName;
    }
    public String getPassWord() {
        return passWord;
    }
    public void setPassWord(String passWord) {
        this.passWord = passWord;
    }
}
```

4.9 包

Java 要求文件名和类名相同,所以将多个类放在一起时,很可能出现文件名冲突的情况,这时 Java 提供了一种解决该问题的方法,那就是使用包对类进行分组。下面将对 Java 中的包进行详细介绍。

4.9.1 包的概念

包(package)是 Java 提供的一种区别类的命名空间的机制,是类的组织方式,是一组相关类的接口(将在第 6 章为大家详细介绍接口)的集合,它提供了访问权限和命名的管理机制。Java 中提供的包主要有以下三种用途:

(1)将功能相近的类放在同一个包中,可以方便查找与使用;

(2)由于在不同包中可以存在同名类,所以使用包在一定程度上可以避免命名冲突;

(3)在 Java 中,某些访问权限是以包为单位的。

4.9.2 创建包

创建包可以通过在类或接口的源文件中使用 package 语句实现。package 语句的语法格式如下:

```
package 包名 ;
```

包名:必选,用于指定包的名称。包的名称必须为合法的 Java 标识符。当包中还有包时,可以使用"包 1. 包 2. …. 包 n"进行指定,其中,包 1 为最外层的包,而包 n 则为最内层的包。

package 语句位于类或接口源文件的第一行。例如,定义一个类 Round,将其放入 com. lzw 包中的代码如下:

```
package com.lzw;
    public class Round {
        final float PI=3.14159f;              //定义一个用于表示圆周率的常量 PI
        Public void paint(){                   //定义一个绘图的方法
            System.out.println(" 画一个圆形! ");
        }
    }
```

注意

Java 中提供的包,相当于系统中的文件夹。例如,上面代码中的 Round 类如果保存到 C 盘根目录下,那么它的实际路径为"C:\com\lzw\Round.java"。

【例 4-12】 创建包。

```
package com.iss.package1;
```

程序运行结果如图 4-10 所示。

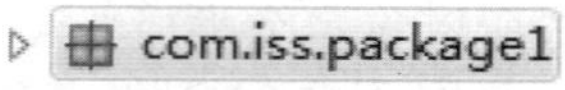

▷ ⊞ com.iss.package1

图 4-10　例 4-12 的运行结果

4.9.3　使用包中的类

类可以访问其所在包中的所有类,还可以使用其他包中的所有 public 类。访问其他包中的 public 类有以下两种方法。

(1)使用长名引用包中的类。

使用长名引用包中的类比较简单,只需要在每个类名前面加上完整的包名即可。例如,创建 Round 类(保存在 com.lzw 包中)的对象并实例化该对象的代码如下:

```
com.lzw.Round round=new com.lzw.Round();
```

(2)使用 import 语句引入包中的类。

由于使用长名引用包中的类的方法比较烦琐,所以 Java 提供了 import 来局域引入包中的类。import 语句的基本语法格式如下:

```
import 包名 1[. 包名 2]. 类名 |*;
```

当存在多个包名时,各个包名之间使用"."分隔,同时包名与类名之间也使用"."分隔。*:表示包中所有的类。

例如,引入 com.lzw 包中的 Round 类的代码如下:

```
import com.lzw.Round;
```

如果 com.lzw 包中包含多个类，也可以使用以下语句引入该包中的全部类：

```
import com.lzw.*;
```

4.10 import 语句

import 关键字用于加载已定义好的类或包，其方法和属性可供本类调用。

类可以访问其所在包中的所有类，还可以使用其他包中的所有 public 类。访问其他包中的 public 类有以下两种方法。

（1）使用长名引用包中的类。

使用长名引用包中的类比较简单，只需要在每个类名前面加上完整的包名即可。例如，创建 Round 类（保存在 com.lzw 包中）的对象并实例化该对象的代码如下：

```
com.lzw.Round round=new com.lzw. Round();
```

（2）使用 import 语句引入包中的类。

由于使用长名引用包中的类的方法比较烦琐，所以 Java 提供了 import 语句来引入包中的类。下面着重介绍使用 import 导入类。

【例 4-13】 显示时间。

```
public static String getDateTime(){            // 该方法返回值为 String 类型
    SimpleDateFormat format;
    //SimpleDateFormat 类可以选择任何用户定义的日期 - 时间格式的模式
    Date date = null;
    Calendar myDate = Calendar.getInstance();
    //Calendar 的方法 getInstance，以获得此类型的一个通用的对象
    myDate.setTime(new java.util.Date());
    // 使用给定的 Date 设置此 Calendar 的时间
    date = myDate.getTime();
    // 返回一个表示此 Calendar 时间值（从历元至现在的毫秒偏移量）的 Date 对象
    format = new SimpleDateFormat("yyyy-MM-dd HH:mm:ss");
    // 编写格式化时间为"年 - 月 - 日 时：分：秒"
    String strRtn = format.format(date);
    // 将给定的 Date 格式化为日期 / 时间字符串，并将结果赋值给给定的 String
    return strRtn;                              // 返回保存返回值变量
}
```

程序运行结果如图 4-11 所示。

图 4-11 例 4-13 的运行结果

4.11 访问权限

访问权限由访问修饰符进行限制,访问修饰符有 private、protected 和 public,它们都是 Java 中的关键字。

1. 什么是访问权限

访问权限是指对象是否能够通过"."运算符操作自己的变量或通过"."运算符调用类中的方法。

在编写类的时候,类中的实例方法总是可以操作该类中的实例变量和类变量,类方法总是可以操作该类中的类变量,这与访问修饰符没有关系。

2. 私有变量和私有方法

使用 private 修饰的成员变量和方法被称为私有变量和私有方法。例如:

```java
public class A{
private int a;                    // 变量 a 是私有变量
private int sum(int m,int n){     // 方法 sum 是私有方法
return m-n;
}
}
```

假如现在有一个 B 类,在 B 类中创建一个 A 类的对象后,该对象不能访问自己的私有变量和方法。例如:

```java
public class B{
 public static void main(String[] args){
A ca=new A();
 ca.a=18;                         // 编译错误,访问不到私有变量 a
}
}
```

如果一个类中的某个成员是私有类变量,那么在另一个类中,不能通过类名来操作这个私有类变量。如果一个类中的某个方法是私有类方法,那么在另一个类中,也不能通过类名来调用这个私有类方法。

3. 公有变量和公有方法

使用 public 修饰的变量和方法被称为公有变量和公有方法。例如：

```
public class A{
public int a;                    // 变量 a 是公有变量
public int sum(int m,int n){     // 方法 sum 是公有方法
return m-n;
}
}
```

使用 public 修饰的变量和方法,在任何一个类中创建对象后都会访问到。例如：

```
public class B{
 public static void main(String[] args){
 A ca=new A();
 ca.a=18;                        // 可以访问,编译通过
 }
 }
```

4. 友好变量和友好方法

不使用 private、public 和 protected 修饰符修饰的成员变量和方法被称为友好变量和友好方法,例如：

```
public class A{
int a;                           // 变量 a 是友好的变量
int sum(int m,int n){            // 方法 sum 是友好方法
return m-n;
}
}
```

同一包中的两个类,如果在一个类中创建了另一个类的对象后,该对象能访问自己的友好变量和友好方法,例如：

```
public class B{
 public static void main(String[] args){
 A ca=new A();
 ca.a=18;                        // 可以访问,编译通过
 }
 }
```

说明

如果源文件使用 import 语句引入了另外一个包中的类,并用该类创建一个对象,那么该类的这个对象将不能访问自己的友好变量和友好方法。

5. 受保护的成员变量和方法

用 protected 修饰的成员变量和方法被称为受保护的成员变量和受保护的方法,例如:

```
public class A{
protected int a;                        // 变量 a 是受保护的变量
protected int sum(int m,int n){         // 方法 sum 是受保护的方法
return m-n;
}
}
```

同一个包中的两个类,一个类在另一类中创建对象后,可以通过该对象访问自己的受保护的变量和方法。

```
public class B{
 public static void main(String[] args){
 A ca=new A();
 ca.a=18;                               // 可以访问,编译通过
 }
 }
```

6. public 类与友好类

在声明类的时候,如果在关键字 class 前面加上 public 关键字,那么这样的类就是共有的类。例如:

```
public class A{
...
}
```

可以在任何另外一个类中,使用 public 类创建对象。如果一个类中不加 public 修饰,这个没有被 public 修饰的类就被称为默认(default)类,那么另外一个类中使用友好类创建对象时,必须保证它们是在同一个包中。例如:

```
class A{
...
}
```

表 4-2 总结出四种修饰符的访问权限范围。

表 4-2　Java 四种修饰符的访问权限范围

	同一类	同一包	子类	外部包
public	√	√	√	√
protected	√	√	√	×
默认（不写）	√	√	×	×
private	√	×	×	×

小结

　　本章主要讲解了有关面向对象的知识和 Java 语言中面向对象的实现方法，包括面向对象的程序设计、类与对象、构造方法和对象、类与程序的基本结构、参数传值、对象的组合、实例方法与类方法、this 关键字、包、import 语句和访问权限。

　　通过学习本章，读者首先应该认真了解面向对象的含义，并掌握 Java 语言中的类与对象、构造方法和对象、参数传值以及包的使用，然后理解 this 关键字、import 语句和访问权限。

　　类体定义如下：

　　[public][abstract|final] class className [extends superclassName] [implements interface-NameList]

　　{// 成员变量

　　[public | protected | private] [static] [final] [transient] [volatile] type variableName;

　　// 成员函数

　　[public | protected | private] [static][final | abstract] [native] [synchronized] returnType methodName([paramList]) [throws exceptionList]

　　{statements}

经典面试题

　　4-1　简述面向对象的编程语言有哪些特征。

　　4-2　绘图说明作用域 public、private、protected、default（默认）的区别。

　　4-3　解释一下静态变量和实例变量的区别。

　　4-4　描述构造函数的作用和特点以及是否可被重写（override）。

　　4-5　这条 String s="a"+"b"+"c"+"d" 语句一共创建了多少个对象？

跟我上机

4-1　成员变量和成员函数：请定义一个交通工具（Vehicle）的类，其中有属性速度（speed）、体积（size）等，还有移动（move）、设置速度（setSpeed(int speed)）、加速 speedUp、减速 speedDown 等方法。最后在测试类 Vehicle 中的 main 方法中实例化一个交通工具对象并通过方法给它初始化 speed、size 的值并且打印出来。另外调用加速减速的方法对速度进行改变。

4-2　构造方法：编写 Java 程序用于显示人的姓名和年龄。定义一个人的类 Person，该类中有两个私有属性：姓名（name）和年龄（age）。定义构造方法用来初始化数据成员。再定义显示（display）方法将姓名和年龄打印出来。在 main 方法中创建人类的实例，然后将信息显示出来。

4-3　编写学生成绩单程序，可以通过键盘输入下列各项：学生姓名、课程编号、学生成绩（假设有四门课）。此程序应显示考试分数，计算和显示每门课的总分和平均分。

4-4　编写一个程序，使用带参数的构造函数和一个方法显示两个整数的值。创建两个对象，分别传递值集（10，20）和（30，40）。将这两个对象的两个 x 值和两个 y 值相加，形成一个新对象（x，y）。

4-5　某公司采用公用电话传递数据信息，数据是小于 8 位的整数，为了确保安全，在传递过程中需要加密，加密规则如下：首先将数据倒序，然后将每位数字都加上 5，再用和除以10 的余数代替该数字，最后将第一位和最后一位数字交换。

分析：为了对数据的每一位数字进行操作，首先需要将数据不同位的数字拆分出来；

对每位数字应用加密规则，即将每个元素加上 5，再除以 10 取余；

将第一位和最后一位数字交换；

输出加密后的数据信息。

第 5 章　继承与多态

本章要点：

- ☐ 类的继承
- ☐ 类的多态
- ☐ 抽象类
- ☐ final 关键字
- ☐ 内部类

☐ Java 语言是纯粹的面向对象的程序设计语言,而继承与多态是它的另外两大特性。继承是面向对象实现软件复用的重要手段,多态是子类对象可以直接赋给父类变量,但运行时依然表现出子类的行为特征。Java 语言支持利用继承和多态的基本概念来设计程序,从现实世界中客观存在的事物出发来构造软件系统。

5.1 继承简介

在面向对象的程序设计中,继承是不可或缺的一部分。通过继承可以实现代码的重用,提高程序的可维护性。

5.1.1 继承的概念

继承一般指晚辈从父辈那里继承财产,也可以指子女拥有父母所给予他们的东西。在面向对象的程序设计中,继承的含义与此类似,所不同的是,这里继承的实体是类,也就是说继承是指子类拥有父类的成员。

5.1.2 子类的设计

在类的声明中,可以通过使用关键字 extends 来显式地指明其父类。
语法格式为:

> [修饰符] class 子类名 extends 父类名

修饰符:可选,用于指定类的访问权限,可选值为 public、abstract 和 final。
子类名:必选,用于指定子类的名称,类名必须是合法的 Java 标识符。一般情况下,要求首字母大写。
extends 父类名:必选,用于指定要定义的子类继承于哪个父类。
例如,定义一个 Cattle 类,该类继承于父类 Animal, 即 Cattle 类是 Animal 类的子类,代码如下:

```
package com.iss.example_1;              // 本例采用了抽象类做父类,后面章节会
                                        详细介绍 abstract
public abstract class Animal {          // 此处省略了类体的代码
}
public abstract class Cattle extends Animal{  // 此处省略了类体的代码
}
```

【例 5-1】 动物类的继承。

```
package com.iss.example_2;
public abstract class Animal {
    public abstract void run();
    public abstract void eat();
}
public class Dog extends Animal{
```

```
        @Override
        public void run() {
                System.out.println("Dog run");
        }
        @Override
        public void eat() {
                System.out.println("Dog eat");
        }
}
public class Main {
        public static void main(String[] args) {
                Dog d=new Dog();
                d.run();
                d.eat();
        }
}
```

运行效果如图 5-1 所示。

5.1.3 继承的使用原则

子类可以继承父类中所有可被子类访问的成员变量和成员方法，但必须遵循以下原则：

（1）子类能够继承父类中被声明为 public 和 protected 的成员变量和成员方法，但不能继承被声明为 private 的成员变量和成员方法；

（2）子类能够继承在同一个包中的由默认修饰符修饰的成员变量和成员方法；

（3）如果子类声明了一个与父类的成员变量同名的成员变量，则子类不能继承父类的成员变量，此时称子类的成员变量隐藏了父类的成员变量；

（4）如果子类声明了一个与父类的成员方法同名的成员方法，则子类不能继承父类的成员方法，此时称子类的成员方法覆盖了父类的成员方法。

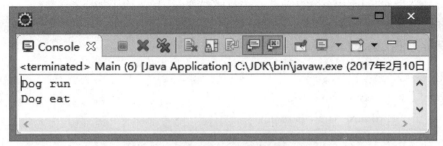

图 5-1　例 5-1 的运行结果

【例 5-2】　定义一个动物类 Animal 及它的子类 Bird。

（1）创建一个名称为 Animal 的类，在该类中声明一个成员变量 live 和两个成员方法（分别为 eat 和 move），具体代码如下：

```
package com.iss.example_3;
public class Animal {
    // 定义一个成员变量
    public boolean live=true;
    public String skin="";
    // 定义一个成员方法
    public void eat(){
            System.out.println(" 动物需要吃食物 ");
    }
    // 定义一个成员方法
    public void move(){
            System.out.println(" 动物会运动 ");
    }
}
```

（2）创建一个 Animal 类的子类 Bird 类，在该类中隐藏了父类的成员变量 skin，并且覆盖了成员方法 move，具体代码如下：

```
public class Bird extends Animal{
    public String skin=" 羽毛 ";

    public void move(){
            System.out.println(" 鸟会飞翔 ");
    }
}
```

（3）创建一个名称为 Zoo 的类，在该类的 main 方法中创建子类 Bird 的对象，并为该对象分配内存，然后对象调用该类的成员方法及成员变量，具体代码如下：

eat 方法是从父类 Animal 继承下来的方法，move 方法是 Bird 子类覆盖父类的成员方法，skin 变量为子类的成员变量。

```
public class Zoo {
    public static void main(String[] args) {
            Bird bird = new Bird();
            bird.eat();
            bird.move();
            System.out.println(" 鸟有:" + bird.skin);
```

```
        }
    }
```

程序运行结果如图 5-2 所示。

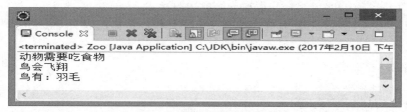

图 5-2　例 5-2 的运行结果

5.1.4　使用 super 关键字

子类可以继承父类的非私有（不是以 private 关键字修饰的）成员变量和成员方法，但是，如果子类中声明的成员变量与父类的成员变量同名，那么父类的成员变量将被隐藏。如果子类中声明的成员方法与父类的成员方法同名，并且参数个数、类型和顺序也相同，那么子类的成员方法将覆盖父类的成员方法。这时，如果想在子类中访问父类中被子类隐藏的成员方法或变量，就可以使用 super 关键字。

super 关键字主要有以下两种用途。

（1）调用父类的构造方法。

子类可以调用父类的构造方法，但是必须在子类的构造方法中使用 super 关键字来调用。具体的语法格式如下：

```
super([ 参数列表 ]);
```

如果父类的构造方法中包括参数，则参数列表为必选项，用于指定父类构造方法的入口参数。例如：

```
public class Animal {
    private String skin;
    public Animal(){}
    public Animal(String strskin){
        skin=strskin;
    }
}
```

这时，如果想在子类 Bird 中使用父类带有参数的构造方法，则需要在子类 Bird 的构造方法中通过以下代码进行调用：

```
public class Bird extends Animal{
    public Bird(){
```

```
    super(" 羽毛 ");
    }
}
```

（2）操作被隐藏的成员变量和被覆盖的成员方法。

如果想在子类中操作父类中被隐藏的成员变量和被覆盖的成员方法，也可以使用 super 关键字。

具体的语法格式为：

```
super. 成员变量名 ;
super. 成员方法名 ([ 参数列表 ]);
```

如果想在子类 Bird 的方法中改变父类 Animal 的成员变量 skin 的值，可以使用以下代码：

```
super.skin=" 羽毛 ";
```

如果想在子类 Bird 的方法中使用父类 Animal 的成员方法 move，可以使用以下代码：

```
super.move();
```

5.2　子类的继承

子类中的一部分成员是子类自己声明、创建的，另一部分是通过它的父类继承的。在 Java 中，Object 类是所有类的祖先类，也就是说任何类都继承自 Object 类。除了 Object 类以外的每个类，有且仅有一个父类，一个类可以有零个或多个子类。

5.2.1　同一包中的子类与父类

如果子类与父类都在同一包中，那么子类继承父类中非 private 修饰的成员变量和方法。

【例 5-3】　有三个类，People 类是父类，Student 类是继承父类的子类，Teacher 类也是继承父类的子类，Example 类是测试类。

```
package com.iss.example_4;
// 定义 People 类，它是一个父类
public class People {
    String name = " 小红 ";
    int age = 16;
    protected void say() {
        System.out.println(" 大家好，我叫 " + name + ", 今年 "+age+" 岁 ");
```

```
        }
    }
    public class Student extends People {
        int number=40326;
    }
    public class Teacher extends People {
        protected void say() {
                System.out.println(" 大家好，我叫 " + name + "，今年 " + age + " 岁，我是一
名老师 ");
        }
    }
    public class Main {
        public static void main(String[] args) {
                Student stu = new Student();
                stu.say();
                stu.age = 19;
                stu.name = " 张三 ";
                stu.say();
                System.out.println(" 我的学号是: " + stu.number);
                Teacher te = new Teacher();
                te.name = " 赵冬 ";
                te.age = 38;
                te.say();
        }
    }
```

5.2.2 继承中的 Protected

在一个类 A 中，它所定义的成员变量和方法都被 protected 所修饰，如果类 A 被类 B、类 C 继承，那么类 B 与类 C 就都继承了类 A 的成员变量和方法。这时，如果在类 C 中创建一个自身的对象，那么该对象可以访问父类的和自身定义的被 protected 修饰的变量和方法。但是在其他类（比如 Student 类）中，对于子类 C 自己声明的 protected 成员变量和方法，只要 Student 类与 C 类在同一包中，创建的对象就可以访问这些被 protected 修饰的成员变量和方法。对于子类 C 从父类中继承的 protected 成员变量和方法，只要 Student 类与 C 类的父类在同一包中，创建的对象就能够访问继承的 protected 成员变量和方法。

5.3 多态

多态是面向对象程序设计的重要部分,多态性是面向对象程序设计的三个基本特点之一。在 Java 语言中,通常使用方法的重载(Overloading)和覆盖(Overriding)实现类的多态性。

5.3.1 方法的重载

方法的重载是指在一个类中,出现多个方法名相同,但参数个数或参数类型不同的方法,则称为方法的重载。Java 在执行具有重载关系的方法时,将根据调用参数的个数和类型区分具体执行的是哪个方法。

【例 5-4】 定义一个名称为 Calculate 的类,在该类中定义两个名称为 getArea 的方法(参数个数不同)和两个名称为 draw 的方法(参数类型不同)。

```java
package com.iss.example_5;
public class Calculate {
    // 定义一个用于表示圆周率的常量 PI
    final float PI = 3.14159f;
    // 求圆形的面积
    public float getArea(float r) {
    // 定义一个用于计算面积的方法 getArea
        float area = PI * r * r;
        return area;
    }
    // 求矩形的面积
    public float getArea(float l, float w) {
    // 重载 getArea 方法
        float area = l * w;
        return area;
    }
    // 画任意形状的图形
    public void draw(int num) {
    // 定义一个用于画图的方法 draw
        System.out.println(" 画 " + num + " 个任意形状的图形 ");
    }
    // 画指定形状的图形
    public void draw(String shape) {
    // 重载 draw 方法
```

```
            System.out.println(" 画一个 " + shape);
        }
    }
public class Main {
    public static void main(String[] args) {
    // 创建 Calculate 类的对象并为其分配内存
            Calculate calculate = new Calculate();
            float l = 20;
            float w = 30;
            float areaRectangle = calculate.getArea(l, w);
            System.out.println(" 求长为 " + l + " 宽为 " + w +
                            " 的矩形的面积是:" + areaRectangle);
            float r = 7;
            float areaCirc = calculate.getArea(r);
            System.out.println(" 求半径为 " + r + " 的圆的面积是:" + areaCirc);
            int num = 7;
            calculate.draw(num);
            calculate.draw(" 三角形 ");
    }
}
```

程序运行结果如图 5-3 所示。

重载的方法之间并不一定有联系,但是为了提高程序的可读性,一般只重载功能相似的方法。

在方法重载时,方法返回值的类型不能作为区分方法重载的标志。

图 5-3　例 5-4 的运行结果

5.3.2　避免重载出现的歧义

重载方法之间必须保证参数不同,但是需要注意,重载方法在被调用时可能出现调用歧义。例如下面 Student 类中的 speak 方法就很容易引发歧义。

```
package com.iss.example_6;
public class Student {
    static void speak(double a,int b){
            System.out.println(" 我很高兴 ");
    }
    static void speak(int a ,double b){
            System.out.println("I am so happy");
    }
}
```

对于上面的 Student 类,当代码为"Student.speak(5.5,0)"时,控制台输出"我很高兴"。当代码为"Student.speak(5,5.5)"时,控制台输出"I am so happy"。当代码为"Student.speak(5,5)"时,就会出现无法解释的编译问题(提示:方法 speak(double,int) 对类型 Student 有歧义),因为 Student.speak(5,5) 不清楚应该执行重载方法中的哪一个。

5.3.3 方法的覆盖

当子类继承父类中所有可能被子类访问的成员方法时,如果子类的方法名与父类的方法名相同,那么子类就不能继承父类的方法,此时,称子类的方法覆盖了父类的方法。覆盖体现了子类补充或者改变父类方法的能力,通过覆盖可以使一个方法在不同的子类中表现出不同的行为。

【例 5-5】 定义动物类 Animal 及其子类,然后在 Zoo 类中分别创建各个子类对象,并调用子类覆盖父类的 cry 方法。

(1)创建一个名为 Animal 的类,在该类中声明一个成员方法 cry:

```
package com.iss.example_7;
public class Animal {
public Animal() {
}
public void cry() {
    System.out.println(" 动物发出叫声! ");
}
}
```

(2)创建一个 Animal 类的子类 Dog,在该类中覆盖父类的成员方法 cry:

```
public class Dog extends Animal{
public Dog() {
}
public void cry() {
```

```
        System.out.println(" 狗发出"汪汪……"声！");
    }


    }
```

（3）在创建一个 Animal 类的子类 Cat，在该类中覆盖了父类的成员方法 cry：

```
public class Cat extends Animal{
public Cat() {
}
public void cry() {
        System.out.println(" 猫发出"喵喵……"声！");
    }
    }
```

（4）再创建一个 Animal 类的子类 Cattle，在该类中不定义任何方法：

```
public class Cattle extends Animal{
    }
```

（5）创建 Zoo 类，在该类的 main 方法中分别创建子类 Dog、Cat 和 Cattle 的对象，并调用它们的成员方法 cry：

```
public class Zoo {
public static void main(String[] args) {
        // 创建 Dog 类的对象并为其分配内存
        Dog dog = new Dog();
        System.out.println(" 执行"dog.cry();"语句时的输出结果:");
        dog.cry();
        // 创建 Cat 类的对象并为其分配内存
        Cat cat = new Cat();
        System.out.println(" 执行"cat.cry();"语句时的输出结果:");
        cat.cry();
        // 创建 Cattle 类的对象并为其分配内存
        Cattle cattle = new Cattle();
        System.out.println(" 执行"cattle.cry();"语句时的输出结果:");
        cattle.cry();
    }
    }
```

程序运行结果如图 5-4 所示。

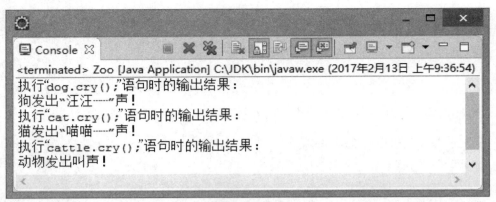

图 5-4 例 5-5 的运行结果

从上面的运行结果中可知，由于 Dog 类和 Cat 类都重载了父类的方法 cry()，所以执行的是子类中的 cry 方法，但是 Cattle 类没有重载父类的方法，所以执行的是父类的 cry 方法。

在进行方法覆盖时，需要注意以下几点：

（1）子类不能覆盖父类中声明为 final 或者 static 的方法；

（2）子类必须覆盖父类中声明为 abstract 的方法，或者子类也将该方法声明为 abstract；

（3）子类覆盖父类中的同名方法时，子类中方法的声明也必须和父类中覆盖的方法一样。

5.3.4 向上转型

一个对象可以看作本类类型，也可以看作它的超类类型。取得一个对象的引用并将它看作超类的对象，称为向上转型。

【例 5-6】创建抽象的动物类 Animal，在该类中定义一个 move（移动）方法，并创建两个子类：鹦鹉和乌龟。在 Zoo 类中定义 free（放生）方法，该方法接收动物类做方法的参数，并调用参数的 move 方法使动物获得自由。

```java
package com.iss.example_8;
public abstract class Animal {
    // 移动方法
    public abstract void move();
}
public class Parrot extends Animal {
    // 鹦鹉的移动方法
    public void move() {
        System.out.println(" 鹦鹉正在飞行……");
    }
```

```
}
public class Tortoise extends Animal{
    // 乌龟的移动方法
    public void move() {
            System.out.println(" 乌龟正在爬行……");
    }
}
public class Zoo {
    // 放生方法
    public void free(Animal animal) {
            animal.move();
    }
    public static void main(String[] args) {
    // 动物园
            Zoo zoo = new Zoo();
    // 鹦鹉
            Parrot parrot = new Parrot();
    // 乌龟
            Tortoise tortoise = new Tortoise();
            // 放生鹦鹉
            zoo.free(parrot);
            // 放生乌龟
            zoo.free(tortoise);
    }
}
```

程序运行结果如图 5-5 所示。

图 5-5　例 5-6 的运行结果

说明

因为向下转型可能会出现问题，所以暂时不讲解这部分知识。

5.4 抽象类

通常可以说四边形具有 4 条边,或者更具体一点,平行四边形是具有对边平行且相等特性的特殊四边形,等腰三角形是腰相等的三角形,这些描述都是合乎情理的,但对于图形对象却不能使用具体的语言进行描述,它有几条边,究竟是什么图形,没有人能说清楚,这种类在 Java 中被定义为抽象类。

5.4.1 抽象类和抽象方法

所谓抽象类就是只声明方法的存在而不去具体实现它的类。抽象类不能被实例化,也就是不能创建对象。在定义抽象类时,要在关键字 class 前面加上关键字 abstract。
语法格式为:

```
abstract class 类名 {
    类体
}
```

例如,定义一个名称为 Fruit 的抽象类可以使用如下代码:

```
package com.iss.example_9;
public abstract class Fruit {
    // 定义颜色成员变量
    public String color;
    // 定义构造方法
    public Fruit() {
    // 对变量 color 进行初始化
        color = " 绿色 ";
    }
}
```

在抽象类中创建的、没有实现的、必须要子类重写的方法称为抽象方法。抽象方法只有方法的声明,而没有方法的实现,用关键字 abstract 进行修饰。
语法格式:

```
abstract < 方法返回值类型 > 方法名 ( 参数列表 );
```

方法返回值类型:必选,用于指定方法的返回值类型。如果该方法没有返回值,可以使用关键字 void 进行标识。方法返回值的类型可以是任何 Java 数据类型。
方法名:必选,用于指定抽象方法的名称,方法名必须是合法的 Java 标识符。
参数列表:可选,用于指定方法中所需要的参数。当存在多个参数时,各参数之间应使用逗号分隔。方法的参数可以是任何 Java 数据类型。

在上面定义的抽象类中添加一个抽象方法,可使用如下代码:

```
// 定义抽象方法
public abstract void harvest();  // 收获的方法
```

注意

抽象方法不能使用 private 或 static 关键字进行修饰。

包含一个或多个抽象方法的类必须被声明为抽象类。这是因为抽象方法没有定义方法的实现部分,如果不声明为抽象类,这个类将可以生成对象,当用户调用抽象方法时,程序就不知道如何处理了。

【例 5-7】 定义一个水果类 Fruit,该类为水果的抽象类,并在该类中定义一个抽象方法,同时在其子类中实现该抽象方法。

(1)创建 Fruit 类,在该类中定义相应的变量和方法:

```
package com.iss.example_9;
public abstract class Fruit {
// 定义颜色成员变量
public String color;
// 定义构造方法
public Fruit() {
// 对变量 color 进行初始化
    color = " 绿色 ";
}
// 定义抽象方法
public abstract void harvest(); // 收获的方法


}
```

(2)创建 Fruit 类的子类 Apple,在该类中实现其父类的抽象方法 harvest():

```
public class Apple extends Fruit{
@Override
public void harvest() {
// 输出字符串"苹果已经收获!"
    System.out.println(" 苹果已经收获! ");
}
}
```

(3)再创建一个 Fruit 类的子类 Orange,同样实现其父类的抽象方法 harvest():

```
public class Orange extends Fruit {
```

```
public void harvest() {
// 输出字符串"橘子已经收获！"
    System.out.println(" 橘子已经收获！");
}
}
```

（4）创建 Farm 类，在该类中执行 Fruit 类的两个子类的 harvest 方法：

```
public class Farm {
public static void main(String[] args) {
    System.out.println(" 调用 Apple 类的 harvest 方法的结果：");
    // 声明 Apple 类的一个对象 apple，并为其分配内存
    Apple apple = new Apple();
    // 调用 Apple 类的 harvest 方法
    apple.harvest();
    System.out.println(" 调用 Orange 类的 harvest 方法的结果：");
    // 声明 Orange 类的一个对象 orange，并为其分配内存
    Orange orange = new Orange();
    // 调用 Orange 类的 harvest 方法
    orange.harvest();
}
}
```

程序运行结果如图 5-6 所示。

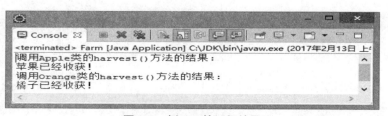

图 5-6　例 5-7 的运行结果

5.4.2　抽象类和抽象方法的规则

综上所述，抽象类和抽象方法的规则总结如下。

（1）抽象类和抽象方法必须使用 abstract 修饰符来修饰。

（2）抽象类不能被实例化，无法使用 new 关键字来调用抽象类的构造器创建抽象类的实例；即使抽象类里不包含抽象方法，这个抽象类也不能创建实例。

（3）抽象类可以包含属性、方法（普通方法和抽象方法）、构造器、初始化块、内部类、枚举类。抽象类的构造器不能用于创建实例，主要用于子类调用。

（4）含有抽象方法的类（包括三种情况：①直接定义了一个抽象方法；②继承了一个抽

象父类,但没有完全实现父类包含的抽象方法;③实现了一个接口,但没有完全实现接口包含的抽象方法)只能被定义成抽象类。

5.4.3　抽象类的作用

抽象类不能创建实例,只能被继承。从语义角度上看,抽象类是从多个具体类中抽象出来的父类,它具有更高层次的抽象。从多个具有相同特征的类中抽象出一个类,以这个抽象类为模板,从而避免子类的随意设计。

抽象类作为多个子类的模板体现的就是这种模板模式的设计。子类在抽象类的基础上进行扩展,但是子类大致保留抽象类的行为。

5.5　final 修饰符

final 关键字用来修饰类、变量和方法,表示它修饰的类、方法和变量不可改变。

5.5.1　final 变量

当 final 修饰变量时,它表示该变量一旦获得初始值之后就不可以被改变。final 既可以修饰成员变量,也可以修饰局部变量、形式参数。

1. final 修饰成员变量

成员变量是随着类初始化或对象初始化而初始化的。当类初始化时,系统会为该类的类属性分配内存,并分配默认值;当创建对象时,系统会为该对象的实例属性分配内存,并分配默认值。

对于 final 修饰的成员变量,如果既没有在定义成员变量时指定初始值,也没有在初始化块、构造器中为成员变量指定初始值,那么这些成员变量的值将一直是 0、'\u0000'、false 或 null,这些成员变量也就失去了意义。因此,当定义 final 变量时,要么指定初始值,要么在初始化块、构造器中初始化成员变量。当给成员变量指定默认值之后,则不能在初始化块、构造器中为该属性重新赋值。

2. final 修饰局部变量

对于 final 修饰的局部变量,如果在定义时没有为其指定初始值,则可以在后面的代码中对该变量赋值,但是只能赋一次值,不能重复赋值。如果 final 修饰的局部变量在定义时已经被指定默认值,则后面代码中不能再对该变量赋值。

3. final 修饰基本类型和引用类型变量的区别

当使用 final 修饰基本类型变量时,不能对基本类型变量重新赋值,因此基本类型变量不能被修改。但是对于引用类型的变量,它保存的仅仅是一个引用,final 只保证所引用的地址不会改变,即一直引用同一对象,这个对象是可以发生改变的。

5.5.2　final 类

使用关键字 final 修饰的类称为 final 类,该类不能被继承,即不能有子类。有时为了保证程序的安全性,可以将一些重要的类声明为 final 类。例如,Java 语言提供的 System 类和 String 类都是 final 类。

语法格式为:

```
final class 类名 {
    类体
}
```

【例 5-8】 创建一个名称为 FinalDemo 的 final 类,可以使用如下代码:

```
package com.iss.example_10;
public final class FinalDemo {
    private String message = " 这是一个 final 类 ";
    private String enable = " 它不能被继承,所以不可能有子类。";
    public static void main(String[] args) {
        FinalDemo demo = new FinalDemo();
        System.out.println(demo.message);
        System.out.println(demo.enable);
    }
}
```

5.5.3　final 方法

使用 final 修饰的方法是不可以被重写的。如果不允许子类重写父类的某个方法,可以使用 final 修饰该方法。

例如:

```
package com.iss.example_11;
public class Father {
    public final void say (){}
}
public class Son extends Father{
    public final void say (){}                    // 编译错误,不允许重写 final 方法
}
```

5.6　内部类

Java 语言允许在类中定义内部类,内部类就是在类的内部定义的子类。

一般格式为:

```
public class Zoo{
...
    // 内部类 Wolf
    class Wolf{
    }
}
```

内部类有以下四种形式,后面将分别介绍:

(1)成员内部类;

(2)局部内部类;

(3)静态内部类;

(4)匿名内部类。

5.6.1 成员内部类

成员内部类和成员变量一样,属于类的全局成员。

一般格式为:

```
public class Sample {
    public int id;                          // 成员变量
    class Inner{                            // 成员内部类
    }
}
```

说明

成员变量 id 定义为公有(public)属性,但是内部类 Inner 不可以使用 public 修饰符,因为公共类的名称必须与文件同名,所以,每个 Java 类文件中只允许存在一个 public 公共类。

成员内部类 Inner 和成员变量 id 都被定义为 Sample 类的成员,但是成员内部类 Inner 的使用要比成员变量 id 复杂一些。

一般格式为:

```
Sample sample=new Sample();
Sample.Inner inner=sample.new Inner();
```

只有创建了成员内部类的实例,才能使用成员内部类的变量和方法。

【例 5-9】 创建成员内部类的实例对象,并调用该对象的 print 方法。

(1)创建 Sample 类,在该类中定义成员内部类 Inner:

```
package com.iss.example_12;
public class Sample {
```

```
// 成员变量
public int id;
// 私有成员变量
private String name;
// 静态成员变量
static String type;
public Sample() {
    id = 9527;
    name = " 苹果 ";
    type = " 水果 ";
}
class Inner {
    private String message = " 成员内部类的创建者包含以下属性:";
    public void print() {
        System.out.println(message);
        System.out.println(" 编号:" + id);        // 访问公有成员
        System.out.println(" 名称:" + name);       // 访问私有成员
        System.out.println(" 类别:" + type);       // 访问静态成员
    }
}
}
```

（2）创建测试成员内部类 Test：

```
public class Test {
public static void main(String[] args) {
    // 创建 Sample 类的对象
    Sample sample = new Sample();
    // 创建成员内部类的对象
    Sample.Inner inner = sample.new Inner();
    // 调用成员内部类的 print 方法
    inner.print();
}
}
```

程序运行结果如图 5-7 所示。

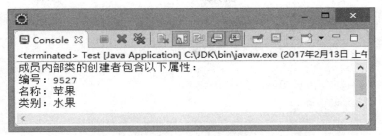

图 5-7　例 5-9 的运行结果

5.6.2　局部内部类

局部内部类和局部变量一样,都是在方法内定义的,其有效范围只在方法内部有效。
一般格式为:

```
public void sell() {
            // 局部内部类
    class Apple {
    }
}
```

局部内部类可以访问它的创建类中的所有成员变量和成员方法,包括私有方法。

【例 5-10】　在 sell 方法中创建 Apple 局部内部类,然后创建该内部类的实例,并调用其定义的 price 方法,输出单价信息。

```
package com.iss.example_13;
public class Sample {
            // 私有成员变量
    private String name;
    public Sample() {
        name = " 苹果 ";
    }
    public void sell(int price) {
        // 局部内部类
        class Apple {
                int innerPrice = 0;
                public Apple(int price) {
                        innerPrice = price;
                }
                public void price() {
                        System.out.println(" 现在开始销售 "+name);
```

```
                                System.out.println(" 单价为: " + innerPrice + " 元 ");
                    }
                }
                Apple apple=new Apple(price);
                apple.price();
        }
    }
```

程序运行结果如图 5-8 所示。

图 5-8　例 5-10 的运行结果

5.6.3　静态内部类

静态内部类和静态变量类似，都使用 static 关键字修饰。所以，在学习静态内部类之前，有必要先熟悉静态变量的使用。

一般格式为：

```
public class Sample {
    static class Apple {                                    // 静态内部类
    }
}
```

静态内部类可以在不创建 Sample 类的情况下直接使用。

【例 5-11】　在 Sample 类中创建静态内部类 Apple，然后在创建 Sample 类的实例对象之前和之后，分别创建 Apple 内部类的实例对象，并执行它们的 introduction 方法。

```
package com.iss.example_14;
public class Sample {
        // 私有成员变量
    private static String name;
    public Sample() {
            name = " 苹果 ";
    }
        // 静态内部类
```

```
    static class Apple {
            int innerPrice = 0;
            public Apple(int price) {
                    innerPrice = price;
            }
            // 介绍静态内部类 Apple 的方法
            public void introduction() {
                    System.out.println(" 这是一个 " + name);
                    System.out.println(" 它的零售单价为:" + innerPrice + " 元 ");
            }
    }
}
public class Main {
    public static void main(String[] args) {
            // 第一次创建 Apple 对象
            Sample.Apple apple = new Sample.Apple(8);
            // 第一次执行 Apple 对象的介绍方法
            apple.introduction();
            // 创建 Sample 类的对象
            Sample sample = new Sample();
            // 第二次创建 Apple 对象
            Sample.Apple apple2 = new Sample.Apple(10);
            // 第二次执行 Apple 对象的介绍方法
            apple2.introduction();
    }
}
```

程序运行结果如图 5-9 所示。

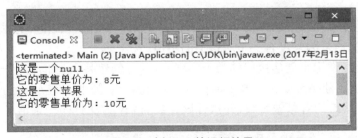

图 5-9　例 5-11 的运行结果

从该实例中可以发现,在 Sample 类被实例化之前,name 成员变量的值是 null(即没有赋值),所以,第一次创建的 Apple 对象没有名字。而第二次创建 Apple 对象之前,程序已经创建了一个 Sample 类的对象,这样就导致了 Sample 的静态成员变量被初始化,因为这个静态成员变量被整个 Sample 类所共享,所以,第二次创建的 Apple 对象也就共享了 name 变量,从而输出了"这是一个苹果"的信息。

5.6.4 匿名内部类

匿名内部类就是没有名称的内部类,它经常被应用于 Swing 程序设计中的事件监听处理。

匿名内部类有以下特点:

(1)匿名内部类可以继承父类的方法,也可以重写父类的方法;

(2)匿名内部类可以访问外嵌类中的成员变量和方法,在匿名内部类中不能声明静态变量和静态方法;

(3)使用匿名内部类时,必须在某个类中直接使用匿名内部类创建对象;

(4)在使用匿名内部类创建对象时,要直接使用父类的构造方法。

匿名内部类的一般格式为:

```
new ClassName(){

}
```

例如,创建一个匿名的 Apple 类,可以使用如下代码:

```
public class Sample {
    public static void main(String[] args){
        new Apple(){
            public void introduction(){
                System.out.println(" 这是一个匿名内部类,但是谁也无法使用它。 ");
            }
        }
    }
}
```

虽然成功创建了一个匿名内部类 Apple,但是正如它的 introduction 方法所描述的那样,谁也无法使用它,这是因为没有一个对该类的引用。

匿名内部类经常用来创建接口的唯一实现类,或者创建某个类的唯一子类。

【例 5-12】 创建 Apple 接口和 Sample 类,在 Sample 类中编写 print 方法,该方法接收一个实现 Apple 接口的对象做参数,并执行该参数的 say 方法打印一条信息。

```
package com.iss.example_15;
public interface Apple {
    public void say();
```

```
    }
public class Sample {
    // 创建 print 方法
    public static void print(Apple apple) {
            apple.say();
    }

    public static void main(String[] args) {
            // 为 print 方法传递
            Sample.print(new Apple() {
                    // 实现 Apple 接口的方法
                    public void say() {
                            // 匿名内部类做参数
                            System.out.println(" 这是一箱子的苹果。");
                    }
            }
        }
    }
}
```

程序运行结果如图 5-10 所示。

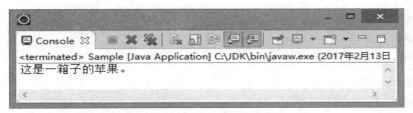

图 5-10 例 5-12 的运行结果

小结

　　本章主要讲解了 Java 语言面向对象的特性，包括继承简介、子类的继承、多态、抽象类、final 修饰符和内部类。

　　通过对本章的学习，读者应该熟练掌握 Java 语言中继承和多态的操作；重点理解 super 关键字和 final 修饰符。另外，需要掌握抽象类和抽象方法的规则，通过程序更好地理解抽象类的使用。

　　在 Java 语言中，多态性体现在两个方面：由方法重载实现的静态多态性（编译时多态）和方法重写实现的动态多态性（运行时多态）。

1）编译时多态

在编译阶段，具体调用哪个被重载的方法，编译器会根据参数的不同来静态确定调用相应的方法。

2）运行时多态

由于子类继承了父类所有的属性（私有的除外），所以子类对象可以作为父类对象使用。程序中凡是使用父类对象的地方，都可以用子类对象来代替。一个对象可以通过引用子类的实例来调用子类的方法。

经典面试题

5-1 简单说明方法重载与方法覆盖的区别。

5-2 String 是否是基本数据类型？int 和 String 如何相互转化？

5-3 创建一个 People 类，声明两个抽象方法（运动和说话），创建中国人类和美国人类，分别继承并实现两个抽象方法。

5-4 描述一下静态方法的使用。

5-5 说出一些常用的类、包、接口。

跟我上机

5-1 使用继承完成如下功能：

以一教研室的环境为例，对这些划分类层次如下。

学生：姓名、年龄、身份证号码、学号、年级、所属的导师。

职员：姓名、年龄、身份证号码、薪水。

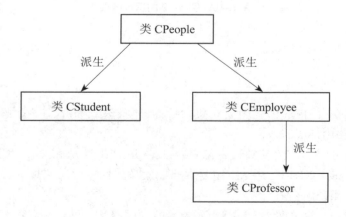

教授：姓名、年龄、身份证号码、薪水、研究课题方向。

实例化学生、职员和教授这三个对象,赋值,并输出详细信息。

5-2　编写一个 Student 类,该类拥有以下属性:校名、学号、性别、出生日期。方法包含设置姓名和成绩(setName、setScore)。再编写 Student 类的子类 Undergraduate(大学生)。Undergraduate 类除拥有父类的属性和方法外,还有自己的属性和方法:附加属性包括系(department)、专业(major);方法包含设置系别和专业(setDepartment、setMajor)。

5-3　编写一个程序以演示抽象类和接口。定义一个 Employee 抽象类,使其包含 name 和 salary 属性以及 print 方法。类似地,定义 IPromotable 和 IGoodStudent 两个接口,使它们都包含 promote 方法。从 Employee 类派生出 Intern 类,使其包含实习期的属性。从 Employee 类和 IPromotable 接口派生出 Programmer 类,从 Employee 类以及 IPromotable 和 IGoodStudent 接口派生出 Manager 类。Programmer 和 Manager 派生类将分别具有 averageOT 和 retaryName。

5-4　创建一个 Shape 类,此类包含一个名为 color 的数据成员(用于存储颜色值)和一个名为 getColor(用于获取颜色值)的方法。这个类还包含一个名为 getArea 的抽象方法。用这个类创建名为 Circle 和 Square 的两个子类,这两个类都包含两个数据成员,即 radius 和 sideLen。这些派生类应提供 getArea 方法的实现,以计算相应形状的面积。

5-5　创建一个储蓄账户类,使用包含储蓄账户年利率的静态数据成员,还包含私有数据成员 balance,它表示账户中储户账户当前拥有的总额。提供成员函数计算月利息,通过年利率除以 12 的商与余额相乘计算利息,此利息应加入储蓄余额中。提供一个静态成员函数 modifyintrate,将静态变量年利率设置成新值。编写一程序使用两个账户类对象 save1、save2 测试此类,其余额为 2000、3500,年利率为 3%。计算下月利息,并输出每个储户的新余额。

第6章　接口和抽象类

本章要点：

- ☐ 接口
- ☐ 接口与抽象类的区别
- ☐ 接口与多态
- ☐ 面向接口的编程

☐ Java 只支持单重继承，不支持多重继承，即一个
类只能有一个父类。但是在实际应用中，又经常
需要使用多重继承来解决问题。为了解决该问
题，Java 提供了接口来实现类的多重继承功能。

6.1 接口简介

接口在我们的日常生活中司空见惯。例如，带 USB 接口的电子设备、手机充电头、U盘、鼠标都是 USB 接口的实现类。对于不同设备而言，它们各自的 USB 接口都遵循同一个规范，遵守这个规范就可以保证插入 USB 接口的设备之间进行正常的通信。

Java 中的接口是一个特殊的抽象类，接口中的所有方法都没有方法体。例如，定义一个人类，人类可以为老师，也可以为学生，所以人这个类就可以定义成抽象类，还可以定义几个抽象的方法，比如讲课、看书等，这样就形成了一个接口。

6.2 定义接口

6.2.1 定义接口的语法格式

Java 语言使用关键字 interface 来定义一个接口。接口的定义与类的定义类似，其中接口体由常量定义和方法定义两部分组成。

语法格式如下：

```
[ 修饰符 ] interface 接口名 [extends 父接口名列表 ]{
    [public] [static] [final] 常量 ;
    [public] [abstract] 方法 ;
}
```

修饰符：可选，用于指定接口的访问权限，可选值为 public。如果省略则使用默认的访问权限。

接口名：必选，用于指定接口的名称，接口名必须是合法的 Java 标识符。一般情况下，要求首字母大写。

extends 父接口名列表：可选参数，用于指定要定义的接口继承于哪个父接口。当使用 extends 关键字时，父接口名为必选参数。

方法：接口中的方法只有定义而没有被实现。

【例 6-1】 定义一个 Calculate 接口，在该接口中定义一个常量 PI 和两个方法。

```
package com.iss.example_1;
public interface Calculate {
    // 定义一个表示圆周率的常量 PI
    final float PI=3.14159f;
    // 定义一个用于计算面积的方法 getArea
    float getArea(float r);
```

```
    // 定义一个用于计算周长的方法 getCircumference
    float getCircumference(float r);
}
```

注意：Java 接口文件的文件名必须与接口名相同。

6.2.2 接口的继承

接口是可以被继承的。但是接口的继承与类的继承不同，接口可以实现多继承，也就是说，接口可以有多个直接父接口。与类的继承相似，当子类继承父类接口时，子类会获得父类接口中定义的所有抽象方法、常量属性等。

当一个接口继承多个父类接口时，多个父类接口排列在 extends 关键字之后，各个父类接口之间使用英文逗号(,)隔开。例如：

```
package com.iss.example_2;
// 变身接口
public interface Bigger {
    void showBigger();
}
// 打子弹接口
public interface Fight {
    void showWeapon();
}
// 变身为超级马里奥接口
public interface SuperMario extends Bigger,Fight{
    void showSuperMario();
}
```

6.3 接口的实现

6.3.1 实现接口的语法格式

接口可以被类实现，也可以被其他接口继承。在类中实现接口可以使用关键字 implements。

语法格式为：

```
[ 修饰符 ] class < 类名 > [extends 父类名 ] [implements 接口列表 ]{
}
```

修饰符：可选，用于指定类的访问权限，可选值为 public、final 和 abstract。

类名：必选，用于指定类的名称，类名必须是合法的 Java 标识符。一般情况下，要求首字母大写。

extends 父类名：可选参数，用于指定要定义的类继承于哪个父类。当使用 extends 关键字时，父类名为必选参数。

implements 接口列表：可选参数，用于指定该类实现哪些接口。当使用 implements 关键字时，接口列表为必选参数。当接口列表中存在多个接口名时，各个接口名之间使用逗号分隔。

在类实现接口时，方法的名字、返回值类型、参数的个数及类型必须与接口中的完全一致，并且必须实现接口中的所有方法。

例如，创建实现 Calculate 接口的 Circle 类，可以使用如下代码：

```java
package com.iss.example_2;
// 马里奥实现了变身和打子弹两个接口
public class Mario implements SuperMario{
    @Override
    public void showWeapon() {
            // 添加实现武器接口
            System.out.println(" 打子弹 ");
    }
    @Override
    public void showBigger() {
            // 添加实现变身接口
            System.out.println(" 变大个了 ");
    }
    @Override
    public void showSuperMario() {
            // 实现超级马里奥接口
            System.out.println(" 我是无敌的超级马里奥 ");
    }
}
```

6.3.2　实现接口的注意事项

每个类只能实现单重继承，而实现接口时，一次可以实现多个接口，每个接口间使用逗号","分隔。这时就可能出现常量或方法名冲突的情况。如果出现常量冲突，则需要明确指定常量的接口，这可以通过"接口名 . 常量"实现；如果出现方法冲突，则只要实现一个方法就可以了。

【例 6-2】 定义两个接口，并且在这两个接口中声明一个同名的常量和一个同名的方法,然后定义一个同时实现这两个接口的类。

（1）创建 Calculate 的接口,在该接口中声明一个常量和两个方法。

```
package com.iss.example_3;
public interface Calculate {
    // 定义一个表示圆周率的常量 PI
    final float PI=3.14159f;
    // 定义一个用于计算面积的方法 getArea
    float getArea(float r);
    // 定义一个用于计算周长的方法 getCircumference
    float getCircumference(float r);
}
```

（2）创建 GeometryShape 的接口,在该接口中声明一个常量和三个方法。

```
package com.iss.example_3;
public interface GeometryShape {
    // 定义一个表示圆周率的常量 PI
    final float PI=3.14159f;
    // 定义一个用于计算面积的方法
    float getArea(float r);
    // 定义一个用于计算周长的方法
    float getCircumference(float r);
    // 定义一个绘图方法
    void draw();
}
```

（3）创建 Circ 的类,该类实现 Calculate 接口和 GeometryShape 接口。

```
package com.iss.example_3;
public class Circ implements Calculate,GeometryShape{
    @Override
    // 定义一个绘图的方法
    public void draw() {
        System.out.println(" 画一个圆形！ ");
    }
    @Override
// 定义计算圆面积的方法
public float getArea(float r) {
// 计算圆面积并赋值给变量 area
```

```
    float area=Calculate.PI*r*r;
    return area;
}
@Override
// 定义计算圆周长的方法
public float getCircumference(float r) {
// 计算圆周长并赋值给变量 circumference
    float circumference=2*Calculate.PI*r;
    return circumference;
}
}
```

（4）创建测试类，进行程序主类。

```
package com.iss.example_3;
public class Main {
    public static void main(String[] args) {
            Circ circ=new Circ();
            float r=7;
            float area=circ.getArea(r);
            System.out.println(" 圆的面积为："+area);
            float circumference=circ.getCircumference(r);
            System.out.println(" 圆的周长为："+circumference);
            circ.draw();
    }
}
```

程序运行结果如果 6-1 所示。

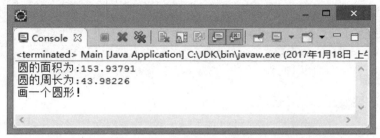

图 6-1　例 6-2 的运行结果

【例 6-3】 Dog 类继承 Animal 抽象类并实现陆生动物接口。

```
package com.iss.example_4;
```

```java
public interface TerrestrialAnimal {
    // 陆生动物呼吸方法
    void breath();
}
public abstract class Animal {
    // 奔跑的方法
    public abstract void run();
}
    // 继承动物类并实现了陆生动物接口
public class Dog extends Animal implements TerrestrialAnimal{
    @Override
    // 实现了呼吸的接口
    public void breath() {
    // TODO Auto-generated method stub
        System.out.println(" 我用肺呼吸 ");
    }
    @Override
    // 实现了奔跑的方法
    public void run() {
    // TODO Auto-generated method stub
        System.out.println(" 我是一只会奔跑的狗狗 ");
    }
}
public class Main {
    public static void main(String[] args) {
    // TODO Auto-generated method stub
        Dog d=new Dog();
        d.breath();
        d.run();
    }
}
```

程序运行结果如图 6-2 所示。

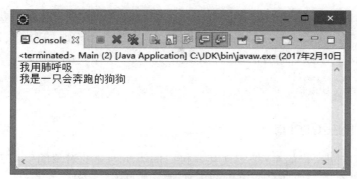

图 6-2 例 6-3 的运行结果

6.4 接口与抽象类

6.4.1 接口与抽象类的共同点

（1）接口与抽象类都不能被实例化，但能被其他类实现和继承。

（2）接口和抽象类都可以包含抽象方法，实现接口或继承抽象类的普通子类都必须实现这些抽象方法。

6.4.2 接口与抽象类的用法差别

（1）接口只能包含抽象方法，不能包含普通方法；抽象类可以包含普通方法。

（2）接口中不能定义静态方法；抽象类中可以定义静态方法。

（3）接口中只能定义静态常量属性，不能定义普通属性；抽象类中可以定义静态常量属性，也可以定义普通属性。

（4）接口不能包含构造器；抽象类可以包含构造器，抽象类中的构造器是为了让其子类调用并完成初始化操作。

（5）接口不能包含初始化块，但抽象类可以包含初始化块。

（6）一个类最多只能有一个直接父类，包括抽象类，但是一个类可以实现多个接口。

6.5 接口回调

6.5.1 接口数据类型

接口也是 Java 中的一种数据类型，使用接口声明的变量称作接口变量。接口变量属于引用型变量，接口变量中可以存储实现该接口的类的实例的引用，即存储对象的引用。例如，假设 Peo 是一个接口，可以使用 Peo 声明一个变量：

```
Peo pe;
```

此时这个接口是一个空接口,还没有向这个接口中存入实现该接口的类的实例对象的引用。假设 Stu 类是实现 Peo 接口的类,用 Stu 创建名字为 object 的对象,那么 object 对象不仅可以调用 Stu 类中原有的方法,还可以调用 Stu 类实现接口的方法。

```java
Stu object=new Stu();
```

6.5.2　Java 中的接口回调

Java 中的接口回调指的是:把实现某一接口的类所创建的对象的引用赋值给该接口声明的接口变量,那么该接口变量就可以调用被类实现的接口方法。实际上,当接口变量调用被类实现的接口方法时,就是通知相应的对象调用这个方法。

【例 6-4】　使用接口回调技术。

```java
package com.iss.example_5;
public interface People {
    void Say(String s);
}
public class Student implements People{
    @Override
    public void Say(String s) {
            System.out.println(s);
    }
}
public class Teacher implements People{
    @Override
    public void Say(String s) {
            System.out.println(s);
    }
}
public class Main {
    public static void main(String[] args) {
            // 声明接口变量
            People tea;
            // 接口变量中存储对象的引用
            tea = new Teacher();
            // 接口回调
            tea.Say(" 我是老师 ");
            // 接口变量中存储对象的引用
            tea = new Student();
```

```
        // 接口回调
        tea.Say(" 我是学生 ");
    }
}
```

程序运行结果如图 6-3 所示。

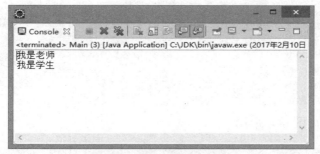

图 6-3　例 6-4 的运行结果

6.6　接口与多态

由接口实现的多态是指不同的类在实现同一个接口时可能具有不同的表现方式。

【例 6-5】 分别使用 Dog 类和 Cat 类实现接口 Animals。

```
package com.iss.example_6;
public interface Animals {
    void Eat(String s);
}
public class Dog implements Animals{
    @Override
    public void Eat(String s) {
        // TODO Auto-generated method stub
        System.out.println(" 我是小狗嘎逗，我爱吃 "+s);
    }
}
public class Cat implements Animals{
    @Override
    public void Eat(String s) {
        // TODO Auto-generated method stub
        System.out.println(" 我是小猫咪咪，我爱吃 "+s);
    }
```

```
}
public class Main {
    public static void main(String[] args) {
            // TODO Auto-generated method stub
            Animals ani;
            ani = new Dog();
            ani.Eat(" 骨头 ");
            ani= new Cat();
            ani.Eat(" 鱼 ");
    }
}
```

程序运行结果如图 6-4 所示。

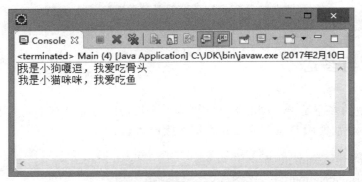

图 6-4　例 6-5 的运行结果

6.7　接口参数

如果一个方法的参数是接口类型的参数，我们就可以将任何实现该接口的类的实例的引用传递给该接口参数，那么接口参数就可以回调类实现的接口方法。

【例 6-6】　实现接口的回调参数。

```
package com.iss.example_7;
public interface Eatfood {
    void Eatfood();
}
public class Chinese implements Eatfood{
    @Override
    public void eatfood() {
            // TODO Auto-generated method stub
```

```
                System.out.println(" 中国人习惯使用筷子吃饭。");
        }
    }
    public class America implements Eatfood{
        @Override
        public void eatfood() {
                // TODO Auto-generated method stub
                System.out.println(" 美国人习惯使用刀叉吃饭。");
        }
    }
    public class EatMethods {
                // 定义接口类型的参数
        public void lookEatMethods (Eatfood eat){
                // 接口回调
                eat.eatfood();
        }
    }
    public class Main {
        public static void main(String[] args) {
                // TODO Auto-generated method stub
                EatMethods em = new EatMethods();
                em.lookEatMethods(new Chinese());
                em.lookEatMethods(new America());
        }
    }
```

程序运行结果如图 6-5。

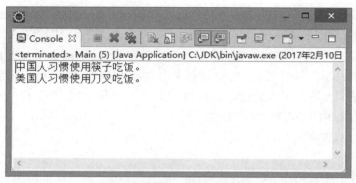

图 6-5　例 6-6 的运行结果

6.8　面向接口编程

面向接口编程是多态特性的一种体现,指使用接口来约束类的行为,并为类和类之间的通信建立实施标准。面向接口编程增加了程序的可维护性和可扩展性。可维护性体现在:当子类的功能修改时,只要接口不发生改变,系统其他代码就不需要改动。可维护性体现在:当增加一个子类时,测试类和其他代码都不需要改动,如果子类增加其他功能,只需要子类实现其他接口即可。使用接口可以实现程序设计的"开 - 闭原则",即对扩展开放,对修改关闭。当多个类实现接口时,接口变量 variable 所在的类不需要做任何修改,就可以回调类重写的接口方法。

interface 关键字用来声明一个接口,它可以产生一个完全抽象的类,并且不提供任何具体实现。 interface 的特性整理如下。

(1)接口中的方法可以有参数列表和返回类型,但不能有任何方法体。

(2)接口可以包含字段,但是会被隐式地声明为 static 和 final 。

(3)接口中的字段只是被存储在该接口的静态存储区域内,而不属于该接口。

(4)接口中的方法可以被声明为 public 或不声明,但结果都会按照 public 类型处理。

(5)当实现一个接口时,需要将被定义的方法声明为 public 类型,否则为默认访问类型,Java 编译器不允许这种情况发生。

(6)如果没有实现接口中所有方法,那么创建的仍然是一个接口。

(7)扩展一个接口来生成新的接口应使用关键字 extends ,实现一个接口应使用 implements 。

(8)接口中的方法是抽象(abstract)方法,不能是静态(static)方法。接口的所有方法都是抽象的,而抽象方法是没有静态(static)的,有 static 的方法是不能重写(override)的,所以这样定义接口才有意义。

小结

　　本章主要讲解了接口,包括接口的简介、定义接口、接口的继承、接口的实现、接口与抽象类、接口的 UML 图、接口的回调、接口与多态、接口参数以及面向接口编程。

　　通过对本章的学习,读者应该熟练掌握接口的定义、接口的继承与实现、接口与抽象类、接口与多态和面向接口编程,这些都是本章的重点内容。本章通过列举生活中的实例,让读者知道什么是生活中的接口。在讲解每一个知识点时,都给出一个例子,通过这些例子让读者更好构建接口的编程思想。

　　下面是对抽象类和接口这两个重要知识点的总结。

　　1)抽象类

　　Java 语言中,用 abstract 关键字来修饰一个类时,这个类叫作抽象类,用 abstract 关键字来修饰一个方法时,这个方法叫作抽象方法。格式如下:

```
abstract class AbstractClass{...}                    // 抽象类
abstract returnType abstractMethod([paramlist])      // 抽象方法
```

抽象类必须被继承，抽象方法必须被重写。抽象方法只需声明，无须实现；抽象类不能被实例化，抽象类不一定包含抽象方法。若类中包含了抽象方法，则该类必须被定义为抽象类。

2）接口

接口是抽象类的一种，只包含常量和方法的定义，而没有变量和方法的实现，且其方法都是抽象方法。

通过接口实现不相关类的相同行为，而无须考虑这些类之间的关系。

通过接口指明多个类需要实现的方法。

通过接口了解对象的交互界面，而无须了解对象所对应的类。

3）接口的实现

在类的声明中用 implements 子句来表示一个类使用某个接口，在类体中可以使用接口中定义的常量，而且必须实现接口中定义的所有方法。一个类可以实现多个接口，在 implements 子句中用逗号分开。

经典面试题

6-1　描述一下 final 关键字的使用，请举例说明。

6-2　abstract class 和 interface 有什么区别？

6-3　描述 this 关键字和 super 关键字的区别。

6-4　多态是什么？多态的前提条件是什么？

6-5　解释 Overload 和 Override 的区别。

跟我上机

6-1　定义一个有抽象方法 display 的超类 SuperClass，以及提供不同实现方法的子类 SubClassA 和 SubClassB，并创建一个测试类 PolyTester，分别创建 SubClassA 和 SubClassB 的对象。调用每个对象的 display 方法。

要求输出结果为：

display A

display B

6-2　设计一个面积周长类，派生出矩形面积周长类、圆形面积周长类和三角形面积周长类三个子类，用于求解相应图形的面积和周长，要求用抽象类和接口分别完成。

6-3　设计一个"A 系列打印机"的抽象类，由它定义不同类型的打印机，这一系列的打印机打印页头、页脚的方案都是一样的,但打印页面主体内容不同,各种具体型号的打印机各有它们不同的打印方法,请实现各种打印机功能。

6-4　门和警报的例子:门都有 open 和 close 两个动作,此时我们可以通过抽象类和接口来定义这个抽象的概念:

```
abstract class Door {
  public abstract void open();
  public abstract void close();
}
```

但是现在如果我们需要门具有报警 alarm 的功能,那么该如何实现?

6-5　"水果"是一个抽象类,它有质量、体积等共性(水果都有质量),但缺乏特性(苹果、橘子都是水果,它们都有各自的特性),不存在唯一一种能代表水果的东西(因为苹果、橘子都不能代表水果),可用抽象类来描述水果,所以抽象类是不能够实例化的。当用某个类具体描述"苹果"时,这个类就可以继承"水果"的抽象类。请完成上述描述。

第7章　异常处理

本章要点：

- ☐ 异常
- ☐ 异常类
- ☐ 异常处理
- ☐ 自定义异常类
- ☐ 异常的使用原则

☐ 在程序设计和运行的过程中，发生错误是在所难免的。尽管 Java 语言的设计从根本上提供了便于写出整洁、安全的代码的方法，并且程序员也尽量地减少错误，但迫使程序停止的错误依然存在且不可避免。为此，Java 提供了异常处理机制来帮助程序员检查可能出现的错误，保证了程序的可读性和可维护性。Java 将异常封装到一个类中，出现错误时，就会抛出异常。本章将介绍异常类与异常处理的知识。

7.1 异常

异常是指程序在运行时产生的错误,但不是所有的错误都是异常,并且错误有时候是可以避免的。例如,在进行除法运算时,若除数为 0,则运行时 Java 会自动抛出算术异常;若对一个值为 null 的引用变量进行操作,则会抛出空指针异常;若访问一个大小为 2 的一维数组中的第三个元素,则会抛出数组下标越界异常等。

Java 语言中的异常也是通过一个对象来表示的,程序运行时抛出的异常,实际上就是一个异常对象。该对象不仅封装了错误信息,还提供了一些处理方法,如 getMessage 方法获取异常信息,printStackTrace 方法输出对异常的详细描述信息等。

对于可能出现的异常,都需要预先进行处理,保证程序的有效运行,否则程序会出错。

Java 已经提供了一些异常用来描述经常发生的错误。对于这些异常,有的需要程序员进行捕获处理或声明抛出,称为"受检查异常";有的由 Java 虚拟机自动进行捕获处理,称为"运行时异常"或"不受检异常"。

7.2 异常类

Java 提供了一些内置的异常类来描述经常发生的错误,这些类都继承自 java.lang.Throwable 类。Throwable 类有 Error 和 Exception 两个子类,它们分别表示两种不同的异常类型。

Java 语言中内置异常类的结构如图 7-1 所示。

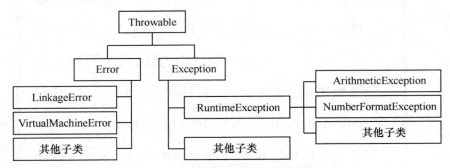

图 7-1　Java 语言中内置异常类的结构

Java 中的异常也可以分为以下三种。

(1)Error:这种异常产生于 Java 的 JVM(Java 虚拟机),是不可控制的异常,表示系统错误或者底层不可控制的错误信息,是系统中捕获的异常错误。

(2)Exception:指系统运行异常。系统运行异常往往与运行的环境有关,可能发生的情况种类非常多,包含了可控和不可控制的异常处理。人为编程的错误捕获,是可以在程序中进行处理的。

（3）自定义异常：指程序员经常遇到，并且可以人为独立捕获的异常。

> **说明**
>
> 异常还可以分为不可查异常和可查异常。不可查异常（编译器不要求强制处置的异常）：编译器在编译时不进行检查，到运行时才显现，包括运行时异常（RuntimeException 与其子类）和错误（Error）。可查异常：编译器在编译时必须进行的检查，异常类中除不可查异常之外均为可查异常。

7.2.1　Error 类

Error 类是程序无法处理的错误，表示应用程序运行过程中发生较严重的问题。大多数错误与代码编写者执行的操作无关，而表示代码运行时 JVM 出现问题。例如，JVM 运行错误（VirtualMachineError），当 JVM 不再有继续执行操作所需要的内存资源时，将出现 OutOfMemoryError。

Error 类及其子类通常用来描述 Java 运行系统中的内部错误以及资源耗尽的错误。Error 表示的异常是比较严重的，仅靠修改程序本身是不能恢复执行的，被称为致命异常类。举一个现实中的例子，施工时偷工减料，导致学校教学楼坍塌，此时就相当于发生了一个 Error 异常。在大多数情况下，发生该异常时，建议终止程序。

可以看出，这里 Error 异常更多的是系统异常错误捕获，而非人为操纵异常。通常的 Error 错误类型如表 7-1 所示。

表 7-1　Error 错误类型

异常	描述
Error	错误基类。出现严重程序运行问题时抛出。但这些错误也经常描述一些不是应用程序捕获的异常
AbstractMethodError	抽象方法错误。一应用程序试图调用一个抽象方法时抛出
ClassFormatError	类格式化错误。更多的是当 JVM 加载或者读取一个 Java 类，检测到它内容和类的有效格式不符时抛出
ExceptionInitializerError	初始化错误。当应用程序执行一个类初始化程序的过程中，发生了异常错误时抛出
IllegalAccessError	违法访问错误。当一个应用程序试图访问修改某个类的域或者其方法时，又违反了该域或方法的可见性声明，抛出该错误异常
IncompatibleClassChangeError	类变化不兼容错误。当修改了应用程序中的某些类的声明定义，但是并没有对整个应用重新编译就直接去运行时，容易引发该错误异常
InstantiationError	实例化错误。当运行程序要通过一个 new 的实例化对象来操作一个抽象类或者接口时抛出该异常错误
InternalError	内部错误。JVM 发生了内部错误异常

异常	描述
NoSuchMethodError	方法不存在错误。应用程序调用该方法,而该类定义中没有该方法时抛出该错误异常
OutOfMemoryError	内存溢出错误。当运行的应用程序可用内存不足以让 JVM 运行时抛出该错误异常
StackOverflowError	堆栈溢出错误。当应用程序调用方法时,更多的递归调用(例如进入一死循环中)导致堆栈溢出,于是抛出该错误异常
ThreadDeath	线程结束。当调用 Thread 类非法结束线程时抛出该错误异常
LinkageError	链接错误。指两个以上相互依赖和链接的类,当一个类编译之后,被依赖或者链接的类同时改变了其类的定义,但是并没有重新编译所有跟随变化的定义,从而引发错误异常
NoClassDefFoundError	未找到类定义错误。当 JVM 或者类装载器试图实例化某个类的定义,但是找不到该类的定义时抛出该错误异常
NoSuchFieldError	域不存在错误。应用程序访问或者修改某个类定义的一个域,而该类的定义中没有该域的定义时抛出该错误
UnknownError	未知错误。通常指 JVM 发生了未知的严重错误异常
AssertionError	程序断言错误。以指明一个断言失败的错误抛出
ClassCircularityError	类依赖循环错误。一个类刚被加载时,若与其他类之间存在相互循环依赖则抛出该异常

以 OutOfMemoryError 为例,程序在 PC 中运行时是正常无误的,但是换了一个硬件环境的时候经常发生这样的错误,因为内存的分屏和应用发生了变化。

7.2.2 Exception 类

Exception 类可称为非致命异常类,它代表了另一种异常。发生该异常的程序,通过捕获处理后可正常运行,保持程序的可读性及可靠性。在开发 Java 程序过程中进行的异常处理,主要就是针对该类及其子类的异常处理。对程序中可能发生的该类异常,应该尽可能进行处理,以保证程序运行顺利,而不应该在异常发生后终止程序。

1. RuntimeException 异常

Exception 类包含运行异常类 RuntimeException 和非运行异常类 NonRuntimeException 这两个子类。

运行异常是指 Java 程序在运行编译时产生的异常,是由解释器引发的各种异常。运行异常由于实际的运行服务器环境情况种类很多,所以出现的频率非常高。非运行异常和运行异常相反,又称为可检测异常。Java 编译器利用分析方法或构造函数,针对有可能产生的结果来检测 Java 编译的程序中是否含有检测异常的处理程序。Exception 子类中的各个异常涉及很多,表 7-2 简单地罗列出常用的几个异常。

表 7-2　RuntimeException 异常类型

异常类名称	异常类含义
ArithmeticException	算术异常类
ArrayIndexOutOfBoundsException	数组下标越界异常类
ArrayStoreException	将与数组类型不兼容的值赋值给数组元素时抛出的异常
ClassCastException	类型强制转换异常类
IndexOutOfBoundsException	当某对象（如数组或字符串）的索引超出范围时抛出该异常
NegativeArraySizeException	建立元素个数为负数的数组异常类
NullPointerException	空指针异常类
NumberFormatException	字符串转换为数字异常类
SecurityException	小应用程序 (Applet) 执行浏览器的安全设置禁止的动作时抛出的异常
StringIndexOutOfBoundsException	字符串索引超出范围异常

下面简要介绍一些常见的运行异常。

（1）ArithmeticException 类：该类用来描述算术异常。如在除法或求余运算中规定，除数为 0 时，Java 虚拟机抛出该异常。例如：

```
int num=9%0;                        // 除数为 0 时抛出 ArithmeticException 异常
```

（2）NullPointerException 类：用来描述空指针异常。当引用变量值为 null 时，试图通过".”操作符对其进行访问，将抛出该类异常。例如：

```
Date now=null;                      // 声明一个 Date 型变量 now，但不引用任何对象
String today=now.toString();        // 抛出 NullPointerException 异常
```

（3）IndexOutOfBoundsException 类：该类用来描述某对象的索引超出范围时的异常，其中 ArrayIndexOutOfBoundsException 类与 StringIndexOutOfBoundsException 类都继承自该类，它们分别用来描述数组下标越界异常和字符串索引超出范围异常。

①抛出 ArrayIndexOutOfBoundsException 异常的情况：

```
int[] a=new int[3];                 // 定义一个数组，有三个元素 a[0]、a[1]、a[2]
a[3]=8;                             // 试图对 a[3] 元素赋值，抛出 ArrayIndexOut-
                                        OfBoundsException 异常
```

②抛出 StringIndexOutOfBoundsException 异常的情况：

```
String name="Ruan Tong";            // 声明一个 String 型变量 name，但不引用任何对象
char c=name.charAt(name.length());  // 抛出 StringIndexOutOfBoundsException 异常
```

（4）ArrayStoreException 类：该类用来描述数组试图存储类型不兼容的值。例如，对于一个 Integer 型数组，试图存储一个字符串，将抛出该异常：

```
Object[] num=new Integer[3];        // 引用变量 num 引用 Integer 型数组对象
num[0]="RT";                        // 试图存储字符串值,抛出 StringIndexOutOf-
                                        BoundsException 异常
```

2. 检查异常

如果一名记者根据上级指定的地址去采访一位重要人物，他可能会遇到异常，如到指定地址没有找到被采访的人或采访被拒绝，该类异常称为检查异常（Check Exception），要求必须通过"try...catch"捕获或由 throws 抛出，否则编译出错。

Java 语言中常见的检查异常如表 7-3 所示，每一个类都表示了一种检查异常。

表 7-3　常见的检查异常

异常类名称	异常类含义
ClassNotFoundException	未找到相应类
EOFException	文件已结束
FileNotFoundException	文件未找到
IllegalAccessException	访问某类被拒绝
InstantiationException	试图通过 newInstance 方法创建一个抽象类或抽象接口的实例时抛出
IOException	输入输出异常
NoSuchFieldException	字段未找到
NoSuchMethodException	方法未找到
SQLException	操作数据库异常

7.3　异常处理方式

异常产生后，若不进行处理，则程序就会终止，为了保证程序有效地执行，就需要对产生的异常进行处理。Java 语言的异常处理框架是 Java 语言健壮性的一个重要体现。程序运行时，若某个方法抛出异常，既可以在当前方法中进行捕获，然后处理该异常，也可以将异常向上抛出，由方法的调用者来处理。

Java 在应用程序运行中的异常处理机制分为抛出异常和捕捉异常。

抛出异常：在方法中利用 throws 关键字声明该方法可能出现的异常状态；该方法本身并不对该异常做出任何处理，而是调用系统异常机制进行处理。

捕获异常：能够捕捉异常的方法需要提供相符类型的异常处理器。捕捉异常通过"try...catch"语句或者"try...catch...finally"语句实现，从方法中抛出的任何异常都必须使用 throws

子句。

7.3.1 使用"try...catch"语句

"try...catch"是最常用的一种异常处理语句,用起来很简单,逻辑上也很容易理解。

关键字 try 后的一对大括号将一块可能发生异常的代码包起来,称为监控区域。Java 方法在运行过程中出现异常,则创建异常对象。将异常抛出监控区域之外,由 Java 运行时寻找出匹配的 catch 子句捕获异常。若有匹配的 catch 子句,则运行其异常处理代码,"try... catch"语句结束。

一般格式为:

```
try{
// 可能发生异常的代码。此处称为异常监控区域,是 Java 程序肯定执行的部分
}catch( 异常类  异常对象 ){
// 异常处理代码
}
```

try 语句块中的代码可能同时存在多种异常,那么到底捕获哪一种类型的异常,是由 catch 语句中的"异常类"参数来指定的。catch 语句类似于方法的声明,包括一个异常类型和该类的一个对象。异常类必须是 Throwable 类的子类,用来指定 catch 语句要捕获的异常。异常类对象可在 catch 语句块中被调用,如调用对象的 getMessage 方法获取对异常的描述信息。

说明
匹配的原则:如果抛出的异常对象属于 catch 子句的异常类,或者属于该异常类的子类,则认为生成的异常对象与 catch 块捕获的异常类型相匹配。若不知代码抛出的是哪种异常,可指定它们的父类 Throwable 或 Exception。

将一个字符串转化为整型,可通过 Integer 类的 parseInt 方法来实现。当该方法的字符串参数包含非数字字符时,parseInt 方法会抛出异常。Integer 类的 parseInt 方法的声明如下:

```
public static int parseInt(String s) throws NumberFormatException{...}
```

代码中通过 throws 语句抛出了 NumberFormatException 异常,所以在应用 parseInt 方法时可通过"try..catch"语句来捕获该异常,从而进行相应的异常处理。

例如,将字符串"24L"转换为 integer 类型,并捕获转换中产生的数字格式异常,可以使用如下代码:

```
try {
int age = Integer.parseInt("24L");              // 抛出 NumberFormatException 异常
System.out.println(" 打印 1");
```

```
} catch (NumberFormatException e) {          // 捕获 NumberFormatException 异常
System.out.println(" 年龄请输入整数！");
System.out.println(" 错误: " + e.getMessage());
} finally {                                   // 无论结果怎样，都会执行 finally 语句块
System.out.println(" 打印 2");
}
```

因为程序执行到 Integer.parseInt("24L") 时抛出异常，直接被 catch 语句捕获，程序流程
跳转到 catch 语句块内继续执行，所以代码行 System.out.println(" 打印 1") 不会被执行。而
异常处理结束后，会继续执行语句后面的代码。

在"try...catch"语句中，可以同时存在多个 catch 语句块。

一般格式为：

```
try{
    可能发生异常的代码
}catch( 异常类 1 异常对象 ){
    异常 1 处理代码
}catch( 异常类 2 异常对象 ){
    异常 2 处理代码
}
```

代码中的每个 catch 语句块都用来捕获一种类型的异常。若 try 语句块中的代码发生
异常，则会由上而下依次查找能够捕获该异常的 catch 语句块，并执行该 catch 语句块中的
代码。

在使用多个 catch 语句捕获 try 语句块中的代码抛出的异常时，需要注意 catch 语句的
顺序。若多个 catch 语句所要捕获的异常类之间具有继承关系，则用来捕获子类的 catch 语
句要放在捕获父类的 catch 语句的前面。否则，异常抛出后，先由捕获父类异常的 catch 语
句捕获，而捕获子类异常的 catch 语句将成为执行不到的代码，在编译时会出错。例如：

```
try{
    int age=Integer.parseInt("24L");         // 抛出 NumberFormatException 异常
}catch(Exception e){                          // 先捕获 Exception 异常
    System.out.println(e.getMessage());
}catch(NumberFormatException e){              // 捕获异常类 Exception 的子类异常
    System.out.println(e.getMessage());
}
```

代码中第二个 catch 语句捕获的 NumberFormatException 异常是 Exception 异常类的子
类，所以 try 语句块中的代码抛出异常后，先由第一个 catch 语句块捕获，其后的 catch 语句
块成为执行不到的代码，编译时发生如下异常：

执行不到的 NumberFormatException 的 catch 块。它已由 Exception 的 catch 块处理。

7.3.2　finally 子句的用法

finally 子句需要与"try...catch"语句一同使用，不管程序中有无异常发生，并且不管之前的"try...catch"语句是否被顺利执行完毕，最终都会执行 finally 语句块中的代码。这使得一些不管在任何情况下都必须被执行的步骤被执行，从而保证了程序的健壮性。

finally 表示最终的意思，存在于 catch(){}之后，无论是否执行 catch 语句，都会最终执行 finally{} 程序。程序中可以没有 finally{}，但如果有，则位置是固定的，有且仅有一个，并且没有参数设置。

一般格式为：

```
finally{
// 无论是否发生异常，都将执行的语句块

}
```

【例 7-1】　下面这段代码虽然发生了异常，但是 finally 子句中的代码依然被执行。

```
public class Demo {
    public static void main(String[] args) {
        try {
            int age = Integer.parseInt("24L");        // 抛出 NumberFormatException 异常
            System.out.println(" 打印 1");
        } catch (NumberFormatException e) {    // 捕获 NumberFormatException 异常
            int b = 8 / 0;                            // 编译出错，抛出 ArithmeticException 异常
            System.out.println(" 年龄请输入整数！");
            System.out.println(" 错误：" + e.getMessage());
        } finally {                               // 无论结果怎样，都会执行 finally 语句块
         System.out.println(" 打印 2");
        }
        System.out.println(" 打印 3");
    }
}
System.out.println(" 打印 3");
    }finally{
                System.out.println("Finally");
        }
}
```

程序运行结果如图 7-2 所示。

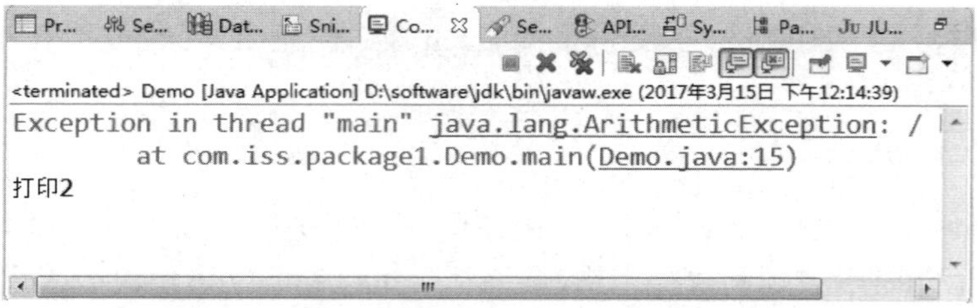

图 7-2　例 7-1 的运行结果

7.3.3　使用 throws 关键字抛出异常

若某个方法可能发生异常，但不想在当前方法中处理这个异常，那么可以将该异常抛出，然后在调用该方法的代码中捕获该异常并进行处理。

将异常抛出，可通过 throws 关键字来实现。throws 关键字通常被应用在声明方法时，用来指定方法可能抛出的异常，多个异常可用逗号分隔。

【例 7-2】下面这段代码的 doFile 方法声明抛出一个 IOException 异常，所以在该方法的调用者 main 方法中需要捕获该异常并进行处理。

```
import java.io.File;
import java.io.FileWriter;
import java.io.IOException;
public class Demo {
    public static void main(String[] args){
            try{
                    doFile("C:/mytxt.txt");
            }catch(IOException e){
                    System.out.println(" 调用 doFile 方法出错！ ");
                    System.out.println(" 错误："+e.getMessage());
            }
    }
    public static void doFile(String name) throws IOException{
        File file=new File(name);                    // 创建文件
        FileWriter fileOut=new FileWriter(file);
        fileOut.write("Hello!world!");               // 向文件中写入数据
        fileOut.close();                             // 关闭输出流
        fileOut.write(" 爱护地球！ ");                // 运行出错,抛出异常
    }
}
```

程序运行结果如图 7-3 所示。

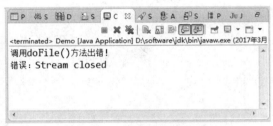

图 7-3 例 7-2 的运行结果

对一个发生异常的方法,如果不使用"try...catch"语句捕获并处理异常,那么必须使用 throws 关键字指出该方法可能抛出的异常。如果异常类型是 Error、RuntimeException 或它们的子类,可以不使用 throws 关键字来声明要抛出的异常。例如,NumberFormatException 或 ArithmeticException 异常,Java 虚拟机会捕捉此类异常。

将异常通过 throws 关键字抛给上一级后,如果仍不能处理该异常,可以继续向上抛出,但最终要有能够处理该异常的代码。

7.3.4　使用 throw 关键字

使用 throw 关键字也可抛出异常,与 throws 不同的是,throw 用于方法体内,并且抛出一个异常类对象,而 throws 用在方法声明中来指明方法可能抛出的多个异常。

通过 throw 抛出异常后,如果想由上一级代码来捕获并处理异常,则同样需要在抛出异常的方法中使用 throws 关键字在方法的声明中指明要抛出的异常;如果想在当前的方法中捕获并处理 throw 抛出的异常,则必须使用"try...catch"语句。上述两种情况,若 throw 抛出的异常是 Error、RuntimeException 或它们的子类,则无须使用 throws 关键字或"try...catch"语句。

当输入的年龄为负数时,Java 虚拟机当然不会认为这是一个错误,但实际上年龄是不能为负数的,可通过异常的方式来处理这种情况。

【例 7-3】　创建 People 类,该类中的 check 方法首先将传递进来的 String 型参数转换为 int 型,然后判断该 int 型整数是否为负数,若为负数则抛出异常,最后在该类的 main 方法中捕获异常并处理。

```java
public class People {
    public static int check(String strAge) throws Exception{
        int age=Integer.parseInt(strAge);           // 转换字符串为 int 型
        if(age<0)                                    // 如果 age 小于 0
            throw new Exception(" 年龄不能为负数! ");  // 抛出一个 Exception 异常对象
        return age;
    }
    public static void main(String[] args) {
        try{
            int myage=check("-101");                 // 调用 check 方法
```

```
        System.out.println(myage);
    }catch(Exception e){                              // 捕获 Exception 异常
        System.out.println(" 数据逻辑错误！ ");
        System.out.println(" 原因："+e.getMessage());
    }
  }
}
```

程序运行结果如图 7-4 所示：

图 7-4　例 7-3 的运行结果

在 check 方法中将异常抛给了调用者（main 方法）进行处理。check 方法可能会抛出以下两种异常：

（1）数字格式的字符串转换为 int 型时抛出的 NumberFomatException 异常；

（2）当年龄小于 0 时抛出的 Exception 异常。

7.3.5　使用异常处理语句的注意事项

通过前面的介绍可知，进行异常处理时主要涉及 try、catch、finally、throw 和 throws 关键字。在使用它们时，要注意以下几点。

（1）try、catch 或 finally 关键字不能各自单独使用，尤其是 try 和 catch，如果只是出现其中的一个，那肯定有语法错误，例如单独出现 try 语句块：

```
try{
...
}
```

（2）try 语句块后可以只使用 catch 语句块，也可以灵活地只使用 finally 语句块，而且只能存在一个 finally 语句块。另外 catch 语句块可以存在多个，也就是一个 try 语句块后可以跟随多个 catch 语句块。当 catch 与 finally 同时存在时，finally 必须放在 catch 之后。

```
try{
}catch(...){
} catch(...){
}finally{
```

　　}

　　（3）try 只与 finally 语句块一起使用时，可以使程序发生异常抛出后，继续执行方法中的其他代码。

　　（4）try 只与 catch 语句块一起使用时，可以使用多个 catch 语句块来捕获 try 语句块中可能发生的多种异常。异常发生后，Java 虚拟机会自上而下检测当前 catch 语句块所捕获的异常是否与 try 语句块中发生的异常匹配，若匹配，则不再执行其他的 catch 语句块。如果多个 catch 语句块捕获的是同种类型的异常，则捕获子类异常的 catch 语句块要放在捕获父类异常的 catch 语句块前面。

　　（5）在 try 语句块中声明的变量是局部变量，只在当前 try 语句块中有效，在其后的catch、finally 语句块或其他位置都不能访问该变量。但在 try、catch 或 finally 语句块之外声明的变量，可在 try、catch 或 finally 语句块中访问。

　　（6）对于发生的异常，必须使用"try...catch"语句捕获，或通过 throws 向上抛出，否则编译出错。

　　（7）在使用 throw 语句抛出一个异常对象时，该语句后面的代码将不会被执行。

7.4　自定义异常

　　通常使用 Java 内置的异常类就可以描述在编写程序时出现的大部分异常情况，但根据需要，有时要创建自己的异常类，并将它们用于程序中来描述 Java 内置异常类所不能描述的一些特殊情况。下面介绍如何创建和使用自定义异常。

　　自定义异常通常是定义一个继承自 Throwable 的子类 Exception 或 Exception 类的子类，而不会继承某个运行时的异常类。除此之外，与创建一个普通类的语法相同。

　　创建自定义异常类并在程序中使用，大体可分为以下几个步骤。

　　（1）创建自定义异常类。

　　（2）在方法中通过 throw 抛出异常对象。

　　（3）若在当前抛出异常的方法中处理异常，可以使用"try...catch"语句捕获并处理；否则在方法的声明处通过 throws 指明要抛给方法调用者的异常，继续进行下一步的操作。

　　（4）在出现异常的方法调用代码中捕获并处理异常。

　　下面通过一个实例来讲解自定义异常类的创建及使用。

　　【例 7-4】　在编写程序的过程中，如果希望一个字符串的内容全部是英文字母，若其中包含其他的字符，则抛出一个异常。因为在 Java 内置的异常类中不存在描述该情况的异常，所以需要自定义该异常类。

　　（1）创建 MyException 异常类，它必须继承 Exception 类。其代码如下：

```
public class MyException extends Exception {          // 继承 Exception 类
    private String content;
    public MyException(String content){              // 构造方法
```

```
            this.content=content;
        }
        public String getContent() {                    // 获取描述信息
            return this.content;
        }
    }
```

（2）创建 Example 类，在 Example 类中创建一个带有 String 型参数的方法 check，该方法用来检查参数中是否包含英文字母以外的字符。若包含，则通过 throw 抛出一个 MyException 异常对象给 check 方法的调用者 main 方法。

```
    public class Example {
        public static void check(String str) throws MyException{    // 指明要抛出的异常
            char a[]=str.toCharArray();                             // 将字符串转换为字符
                                                                       数组

            int i=a.length;
            for(int k=0;k<i-1;k++){                                 // 检查字符数组中的每
                                                                       个元素
                    // 如果当前元素是英文字母以外的字符
                    if(!((a[k]>=65&&a[k]<=90)||(a[k]>=97&&a[k]<=122))){
                            // 抛出 MyException 异常类对象
                            throw new MyException(" 字符串 \""+str+"\" 中含有非法
字符! ");
                    }
            }
        }
        public static void main(String[] args) {
            String str1="HellWorld";
            String str2="Hell!MR!";
            try{
                    check(str1);                                    // 调用 check 方法
                    check(str2);                                    // 执行该行代码时,抛出异常
            }catch(MyException e){                                  // 捕获 MyException 异常
                    System.out.println(e.getContent());            // 输出异常描述信息
            }
        }
    }
```

程序的运行结果如图 7-5 所示。

图 7-5　例 7-4 的运行结果

7.5　异常的使用原则

Java 中有效的异常处理,能使程序更加健壮,易于调试。好的程序设计语言能帮助程序员写出好程序,但无论哪种语言都避免不了程序员写出坏程序,这里包含程序员自身代码错误、运行环境错误、硬件环境支持错误等多种情况。异常处理不用于控制程序的正常流程,其主要作用是捕获程序在运行时发生的异常并进行相应的处理。针对常见的几种异常问题,提出以下 5 条遵循的原则。

（1）不要为每一个可能出现的异常代码都设置"try...catch"包裹。

（2）不要在循环中使用"try...catch"捕获异常。

（3）不要压制和隐瞒异常,将不能处理的异常抛出（throws）,也不能捕获之后随意地处理。

（4）尽量避免 catch 都是父类 Exception,应该对应具体的子类异常,使得程序更加明确异常的种类。

（5）一个方法被覆盖时,覆盖的方法必须抛出相同的异常或异常的子类。

小结

异常处理是程序设计中的一个重要内容,Java 语言在设计之初就考虑到这些问题,并提出异常处理的框架的方案。本章主要介绍了异常处理技术,包括异常的捕获、抛出以及使用异常处理技术时应该注意的事项。

所有的异常都可以用几个归纳的类型来表示,不同类型的异常对应不同的子类异常。

（1）最常用"try...catch"语句来捕获异常,这里可以抛出（throws）一个方法的异常,也可以捕获一个系统调用的异常。

（2）catch 跟在 try 后面,可以有多个,但是异常只能针对一个 catch 抛出。finally 可以随意添加到"try...catch"最后,无论是否抛出异常都会最终执行该程序块。利用 throw 关键字可以自定义一个异常操作,也可以自定义一个异常类,继承自 Exception 类。

（3）Error 更多的是获取现实系统 JVM 虚拟机的错误信息显示。

经典面试题

7-1　简述 Error 和 Exception 的区别。

7-2　对比 final、finally、finalize 三个关键字，说明它们的区别。

7-3　编写一个异常类 MyException，再编写一个类 Student，并写一个产生异常的方法 speak（int m）。要求参数 m 的值大于 1000 时，抛出一个 MyException 对象，输出"程序出现运行时异常，输入的值大于 1000"。

7-4　创建类 Number，通过类中的 div 方法可得到任意两个数相除的结果，并在调用该方法的主方法中使用"try...catch"语句捕捉可能发生的异常。

7-5　描述 throw 和 throws 两个关键字在 Java 异常处理中有什么不同。

跟我上机

7-1　编写一段能产生空指针异常的代码，并运用异常处理机制进行处理，判断在 finally 块输出是否抛出了异常。

7-2　从命令行得到 5 个整数，放入一整型数组，然后打印输出。要求：如果输入数据不为整数，要捕获 Integer.parseInt() 产生的异常，显示"请输入整数"，捕获输入参数不足 5 个的异常（数组越界），显示"请输入至少 5 个整数"。

7-3　写一个方法 void sanjiao(int a,int b,int c)，判断三个参数是否能构成一个三角形，如果不能，则抛出异常 IllegalArgumentException，显示异常信息"a、b、c 不能构成三角形"；如果可以构成，则显示三角形三个边长，在主方法中得到命令行输入的 3 个整数，调用此方法，并捕获异常。

7-4　自定义类 Sanj，其中有成员 x、y、z 作为三边长，构造方法 Sanj(a,b,c) 分别给 x、y、z 赋值，构造方法 getArea 求面积和 showInfo 显示三角形信息（三个边长）。当三条边不能构成一个三角形时，要抛出自定义异常 NotSanjiaoException，否则显示正确信息。在另外一个类的主方法中构造一个 Sanj 对象（三边长为命令行输入的三个整数），显示三角形信息和面积，要求捕获异常。

7-5　编写如下异常类：空异常、年龄低异常、年龄高异常、工资低异常、工资高异常、身份证非法异常。注：身份证验证可以考虑采用正则表达式验证。

第8章 常用的实用工具类

本章要点：

☐ 字符串类 String

☐ Date 和 SimpleDateFormat 日期格式

☐ Scanner 控制台输入参数

☐ Math、Random 应用模式

☐ 数字格式化类 NumberFormat

☐ MessageFormat 类

☐ StringBuffer 和 StringBuilder 的区别

☐ 包装类

☐ 字符串是 Java 程序中经常处理的对象，字符串运用得不好将影响到程序的效率。在 Java 中，字符串作为 String 类的实例来处理。以对象的方式处理字符串更加灵活、方便。Java 中不能定义基本类型对象，为了能将基本类型视为对象进行处理，并使其连接相关的方法，Java 为每个基本类型都提供了包装类。需要说明的是，Java 是可以直接处理基本类型的，但在有些情况下需要将其作为对象来处理，这时就需要将其转换为包装类。Java 还提供了多种格式化的类，如 Simple-DateFormat、NumberFormat、MessageFormat 等类，方便格式化成我们想要的格式。

8.1　String 类

Java 语言提供了一个专门用来操作字符串的类 java.lang.String。String 字符串是最常用也是最通用的一种，String 可以操作任何字符串的程序开发，本节将学习该类的使用方法。

8.1.1　创建字符串对象

在使用字符串对象之前，需要先通过下面的方式声明一个字符串：

```
String 字符串标识符；                // 创建字符串对象
```

但是字符串对象需要被初始化才能使用，声明并初始化字符串的常用方式如下：

```
String 字符串标识符 = 字符串；        // 初始化字符串
```

在初始化字符串对象时，可以将字符串对象初始化为空值，也可以初始化为具体的字符串，例如下面的代码：

```
String aStr=null;                    // 初始化为空值
String bStr="";                      // 初始化为空字符串
String cStr="RT";                    // 初始化为"RT"
```

在创建字符串对象时，可以通过双引号初始化字符串对象，也可以通过构造方法创建并初始化对象，其语法格式如下：

```
String varname=new String("theString");
```

varname：字符串对象的变量名，名称自定。

theString：自定义的字符串，内容自定。

例如，下面的代码均用来创建一个内容为"RT"的字符串对象：

```
String aStr="RT";                    // 创建一个内容为"RT"的字符串对象
String bStr=new String("RT");        // 创建一个内容为"RT"的字符串对象
```

下面的代码均用来创建一个空字符串对象：

```
String aStr="";                      // 创建一个空字符串对象
String bStr=new String();            // 创建一个空字符串对象
String cStr=new String("");          // 创建一个空字符串对象
```

注意

一个空字符串并不意味着它的值等于 null（空值），空字符串和 null 是两个概念。空字符串是由空的"" ""符号定义的，它是实例化之后的字符串对象，但是不包含任何字符。

8.1.2　连接字符串

连接字符串可以通过运算符"+"实现,表示将多个字符串合并到一起生成一个新的字符串。

对于"+"运算符,如果有一个操作元为 String 类型,则为字符串连接运算符。字符串可与任意类型的数据进行字符串连接的操作:若该数据为基本类型,则会自动转换为字符串;若为引用类型,则会自动调用所引用对象的 toString 方法获得一个字符串,然后进行字符串连接的操作。

【例 8-1】　通过运算符"+"连接字符串。

```java
public class Example {
    public static void main(String[] args) {
        System.out.println("RT" + 9412);              // 与 int 型连接
        System.out.println("10" + 7.5F);              // 与 float 型连接
        System.out.println("This is " + "true");      // 与 boolean 型连接
        System.out.println("RT" + "DL");              // 字符串间连接
        System.out.println(" 路径: " +
            (new java.io.File("C:\text.txt")));        // 与引用类型连接
    }
}
```

运行完上面代码,在控制台将输出图 8-1 所示信息。

若表达式中包含了多个"+"运算符,并且存在各种数据类型参数运算,则按照"+"运算符从左到右地进行运算,Java 会根据"+"运算符两边的操作元类型来决定是进行算术运算还是字符串连接运算。

```java
System.out.println(100+6.4+"RT");
System.out.println("RT"+100+6.4);
```

对于第一行代码,按照"+"运算符,先计算"100+6.4",结果为 106.4,然后计算"106.4+"RT"",结果为"106.4RT";对于第二行代码,先计算""RT"+100",结果为"RT100",然后计算""RT100"+6.4",结果为"RT1006.4"。运算结果如图 8-2 所示。

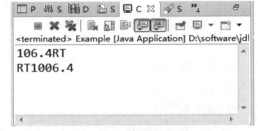

　　图 8-1　将字符串与其他数据连接　　　　　　图 8-2　测试运算顺序

8.1.3 字符串操作

在使用字符串时,经常需要对字符串进行处理,以满足一定的要求。例如,从现有的字符串中截取新字符串,替换字符串中的部分字符串,以及去掉字符串中的首尾空格等。

表 8-1 列出了经常使用的 String 方法。

表 8-1 常用的 String 方法

方法名	返回值	解析
charAt(int index)	char	返回指定索引处字符
endsWith(String suffix)	boolean	判断是否以参数字符串结尾
startsWith(String prefix)	boolean	判断是否以参数字符串开头
equals(Object anObject)	boolean	和 Object 参数值进行比对
boolean equalsIgnore-Case(String anotherString)	boolean	和参数 String 不区分大小写比对
lastIndexOf(int ch)	int	和 indexOf 比对方向相反,其他和 indexOf 方法职能一样
length()	int	返回此字符串的长度
replace(char oldChar, char String newChar)	String	用 newChar 替换字符串中出现的所有 oldChar,得到新的 String
replaceAll(String regex, String replacement)	String	用给定的 replacement 替换此字符串所有匹配给定的正则表达式的子字符串 , 返回一新 String
replaceFirst(String regex, String replacement)	String	用给定的 replacement 替换此字符串匹配给定的正则表达式的第一个子字符串
split(String regex)	String[]	根据给定参数 regex 进行匹配拆分此字符串,返回 String 数组
substring(int beginIndex)	String	返回指定参数索引位置的字符开始到结束的新 String
substring(int beginIndex, int endIndex)	String	返回参数上标 beginIndex 到下标 endIndex 索引位置的新 String
toLowerCase()	String	所有字符都转换为小写
toUpperCase()	String	所有字符都转换为大写
toString()	String	返回字符串 (更多是其他类型转换为 String)
trim()	String	忽略 String 的收尾空格 (但不包括中间的空格)

1. 比较字符串

String 类中包含几个用于比较字符串的方法,下面分别对它们进行介绍。

1)equals 方法

String 类的 equals 方法用于比较两个字符串是否相等。由于字符串是对象类型,所以不能简单地用"=="(双等号)判断两个字符串是否相等。equals 方法的定义如下:

```
public boolean equals(String str)
```

equals 方法的入口参数为欲比较的字符串对象,该方法的返回值为 boolean 型,如果两个字符串相等则返回 true,否则返回 false。例如,下面的代码用来比较字符串"A"和字符串"a"是否相等:

```
String str="A";
boolean b=str.equals("a");
```

上面代码的比较结果为 false,即 b 为 false,这是因为 equals 方法在比较两个字符串时区分字母大小写。

注意

equals 方法比较的是字符串对象的内容,而操作符"=="比较的是两个对象的内存地址(即使内容相同,不同对象的内存地址也不相同),所以,在比较两个字符串是否相等时,不能使用操作符号"=="。

2)equalsIgnoreCase 方法

equalsIgnoreCase 方法也可以用来比较两个字符串,不过它与 equals 方法是有区别的,equalsIgnoreCase 方法在比较两个字符串时不区分大小写。equalsIgnoreCase 方法的定义如下:

```
public boolean equalsIgnoreCase(String str)
```

下面用 equalsIgnoreCase 方法比较字符串"A"和字符串"a"是否相等:

```
String str="A";
boolean b=str.equalsIgnoreCase ("a");
```

上面代码的比较结果为 true,即 b 为 true,这是因为 equalsIgnoreCase 方法在比较两个字符串时不区分字母大小写。

3)startsWith 方法和 endsWith 方法

startsWith 方法和 endsWith 方法分别用来判断字符串是否以指定的字符串开始或结束。它们的定义如下:

```
public boolean startsWith(String prefix)
public boolean endsWith(String suffix)
```

这两个方法的入口参数为欲比较的字符串对象,该方法的返回值为 boolean 型,如果是以指定的字符串开始或结束则返回 true,否则返回 false。例如,下面的代码分别判断字符串"ABCDE"是否以字符串"a"开始,以字符串"DE"结束:

```
String str="ABCDE";
```

```
boolean bs=str. startsWith("a");
boolean be=str. endsWith("DE");
```

上面代码的比较结果是 bs 为 false，be 为 true，即字符串"ABCDE"不以字符串"a"开始，但以字符串"DE"结束。

方法 startsWith 还有一个重载的方法，用来判断字符串从指定索引位置开始是否为指定的字符串。重载方法定义如下：

```
public boolean startsWith(String prefix, int toffset)
```

例如，下面的代码可以判断字符串"ABCDE"从索引位置 2 开始是否为字符串"CD"：

```
String str="ABCDE";
boolean bs=str. startsWith("CD",2);
```

上面代码的判断结果为 true，即字符串"ABCDE"从索引位置 2 开始是字符串"CD"。

注意
字符串的索引位置从 0 开始。例如，字符串"ABCDE"，字母 A 的索引为 0，字母 C 的索引为 2，以此类推。

4）compareTo 方法

该方法用于判断一个字符串是大于、等于还是小于另一个字符串，判断字符串大小的依据是它们在字典中的顺序。compareTo 方法的定义如下：

```
public int compareTo(String str)
```

compareTo 方法的入口参数为欲比较的字符串对象，该方法的返回值为 int 型。如果两个字符串相同则返回 0；如果大于字符串 str，则返回一个正数；如果小于字符串 str，则返回一个负数。例如，下面的代码依次比较字符串"A""B"和"D"之间的大小。

```
String aStr="A";
String bStr="B";
String dStr="D"
String b2Str="B";
System.out.println(bStr.compareTo(aStr));      // 字符串"B"与"A"的比较结果为 1
System.out.println(bStr.compareTo(b2Str));     // 字符串"B"与"B"的比较结果为 0
System.out.println(bStr.compareTo(dStr));      // 字符串"B"与"D"的比较结果为 -2
```

2. 获取字符串的长度

字符串是一个对象，在这个对象中包含 length 属性，它是该字符串的长度，使用 String 类中的 length 方法可以获取该属性值。例如，获取字符串"RuanTongSoft"长度的代码如下：

```
String nameStr = " RuanTongSoft ";
int i = nameStr.length();                    // 获得字符串的长度为 12
```

3. 字符串的大小写转换

在 String 类中提供了两个用来实现字母大小写转换的方法,即 toLowerCase 和 toUp-perCase,它们的返回值均为转换后的字符串,其中 toLowerCase 方法用来将字符串中的所有大写字母改为小写字母, toUpperCase 方法用来将字符串中的小写字母改为大写字母。例如,将字符串"AbCDefGh"分别转换为大写和小写,具体代码如下:

```
String str = "AbCDefGh";
String lStr = str.toLowerCase();             // 转换为小写后得到的字符串为
                                             "abcdefgh"
String uStr = str.toUpperCase();             // 转换为大写后得到的字符串为
                                             "ABCDEFGH"
```

4. 查找字符串

String 类提供了两种查找字符串的方法,它们允许在字符串中搜索指定的字符或字符串,其中 indexOf 方法用于搜索字符或字符串首次出现的位置,lastIndexOf 方法用于搜索字符或字符串最后一次出现的位置。这两种方法均有多个重载方法,它们的返回值均为字符或字符串被发现的索引位置,如果未搜索到则返回 -1。

（1）indexOf(int ch):用于获取指定字符在原字符串中第一次出现的索引。

（2）lastIndexOf (int ch):用于获取指定字符在原字符串中最后一次出现的索引。

（3）indexOf(String str):用于获取指定字符串在原字符串中第一次出现的索引。

（4）lastIndexOf(String str):用于获取指定字符串在原字符串中最后一次出现的索引。

（5）indexOf(int ch, int startIndex):用于获取指定字符在原字符串中指定索引位置开始第一次出现的索引。

（6）lastIndexOf (int ch, int startIndex):用于获取指定字符在原字符串中指定索引位置开始最后一次出现的索引。

（7）indexOf(String str, int startIndex):用于获取指定字符串在原字符串中指定索引位置开始第一次出现的索引。

（8）lastIndexOf(String str, int startIndex):用于获取指定字符串在原字符串中指定索引位置开始最后一次出现的索引。

5. 从现有字符串中截取子字符串

通过 String 类的 substring 方法,可以从现有字符串中截取子字符串,具体定义如下:

```
public String substring(int beginIndex)
public String substring(int beginIndex, int endIndex)
```

例如下面的代码可以截取字符串"ABCDEF"从索引位置 3 到最后得到的子串为"DEF",在子串"DEF"中包含字符串"ABCDEF"中索引为 3 的字符"D":

```
String str="ABCDEF";
System.out.println(str. substring(3));          // 截取得到的子串为"DEF"
```

6. 去掉字符串的首尾空格

通过 String 类的 trim 方法，可以通过去掉字符串的首尾空格得到一个新的字符串，该方法的具体定义如下：

```
public String trim()
```

例如，通过去掉字符串" ABC "中的首尾空格将得到一个新的字符串"ABC"。下面的代码分别输出字符串的长度为 5 和 3：

```
String str=" ABC ";
System.out.println(str. length());              // 输出字符串长度为 5
String str2=str.trim();
System.out.println(str2. length());             // 输出字符串长度为 3
```

7. 替换字符串中的字符或子串

通过 String 类的 replace 方法，可以将原字符串中的某个字符替换为指定的字符，并得到一个新的字符串，该方法的具体定义如下：

```
public String replace(char oldChar, char newChar)
```

例如，将字符串"NBA_NBA_NBA"中的符号"N"替换为"M"，将得到一个新的字符串"MBA_MBA_MBA"，具体代码如下：

```
String str="NBA_NBA_NBA";
System.out.println(str. replace ('N', 'M'));
                                                // 输出字符串为"MBA_MBA_MBA"
```

如果想替换掉原字符串中的指定子串，可以通过 String 类的 replaceAll 方法，该方法具体如下：

```
String str="NBA_NBA_NBA";
System.out.println(str. replaceAll ('NB', 'AA'));
                                                // 输出字符串为"AAA_AAA_AAA"
```

8.1.4 格式化字符串

Java 对 String 格式化可以利用其静态方法 format 来完成。通过 String 类的 format 方法，可以得到经过格式化的字符串对象，最常用的是对日期和时间的格式化。String 类中的 format 方法有两种重载形式，它们的具体定义如下：

```
public static String format(String format, Object obj)
public static String format(Locale locale, String format, Object obj)
```

参数 format 为要获取的字符串的格式；参数 obj 为要进行格式化的对象；参数 locale 为格式化字符串时依据的语言环境。对于方法 format(String format, Object obj)，依据本地的语言环境进行格式化。

在定义格式化字符串采用的格式时，需要利用固定的转换符号，固定转换符号的具体信息如表 8-2 所示。

表 8-2　不同转换字符解析说明

转换符	说明	部分实例
%s	字符串类型	"isoftStone"
%c	字符类型	'u'
%b	布尔类型	TRUE
%d	整数类型（十进制）	99
%x	整数类型（十六进制）	FF
%o	整数类型（八进制）	77
%f	浮点类型	99.99
%a	十六进制浮点类型	FF.35AE
%e	指数类型	938000
%g	通用浮点类型（f 和 e 类型中较短的）	
%h	哈希码	
%%	百分比类型	%
%n	换行符	
%tx	日期与时间类型（x 代表不同的日期与时间转换符）	

下面是三个获取格式化字符串的例子，分别为获得字符"A"的哈希码，将"68"格式化为百分比形式和将"16.8"格式化为指数形式，代码如下：

```
String code = String.format("%h",'A');          // 格式化后得到的字符串为 41
String percent = String.format("%d%%",68);       // 格式化后得到的字符串为
                                                 //    68%
String exponent = String.format("%e",'16.8');    // 格式化后得到的字符串为
                                                 //    1.680000e+01
```

8.1.5　对象的字符串表示

我们知道，所有的类都默认继承自 Object 类，Object 类在 java.lang 包中。在 Object 类

中有一个 public String toString 方法，这个方法用于获得该对象的字符串表示。

一个对象调用 toString 方法返回的字符串的一般形式为：

包名 . 类名 @ 内存的引用地址

例如：

```
public class App {
    public static void main(String[] args) {
     Object obj=new Object();
     System.out.println(obj.toString());
    }
}
```

程序运行结果如图 8-3 所示。

图 8-3　运行结果

【例 8-2】　继承 Object 类的子类重写 toString。

```
public class Student {
    String name;
    public Student(String s){
            name=s;
    }
    public String toString(){
            return super.toString()+name+" 是三好学生。";
    }
}


public class Example {
 public static void main (String [] args){
    Student stu = new Student (" 小明 ");
    System.out.print(stu.toString());
}
```

```
    }
```

程序运行结果如图 8-4 所示。

图 8-4　例 8-2 的运行结果

8.2　日期和日期的格式化

在程序设计中经常会遇到日期、时间等数据,需要将这些数据以相应的形式显示。

Java 常用类中对应日期的操作常用的类对象有 java.util.Date 和 java.text.DateFormat,分别表示获取、赋值日期和格式化日期的类对象。

8.2.1　Date 类

首先看最常用的 Date 对象。

1. 无参数构造方法

java.util.Date 类用来封装当前日期、时间和赋值它的参数,有两种实例化该对象的方式,第一个就是空构造函数实例化 Date:

```
Date date=new Date();
System.out.println(date);        // 输出的结果为: Sun Feb 05 14:15:06 CST 2017
```

这是一个默认的显示当前日期、时间的格式。如果是毫秒数显示,则是用了 date.get-Time 方法。Date 对象表示时间的默认顺序是:星期、月、日、小时、分、秒、年。

2. 有参数构造方法

赋值一个时间、日期参数,就是第二种实例化 Date 对象的方式:

```
Date date=new Date(2017,05,05,14,15,06);
System.out.println(date);        // 输出的结果为: Fri Jun 05 14:15:06 CST 2017
```

这不是获取当前日期、时间,而是显示赋值参数的日期、时间,这是 Java 已经不推荐使用的一种方式。但问题是无论带参数与否,获取和显示的日期、时间都不是我们想要的格式。如果要自定义一个日期、时间显示的格式,那就需要对日期、时间进行格式化。

8.2.2　格式化日期和时间

在使用日期和时间时,经常需要对其进行处理,以满足一定的要求。例如将日期格式化为"2017-01-27"的形式,将时间格式化为"03:06:52 下午"的形式,或者是获得 4 位的年(例如"2017")或 24 小时制的小时(例如"21")。在本小节将深入学习格式化日期和时间的方法。

1. 常用的日期和时间的格式化转换符

格式化日期和时间的转换符定义了各种格式化日期和时间的字符串,其中最常用的日期和时间的格式化如表 8-3 所示。

表 8-3　常用日期和时间的格式化转换符

转换符	格式说明	格式示例
F	格式化为形如 "YYYY-MM-DD" 的格式	2017-03-01
D	格式化为形如 "MM/DD/YY" 的格式	01/03/17
r	格式化为形如 "HH:MM:SS AM" 的格式(12 小时制)	03:06:52 下午
T	格式化为形如 "HH:MM:SS" 的格式(24 小时制)	15:06:52
R	格式化为形如 "HH:MM" 的格式(24 小时制)	15:06

下面是对当前日期和时间进行格式化的具体代码:

```
String a = String.format("%tF",today);    // 格式转换后的字符串为: 2017-03-01
String b = String.format("%tD",today);    // 格式转换后的字符串为: 01/03/17
String c = String.format("%tr",today);    // 格式转换后的字符串为: 03:06:52 下午
String d = String.format("%tT",today);    // 格式转换后的字符串为: 15:06:52
String e = String.format("%tR",today);    // 格式转换后的字符串为: 15:06
```

2. 对日期的格式化

定义日期格式的转换符可以使用日期通过指定的转换符生成新字符串,日期的格式化转换符如表 8-4 所示。

表 8-4　日期的格式化转换符

转换符	格式说明	格式示例
b 或 h	获取月份的简称	中:一月　英:Jan
B	获取月份的全称	中:一月　英:January
a	获取星期的简称	中:星期六 英:Sat
A	获取星期的全称	中:星期六 英:Saturday
Y	获取年(不足 4 位前面补 0)	2017
y	获取年的后两位(不足 2 位前面补 0)	08
C	获取年的前两位(不足 2 位前面补 0)	20

转换符	格式说明	格式示例
m	获取月（不足 2 位前面补 0）	01
d	获取日（不足 2 位前面补 0）	06
e	获取日（不足 2 位前面不补 0）	6
j	获取是一年的第多少天（不足 3 位前面补 0）	006

下面是对当前日期进行格式化的具体代码：

```
Date today=new Date();
String a = String.format(Locale.US,"%tb",today);  // 格式转换后的字符串为：Jan
String b = String.format(Locale.US,"%tB",today);  // 格式转换后的字符串为：January
String c = String.format("%ta",today);            // 格式转换后的字符串为：星期六
String d = String.format("%tA",today);            // 格式转换后的字符串为：星期六
String e = String.format("%tY",today);            // 格式转换后的字符串为：2008
String f = String.format("%ty",today);            // 格式转换后的字符串为：08
String g = String.format("%tm",today);            // 格式转换后的字符串为：01
String h = String.format("%td",today);            // 格式转换后的字符串为：06
String i = String.format("%te",today);            // 格式转换后的字符串为：6
String j = String.format("%tj",today);            // 格式转换后的字符串为：006
```

3. 对时间的格式化

和日期格式化转换符相比，时间格式的转换符更多、更精确，可以将时间格式化成时、分、秒，甚至是毫秒等单位。格式化时间字符串的转换符如表 8-5 所示。

表 8-5　时间的格式化转换符

转换符	格式说明	格式示例
H	获取 24 小时制的小时（不足 2 位前面补 0）	15
k	获取 24 小时制的小时（不足 2 位前面不补 0）	15
I	获取 12 小时制的小时（不足 2 位前面补 0）	03
l	获取 12 小时制的小时（不足 2 位前面不补 0）	3
M	获取分钟（不足 2 位前面补 0）	06
S	获取秒（不足 2 位前面补 0）	09
L	获取 3 位的毫秒（不足 3 位前面补 0）	015
N	获取 9 位的毫秒（不足 9 位前面补 0）	056200000
p	显示上、下午标记	中：下午　英：pm

下面是对当前时间进行格式化的具体代码：

```
Date today=new Date();
String a = String.format("%tH",today);                    // 格式转换后的字符串为：16
String b = String.format("%tk",today);                    // 格式转换后的字符串为：16
String c = String.format("%tI",today);                    // 格式转换后的字符串为：04
String d = String.format("%tl",today);                    // 格式转换后的字符串为：4
String e = String.format("%tM",today);                    // 格式转换后的字符串为：14
String f = String.format("%tS",today);                    // 格式转换后的字符串为：33
String g = String.format("%tp",today);                    // 格式转换后的字符串为：下午
String h = String.format(Locale.US,"%tp",today);          // 格式转换后的字符串为：pm
```

8.2.3 Calendar 类

从 JDK1.1 版本开始，在处理日期和时间时，系统推荐使用 Calendar 类。在设计上，Calendar 类的功能要比 Date 类强大很多，而且在实现方式上也比 Date 类要复杂一些。下面就介绍一下 Calendar 类的使用。

Calendar 类是一个抽象类，在实际使用时实现特定的子类的对象，创建对象的过程对程序员来说是透明的，只需要使用 getInstance 方法创建即可。

1. 使用 Calendar 类代表当前时间

```
Calendar c = Calendar.getInstance();
```

由于 Calendar 类是抽象类，且 Calendar 类的构造方法是 protected 的，所以无法使用 Calendar 类的构造方法来创建对象，API 中提供了 getInstance 方法用来创建对象。

使用该方法获得的 Calendar 对象代表当前的系统时间，由于 Calendar 类 toString 实现得没有 Date 类直观，所以直接输出 Calendar 类的对象意义不大。

2. 使用 Calendar 类代表指定的时间

```
Calendar c1 = Calendar.getInstance();
c1.set(2017, 3 - 1, 9);
```

使用 Calendar 类代表特定的时间，首先需要创建一个 Calendar 的对象，然后再设定该对象中的年月日参数来完成。

set 方法的声明为：

```
public final void set(int year,int month,int date)
```

以上示例代码设置的时间为 2017 年 3 月 9 日，其参数的结构和 Date 类不一样。Calendar 类中年份的数值直接书写，月份的值为实际的月份值减 1，日期的值就是实际的日期值。

如果只设定某个字段，例如日期的值，则可以使用如下 set 方法：

```
public void set(int field，int value)
```

在该方法中，参数 field 代表要设置的字段的类型，常见类型如下：

```
Calendar.YEAR——年份
Calendar.MONTH——月份
Calendar.DATE——日期
Calendar.DAY_OF_MONTH——日期，和上面的字段完全相同
Calendar.HOUR——12 小时制的小时数
Calendar.HOUR_OF_DAY——24 小时制的小时数
Calendar.MINUTE——分钟
Calendar.SECOND——秒
Calendar.DAY_OF_WEEK——星期几
```

后续的参数 value 代表设置成的值。例如：

```
c1.set(Calendar.DATE,10);
```

该代码的作用是将 c1 对象代表时间中的日期设置为 10 号，其他所有的数值会被重新计算。

3. 获得 Calendar 类中的信息

```
Calendar c2 = Calendar.getInstance();
// 年份
int year = c2.get(Calendar.YEAR);
// 月份
int month = c2.get(Calendar.MONTH) + 1;
// 日期
int date = c2.get(Calendar.DATE);
// 小时
int hour = c2.get(Calendar.HOUR_OF_DAY);
// 分钟
int minute = c2.get(Calendar.MINUTE);
// 秒
int second = c2.get(Calendar.SECOND);
// 星期几
int day = c2.get(Calendar.DAY_OF_WEEK);
System.out.println(" 年份：" + year);
System.out.println(" 月份：" + month);
System.out.println(" 日期：" + date);
```

```
System.out.println(" 小时:" + hour);
System.out.println(" 分钟:" + minute);
System.out.println(" 秒:" + second);
System.out.println(" 星期:" + day);
```

使用 Calendar 类中的 get 方法可以获得 Calendar 对象中对应的信息,get 方法的声明如下:

```
public int get(int field)
```

其中参数 field 代表需要获得的字段的值,字段说明和上面的 set 方法一致。需要说明的是,获得的月份为实际的月份值减 1;获得的星期的值和 Date 类不一样。在 Calendar 类中,周日是 1,周一是 2,周二是 3,依次类推。

4. 其他方法说明

Calendar 类中还提供了很多其他有用的方法,下面简单地介绍几个常见方法的使用。

1)add 方法

该方法的声明如下:

```
public abstract void add(int field,int amount)
```

该方法的作用是在 Calendar 对象中的某个字段上增加或减少一定的数值,增加时 amount 的值为正,减少时 amount 的值为负。

例如,计算指定时间 100 天以后的日期,代码如下:

```
Calendar c3 = Calendar.getInstance();
 c3.add(Calendar.DATE, 100);
int year1 = c3.get(Calendar.YEAR);
// 月份
int month1 = c3.get(Calendar.MONTH) + 1;
// 日期
int date1 = c3.get(Calendar.DATE);
System.out.println(year1 + " 年 " + month1 + " 月 " + date1 + " 日 ");
```

这里 add 方法是指在 c3 对象的 Calendar.DATE(也就是日期字段)上增加 100,类内部会重新计算该日期对象中其他各字段的值,从而获得 100 天以后的日期。例如,程序的输出结果为:

```
2017 年 6 月 17 日
```

2)after 方法

该方法的声明如下:

```
public boolean after(Object when)
```

该方法的作用是判断当前日期对象是否在 when 对象的后面,如果在 when 对象的后面则返回 true,否则返回 false。例如:

```
Calendar c4 = Calendar.getInstance();
c4.set(2017, 10 - 1, 10);
Calendar c5 = Calendar.getInstance();
c5.set(2017, 10 - 1, 11);
boolean b = c5.after(c4);
System.out.println(b);
```

在该示例代码中,对象 c4 代表的时间是 2017 年 10 月 10 号,对象 c5 代表的时间是 2017 年 10 月 11 号,则对象 c5 代表的日期在 c4 代表的日期之后,所以 after 方法的返回值是 true。

另外一个类似的方法是 before,该方法是判断当前日期对象是否位于另外一个日期对象之前。

3）getTime 方法

该方法的声明如下:

```
public final Date getTime()
```

该方法的作用是将 Calendar 类型的对象转换为对应的 Date 类对象,两者代表相同的时间点。

类似的方法是 setTime,该方法的作用是将 Date 对象转换为对应的 Calendar 对象,该方法的声明如下:

```
public final void setTime(Date date)
```

转换的示例代码如下:

```
Date d = new Date();
Calendar c6 = Calendar.getInstance();
//Calendar 类型的对象转换为 Date 对象
Date d1 = c6.getTime();
//Date 类型的对象转换为 Calendar 对象
Calendar c7 = Calendar.getInstance();
c7.setTime(d);
```

5. Calendar 对象和相对时间之间的互转

```
Calendar c8 = Calendar.getInstance();
long t = 1252785271098L;
// 将 Calendar 对象转换为相对时间
long t1 = c8.getTimeInMillis();
```

```
// 将相对时间转换为 Calendar 对象
Calendar c9 = Calendar.getInstance();
c9.setTimeInMillis(t1);
```

在转换时,使用 Calendar 类中的 getTimeInMillis 方法可以将 Calendar 对象转换为相对时间。在将相对时间转换为 Calendar 对象时,首先创建一个 Calendar 对象,然后使用 Calendar 类的 setTimeInMillis 方法设置时间即可。

应用示例如下。

1)计算两个日期之间相差的天数

该程序实现的原理为:首先用 Calendar 的对象代表两个特定的时间点,然后将两个时间点转换为对应的相对时间,求两个相对时间的差值,然后除以 1 天的毫秒数 (24 小时 ×60 分钟 / 小时 ×60 秒 / 分钟 ×1000 毫秒 / 秒) 即可获得对应的天数。

例如,计算 2017 年 4 月 1 号和 2017 年 3 月 11 号之间相差的天数,则可以使用时间和日期处理进行计算。实现该示例的完整代码如下:

```
import java.util.*;
/**
 * 计算两个日期之间相差的天数
 */
public class DateExample1 {
    public static void main(String[] args) {
        // 设置两个日期
        // 日期:2017 年 3 月 11 号
        Calendar c1 = Calendar.getInstance();
        c1.set(2017, 3 - 1, 11);
        // 日期:2017 年 4 月 1 号
        Calendar c2 = Calendar.getInstance();
        c2.set(2017, 4 - 1, 1);
        // 转换为相对时间
        long t1 = c1.getTimeInMillis();
        long t2 = c2.getTimeInMillis();
        // 计算天数
        long days = (t2 - t1)/(24 * 60 * 60 * 1000);
        System.out.println(days);
    }
}
```

2)输出当前月的月历

该示例的功能是输出当前系统时间所在月的日历。

168

　　该程序实现的原理为：首先获得该月 1 号是星期几，然后获得该月的天数，最后使用流程控制实现按照日历的格式进行输出。即如果 1 号是星期一，则打印一个单位的空格，如果 1 号是星期二，则打印两个单位的空格，以此类推。打印完星期六的日期以后，进行换行。实现该示例的完整代码如下：

```java
public class DateExample2{
    public static void main(String[] args){
        // 获得当前时间
        Calendar c = Calendar.getInstance();
        // 设置代表的日期为 1 号
        c.set(Calendar.DATE,1);
        // 获得 1 号是星期几
        int start = c.get(Calendar.DAY_OF_WEEK);
        // 获得当前月的最大日期数
        int maxDay = c.getActualMaximum(Calendar.DATE);
        // 输出标题
        System.out.println(" 星期日　星期一　星期二　星期三　星期四　星期五
星期六 ");
        // 输出开始的空格
        for(int i = 1;i < start;i++){
            System.out.print("      ");
        }
        // 输出该月中的所有日期
        for(int i = 1;i <= maxDay;i++){
        // 输出日期数字
            System.out.print(" " + i);
        // 输出分隔空格
            System.out.print("      ");
            if(i < 10){
                System.out.print(' ');
            }
        // 判断是否换行
            if((start + i - 1) % 7 == 0){
                System.out.println();
            }
        }
        // 换行
        System.out.println();
```

```
        }
    }
```

8.2.4 SimpleDateFormat 类

SimpleDateFormat 是一个以特别敏感的方式格式化和分析数据的具体类。它允许格式化 (date -> text)、语法分析 (text -> date) 和标准化。

SimpleDateFormat 允许以为日期 / 时间格式化选择任何用户指定的方式启动。但是，希望用 DateFormat 中的 getTimeInstance、getDateInstance 或 getDateTimeInstance 创建一个日期 / 时间格式化程序。每个类方法返回一个以缺省格式化方式初始化的日期 / 时间格式化程序，可以根据需要用 applyPattern 方法修改格式化方式。

SimpleDateFormat 函数的继承关系为：

```
Java.lang.Object
   |
   +----java.text.Format
       |
       +----java.text.DateFormat
           |
           +----java.text.SimpleDateFormat
```

表 8-6　日期和时间模式

字母	日期或时间元素	表示	示例
G	Era 标志符	Text	AD
y	年	Year	1996; 96
M	年中的月份	Month	July; Jul; 07
w	年中的周数	Number	27
W	月份中的周数	Number	2
D	年中的天数	Number	189
d	月份中的天数	Number	10
F	月份中的星期	Number	2
E	星期中的天数	Text	Tuesday; Tue
a	am/pm 标记	Text	PM
H	一天中的小时数（0~23）	Number	0
k	一天中的小时数（1~24）	Number	24

字母	日期或时间元素	表示	示例
K	am/pm 中的小时数（0~11）	Number	0
h	am/pm 中的小时数（1~12）	Number	12
m	小时中的分钟数	Number	30
s	分钟中的秒数	Number	55
S	毫秒数	Number	978
z	时区	General time zone	Pacific Standard Time; PST; GMT-08:00
Z	时区	RFC 822 time zone	-0800

示例代码如下：

```
public class FormatDateTime {
    public static void main(String[] args) {
        SimpleDateFormat myFmt=new SimpleDateFormat("yyyy 年 MM 月 dd 日 HH 时 mm 分 ss 秒 ");
        SimpleDateFormat myFmt1=new SimpleDateFormat("yy/MM/dd HH:mm");
        SimpleDateFormat myFmt2=new SimpleDateFormat("yyyy-MM-dd HH:mm:ss");
                        // 等价于 now.toLocaleString()
        SimpleDateFormat myFmt3=new SimpleDateFormat("yyyy 年 MM 月 dd 日 HH 时 mm 分 ss 秒 E ");
        SimpleDateFormat myFmt4=new SimpleDateFormat(" 一年中的第 D 天 一年中第 w 个星期 一月中第 W 个星期 在一天中 k 时 z 时区 ");
        Date now=new Date();
        System.out.println(myFmt.format(now));
        System.out.println(myFmt1.format(now));
        System.out.println(myFmt2.format(now));
        System.out.println(myFmt3.format(now));
        System.out.println(myFmt4.format(now));
        System.out.println(now.toGMTString());
        System.out.println(now.toLocaleString());
        System.out.println(now.toString());
    }
}
```

程序运行结果如下：

2016 年 12 月 16 日 17 时 24 分 27 秒

```
16/12/16 17:24
2016-12-16 17:24:27
2016 年 12 月 16 日 17 时 24 分 27 秒 星期五
一年中的第 351 天 一年中第 51 个星期 一月中第 3 个星期 在一天中 17 时 CST 时区
16 Dec 2016 09:24:27 GMT
2016-12-16 17:24:27
Fri Dec 16 17:24:27 CST 2016
```

8.3　Scanner 类

Scanner 是 java.util 包中的类,用来实现用户的输入,是一种只要有控制台就能实现输入操作的类。创建 Scanner 类常见的构造方法有两种。

1)Scanner(InputStream in)

语法如下:

```
new Scanner(in);
```

2)Scanner(File file)

语法如下:

```
new Scanner(file);
```

通过控制台进行输入,首先要创建一个 Scanner 对象。例如:

```
Scanner sc =new Scanner(System.in);
sc.next();
sc.close();
```

【例 8-3】　实现在控制台输入姓名、年龄、地址。

```java
import java.util.Scanner;
public class Example2 {
    public static void main(String s[]){
        String name;
        int age;
        String address;
        Scanner sc = new Scanner(System.in);                // 创建 Scanner 对象
        System.out.println(" 请输入你的姓名:");              //输入字符
        name = sc.nextLine();
        System.out.println(" 年龄:");                        // 输入整型数据
```

```
        age = sc.nextInt();
        System.out.println(" 地址：");
        address=sc.next();
        System.out.println(" 姓名："+name);
        System.out.println(" 年龄："+age);
        System.out.println(" 地址："+address);
    }
}
```

程序运行结果如图 8-5 所示。

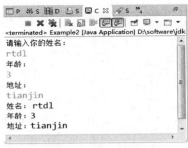

图 8-5   例 8-3 的运行结果

8.4   Math 和 Random 类

Math 和 Random 类是两个常用的操作类对象：一个是数学几何相关操作的类；另一个主要用于产生随机数。

1. Math 类

Math 类位于 java.lang 包中，Math 类包含许多用来进行科学计算的类方法，这些方法可以直接通过类名进行调用。在 Math 类中存在两个静态的常量，其中之一就是常量 E，它的值是 2.7182828284590452354；另一个是常量 PI，它的值是 3.14159265358979323846。

Math 是数学的意思，很明显这是一个 Java 针对数学操作的方法类，如基本的指数、对数、平方根和三角函数等。Math 大部分的核心操作方法都是 static 类型，常用的方法说明如表 8-7 所示。

表 8-7   Math 常用方法说明

方法	返回值	说明
abs(double a)	double	返回参数 double 值的绝对值
acos(double a)	double	返回一个值的反余弦值，返回的角度范围从 0.0 到 Math.PI

173

方法	返回值	说明
asin(double a)	double	返回一个值的反正弦值,返回的角度范围在 -Math.PI/2 到 Math.PI/2
atan(double a)	double	返回一个值的反正切值,返回的角度范围在 -Math.PI/2 到 Math.PI/2
copySign(double magnitude, double sign)	double	返回的第一个浮点参数与第二个之间的符号值
cos(double a)	double	返回参数 double 值的三角余弦
cosh(double x)	double	返回参数 double 值的双曲余弦
atan2(double y, double x)	double	返回对应于直角坐标点(x,y)到点(r,θ)在极坐标系中的 θ 组成部分
floor(double a)	double	返回最大(最接近正无穷大)的 double 值,小于或等于参数,且为一个整数
getExponent(double d)	int	返回参数 d 的无偏指数
sqrt(double e)	double	返回参数 e 开方 double 值
hypot(double x, double y)	double	没有中间溢出或下溢情况下,此方法返回 sqrt(x 平方 +y 平方) 的值
IEEEremainder(double f1, double f2)	double	返回 f1 除以 f2 的余数
log(double a)	double	返回参数 double 值的自然对数(以 e 为底)
max(double a, double b)	double	返回两个 double 参数较大的一个值
min(double a, double b)	double	返回两个 double 参数较小的一个值
nextAfter(double start,double direction)	double	返回第二个参数的方向上相邻的第一个参数的浮点数。如果两个参数比较后相等,则第二个参数被返回
nextUp(double d)	double	正无穷大方向上 , 返回至参数 d 相邻的浮点值
pow(double a, double b)	double	返回 a^b
random()	double	返回一个 0~1 之间的随机小数
rint(double a)	double	返回参数 a 最近的一个整数
log10(double a)	double	返回参数 double 以 10 为底的值
cbrt(double a)	double	返回参数 double 的立方根
exp(double a)	double	返回值 e 的参数 a 次幂,其中 e 是自然对数的基数
expm1(double x)	double	返回 e^x-1
ceil(double a)	double	返回一个大于或等于参数的整数 , 并且与之最接近的一个整数

2. Random 类

Random 是实现伪随机的随机算法，就是有规则的随机，是在给定参数的区间内随机生成数字；而且 Random 类中各方法生成的随机数都是均匀分布的，也就是说参数限定范围的数字生成的概率均等。

虽然在 Math 类的方法中包括获取随机数的方法 random，但是在 Java 中提供了更为灵活的能够获取随机数的 Random 类。Random 类位于 java.util 包中，Random 类有两个构造函数可以实例化对象。

（1）Random()：空构造函数，创建一随机数生成器对象。

（2）Random(long se)：使用 long 参数来创建随机数生成器。该 long 类型参数的意义和获取与随机数的范围无关。Random 常用方法说明如表 8-8 所示。

表 8-8　Random 常用方法说明

方法	返回值	说明
nextInt(int n)	int	返回一个伪随机数，参数 n 需要大于 0，它是取自 0~n 之间均匀分布的 int 值
nextInt()	int	返回一个均匀分布的 int 类型伪随机数
nextBoolean()	double	返回一个均匀分布的 boolean 类型伪随机值
nextBytes(byte[] bytes)	void	生成随机字节并将其置于参数 byte 数组中
nextDouble()	double	返回一个在 0.0 和 1.0 之间均匀分布的 double 类型的伪随机数
nextFloat()	float	返回一个在 0.0 和 1.0 之间均匀分布的 float 类型伪随机数
nextLong()	long	返回一个均匀分布的 long 类型伪随机数
setSeed(long seed)	void	使用参数 long 值设置此随机数对象的种子值

例如，最常用的 nextInt(int n) 方法，产生的随机数在 0~n 的范围内生成，代码说明如下：

```
Random r=new Random();
for (int i = 0; i < 10; i++) {
        System.out.print(r.nextInt(10)+" ");
    }
```

程序运行结果如图 8-6 所示。

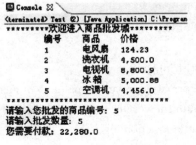

图 8-6　程序运行结果

8.5 数字格式化输出

8.5.1 NumberFormat 类

java.text.NumberFormat 类有三个方法可以产生数字、货币、百分数数据的标准格式化器。

（1）创建格式化器 (默认地区 Local 格式)，语法如下：

```
NumberFormat.getNumberInstance();
NumberFormat.getCurrencyInstance();
NumberFormat.getPercentInstance();
```

示例如下：

```
double dbl=10000.0/3;
NumberFormat formatter=NumberFormat.getNumberInstance();
String s=formatter.format(x);
System.out.println(s);
```

（2）设定整数或小数部分所显示的最少和最多位数，可以使用 NumberFormat 类的方法：

```
setMinimumIntegerDigits(int)
setMinimumFractionDigits(int)
setMaximumIntegerDigits(int)
setMaximumFractionDigits(int)
```

设定小数部分的最多位很有用处：如果小数部分丢失的第一位数字大于或等于 5，那么显示的最后一位会增 1（四舍五入）；如果要显示尾随的零，可以把小数部分的最少位等于最多位；如果不想显示，可以把小数部分的最少位设定为 0 或不设定。

指定最多位整数相当危险，显示值将会被截断，产生一个错误的值。

下面是案例代码：

```
import java.text.NumberFormat;
public class TestNumberFormat
{
    public static void main(String[] args) {
        NumberFormat nFormat=NumberFormat.getNumberInstance();
        nFormat.setMinimumIntegerDigits(3);        // 设置整数部分至少为 3 位
        nFormat.setMaximumFractionDigits(5);       // 设置小数点后面尾数为 5
```

```
        System.out.println("Format Out 3.2128345="+nFormat.format(3.2128345));

        NumberFormat cFormat=NumberFormat.getCurrencyInstance();
        cFormat.setMaximumFractionDigits(3);
        System.out.println("Format Out 321283.47656="+cFormat.format(321283.47656));

        NumberFormat pFormat=NumberFormat.getPercentInstance();
        pFormat.setMaximumFractionDigits(4);
        System.out.println("Format Out 3.2128345="+pFormat.format(3.2128345));

        System.out.println("Format Out null="+nFormat.format(null));
                                        // 参数是 null, 出现异常
                                        //Throws  IllegalArgumentException
    }
}
```

运行结果如下：

```
Format Out 3.2128345=003.21283
Format Out 321283.47656= ￥321,283.477
Format Out 3.2128345=321.2834%
Exception in thread "main" java.lang
```

8.5.2　Formatter 类

java.util.Formatter 是格式化中一个核心类对象,此类提供了对布局和排列的操作支持,以及对数值、字符串和日期时间数据的常规格式和特定语言环境输出的支持。在此类出现之前,只能通过空格缩进或针对 String 的复杂、烦琐的操作等格式来做一些控制。利用类似 Formatter 类对象,可以简化很多类似这样的不同类别格式的输出效果。

1. 格式化模式

格式化模式是 format 方法中的一个使用双引号引起来的字符序列,该字符序列由格式符和普通字符构成。关于格式化模式在 8.1.4 节有过相关介绍,这里不再赘述。

2. 值列表

值列表是使用逗号分隔的变量、常量或表达式。要保证 format 方法"格式化模式"中的格式符的个数与"值列表"中列出的值的个数相同。例如：

```
String m = String.format("%d 元 %.1f 箱 %d 斤 ",78,8.0,125);
```

输出结果是：

78 元 8.0 箱 125 斤

8.5.3 格式化整数

java.text.NumberFormat 类是一个抽象类,用于解析所有数字的格式化,解析自定义的格式和数字的任何区域。Java 代码可以完全独立于小数点、数千个分隔符,判断所使用的特定十进制数字,或数字格式是否为十进制。

1. %d,%o,%x,%X

%d,%o,%x 和 %X 格式符可格式化 byte、Byte、short、Short、int、Integer、long 和 Long 型数据。

%d 将值格式化为十进制整数。

%o 将值格式化为八进制整数。

%x 将值格式化为小写的十六进制整数。

%X 将值格式化为大写的十六进制整数。

例如:

```
String m = String.format("%d,%o,%x,%X",56321, 56321, 56321, 56321);
```

输出结果是:

```
56321, 156001, dc01, DC01
```

2. 修饰符

加号修饰符("+"):格式化正整数时,强制添加上正号。例如,"%+d"将 12 格式化为"+12"。

逗号修饰符(","):格式化整数时,按"千"分组。例如:

```
String m = String.format({" 按千分组:%,d。按千分组带正号 %+,d",123456,7890);
```

输出结果是:

```
按千分组:123,456。按千分组带正号 +7,890
```

3. 数据的宽度

数据的宽度就是 format 方法返回的字符串的长度。数据宽度的一般格式有两种:"%md",其效果是在数字的左侧增加空格;"%-md",其效果是在数字的右侧增加空格。例如,将数字 63 格式化为宽度为 6 的字符串:

```
String m = String.format("%6d",63);
```

输出结果如图 8-7 所示:

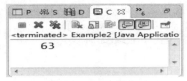

图 8-7　运行结果

Java 中使用 SimpleDateFormat 实现字符串和日期的相互转换。

提示：

```
// 字符串转换为日期
public static Date StringToDate(String string, String pattern) throws ParseException {
        SimpleDateFormat simpleDateFormat = new SimpleDateFormat(pattern);
        Date date = simpleDateFormat.parse(string);
        return date;
    }
// 日期转换为字符串
 public static String DateToString(Date date, String pattern) {
        SimpleDateFormat simpleDateFormat = new SimpleDateFormat(pattern);
        String string = simpleDateFormat.format(date);
        return string;
    }
```

8.5.4　格式浮点数

1. float、Float、double 和 Double

%f、%e(%E)、%g(%G) 和 %a(%A) 格式符可格式化 float、Float、double 和 Double 类型。

2. 修饰符

加号修饰符（"+"）：格式化正数时，强制添加上正号。例如，"%+E"将 48.75 格式化为"+4.875000E+01"。

逗号修饰符（","）：格式化浮点数时，将整数部分按"千"分组。例如：

```
String m = String.format("%+,f",1234560.789);
```

输出结果是：

```
整数部分按千分组：+1,234,560.789000
```

3. 限制小数位数的"宽度"

"%.nf"可以限制小数的位数，其中 n 是保留的小数位数。例如，%.3f 将 3.1415926 格式化为"3.142"（结果保留 3 位小数）。

宽度的一般格式为"%mf"（在数字的左面增加空格），或"%-md"（在数字的右侧增加空格）。例如，将数字 86.99 格式化为宽度为 15 的字符串：

```
String m = String.format("%15f",86.99);
```

输出结果是：

```
        86.990000
```

在宽度前面可以添加前缀 0：

```
String m = String.format("%015",86.99);
```

输出结果是：

```
00000086.990000
```

注意

如果数字的实际宽度大于格式中指定的宽度，则按数字的实际宽度进行格式化。

8.6　StringBuffer 类

java.lang.StringBuffer 是一个线程安全并且字符可变的序列化字符串。如前所述，String 是不可变的，而 StringBuffer 不同，所在内存缓冲区可以修改，所以是一个可变的序列。同样，这样的缓冲区对于多线程是安全的，每个线程所涉及操作方法的顺序也是一致的，所以操作的各个方法也是同步的。

8.6.1　StringBuffer 对象的创建

StringBuffer 类和 String 类都是用来代表字符串的，但是它们的内部实现方式不同。String 类创建的字符串对象是不可修改的，也就是说，不能修改、删除或替换 String 字符串中的某个字符。而 StringBuffer 类创建的字符串对象是可以修改的。

StringBuffer 不如 String 创建对象方式灵活，StringBuffer 不能直接创建，如果这样直接赋值数值，是会有语法错误的：

```
StringBuffer st="sd";
```

1. StringBuffer 对象的初始化

StringBuffer 对象的初始化与 String 相同，通常情况下使用构造方法进行初始化。

```
StringBuffer s = new StringBuffer();          // 初始化的 StringBuffer 对象是一个空对象
```

如果想要创建一个有参数的 StringBuffer 对象，可以使用下面的方法：

```
StringBuffer s = new StringBuffer("123");     // 初始化有参数的 StringBuffer 对象
```

注意

String 与 StringBuffer 属于不同的类型,不能直接进行强制类型转换。

2. StringBuffer 的构造方法

StringBuffer 类中有三个构造方法,分别如下:

```
StringBuffer()
StringBuffer(int size)
StringBuffer(String s)
```

使用第一个无参的构造方法创建 StringBuffer 对象后,分配给该对象的初始容量可以容纳 16 个字符。当该对象的实体存放的字符序列的长度大于 16 时,实体的容量自动增加,以便存放所有增加的字符。StringBuffer 对象可以通过 length 方法获取实体中存放的字符序列的长度,通过 capacity 方法获取当前实体的实际容量。

使用第二个带有 int 参数的构造方法创建 StringBuffer 对象后,分配给该对象的初始容量是由参数 size 指定的。当该对象的实体存放的字符序列的长度大于 size 时,实体的容量自动增加,以便存放所有增加的字符。

使用第三个带有 String 参数的构造方法创建 StringBuffer 对象后,分配给该对象的初始容量为参数字符串 s 的长度额外再增加 16 个字符。

8.6.2 StringBuffer 类的常用方法

1. append 方法

使用 append 方法可以将其他 Java 类型数据转化为字符串后,再追加到 StringBuffer 对象中。

StringBuffer append(String s):将一个字符串对象追加到当前 StringBuffer 对象中,并返回当前 StringBuffer 对象的引用。

StringBuffer append(int n):将一个 int 型数据转化为字符串对象后再追加到当前 StringBuffer 对象中,并返回当前 StringBuffer 对象的引用。

StringBuffer append(Object o):将一个 Object 对象 o 的字符串表示追加到当前 StringBuffer 对象中,并返回当前 StringBuffer 对象的引用。

类似的方法还有:StringBuffer append(boolean b)、StringBuffer append(char c)、StringBuffer append(long n)、StringBuffer append(float f)、StringBuffer append(double d)。

2. public char charAt(int n) 和 public void setCharAt(int n,char ch) 方法

charAt(int n) 方法用来获取参数 n 指定位置上的单个字符。字符串序列从 0 开始,即当前对象实体中 n 的值必须是非负的,并且小于当前对象实体中字符串的序列长度。

setCharAt(int n,char ch) 方法用来将当前 StringBuffer 对象实体中的字符对象位置 n 处的字符用参数 ch 指定的字符替换。n 的值必须是非负的,并且小于当前对象实体中字符串序列的长度。

3. StringBuffer insert(int index,String str) 方法

StringBuffer 对象使用 insert(int index,String str) 方法将参数 str 指定的字符串插入到参数 index 的位置,并返回当前对象的引用。

4. public StringBuffer reverse 方法

StringBuffer 对象使用 reverse 方法将该对象实体中的字符翻转,并返回当前对象的引用。

5. StringBuffer delete(int startIndex,int endIndex) 方法

delete(int startIndex,int endIndex) 方法用于删除子字符串。参数 startIndex 指定需要删除的第一个字符的下标,而 endIndex 指定需要删除的最后一个字符的下一个字符的下标。因此要删除的子字符串是从 startIndex 位置开始到 endIndex-1 的位置结束。deleteCharAt(int index) 方法删除当前 StringBuffer 对象实体的字符串中在 index 位置的字符。

6. StringBuffer replace(int startIndex,int endIndex,String str) 方法

replace(int startIndex,int endIndex,String str) 方法将当前 StringBuffer 对象实体中的字符串的一个子字符串用参数 str 指定的字符串替换。被替换的子字符串由下标 startIndex 和 endIndex 指定,即从 starIndex 到 endIndex-1 的字符串被替换。该方法返回当前 StringBuffer 对象的引用。

8.7　包装类

Java 有八个基本类型,但是在面向对象开发中有些是相互不协调、不兼容的,Wrapper Class(包装类)就是对应基本类型的面向对象操作的类模式,位于 java.lang 包,对应关系如表 8-9 所示。

表 8-9　包装类对应说明

基本类型	包装类
byte	Byte
boolean	Boolean
short	Short
char	Character
int	Integer
long	Long
float	Float
double	Double

8.7.1 Integer

java.lang 包中的 Integer 类、Long 类和 Short 类,分别将基本的类型 int、long 和 short 封装成一个类。由于这些类都是 Number 的子类,区别就是封装不同的数据类型,其包含的方法基本相同,所以,本节以 Integer 类为例介绍整数包装类。

Integer 类在对象中包含了一个基本类型 int 值,该类的对象包含一个 int 类型的字段。此外,该类提供了多个方法,能在 int 类型和 String 类型之间互相转换,同时还提供了处理 int 型时非常有用的其他一些常量和方法。

1. 构造方法

Integer 类有以下两种构造方法。

(1)Integer(int number)。

该方法以一个 int 型变量作为参数来获取 Integer 对象。

【例 8-4】 以 int 型变量作为参数创建 Integer 对象。

代码如下:

```
Integer number=new Integer(7);
```

(2)Integer(String str)。

该方法以一个 String 型变量作为参数来获取 Integer 对象。

【例 8-5】 以 String 型变量作为参数创建 Integer 对象。

代码如下:

```
Integer number=new Integer("45");
```

注意

要用数值型 String 变量作为参数,如"123",否则会抛出 NumberFomatException 异常。

2. Integer 类常用的操作方法

Integer 类的常用方法如表 8-10 所示。

表 8-10　Integer 类的常用方法

返回值	方法	功能描述
byte	byteValue()	以 byte 类型返回该 Integer 的值
int	compareTo(Integer another-Integer)	在数字上比较两个 Integer 对象。如果这两个值相等,则返回 0;如果调用对象的数值小于 anotherInteger 的数值,则返回负值;如果调用对象的数值大于 anotherInteger 的数值,则返回正值
boolean	equals(Object IntegerObj)	比较此对象与指定的对象是否相等
int	intValue()	以 int 型返回此 Integer 对象

返回值	方法	功能描述
short	shortValue()	以 short 型返回此 Integer 对象
String	toString()	返回一个表示该 Integer 值的 String 对象
Integer	valueOf(String str)	返回保存指定的 String 值的 Integer 对象
int	parseInt(String str)	返回包含在由 str 指定的字符串中数字的等价整数值

Integer 类中的 parseInt 方法返回与调用该方法的数值字符串相应的整型值。下面通过一个实例来说明 parseInt 方法的应用。

【例 8-6】 在项目中创建类 Summation，在主方法中定义 String 数组，实现将 String 类型数组中的元素转换成 int 型，并将各元素相加。

```
public class Summation {                                      // 创建类 Summation
    public static void main(String args[]) {                  // 主方法
        String str[] = { "89", "12", "10", "18", "35" };      // 定义 String 数组
        int sum = 0;                                          // 定义 int 型变量 sum
        for (int i = 0; i < str.length; i++) {                // 循环遍历数组
        int myint=Integer.parseInt(str[i]);                   // 将数组中的每个元素都
                                                              //   转换为 int 型
        sum = sum + myint;                                    // 将数组中的各元素相加
        }
        System.out.println(" 数组中的各元素之和是: " + sum);
                                                              // 将计算后结果输出
    }
}
```

运行结果如图 8-8 所示。

图 8-8　例 8-6 的运行结果

Integer 类的 toString 方法可将 Integer 对象转换为十进制字符串表示。toBinaryString、toHexString 和 toOctalString 方法分别将值转换成二进制、十六进制和八进制字符串。例 8-7 介绍了这三种方法的用法。

【例 8-7】 在项目中创建类 Charac，在主方法中定义 String 变量，实现将字符变量以

二进制、十六进制和八进制形式输出。

```
public class Charac {                                    // 创建类 Charac
    public static void main(String args[]) {            // 主方法
        String str = Integer.toString(456);              // 获取数字的十进制表示
        String str2 = Integer.toBinaryString(456);       // 获取数字的二进制表示
        String str3 = Integer.toHexString(456);          // 获取数字的十六进制表示
        String str4 = Integer.toOctalString(456);        // 获取数字的八进制表示
        System.out.println("'456' 的十进制表示为: " + str);
        System.out.println("'456' 的二进制表示为: " + str2);
        System.out.println("'456' 的十六进制表示为: " + str3);
        System.out.println("'456' 的八进制表示为: " + str4);
    }
}
```

运行结果如图 8-9 所示。

图 8-9 例 8-7 的运行结果

3. 常量

Integer 类提供了以下四个常量。

（1）MAX_VALUE：表示 int 类型可取的最大值，即 2147483647。

（2）MIN_VALUE：表示 int 类型可取的最小值，即 -2147483648。

（3）SIZE：用来以二进制补码形式表示 int 类型数值的位数。

（4）TYPE：表示基本类型 int 的 Class 实例。

可以通过程序来验证 Integer 类的常量。

【例 8-8】 在项目中创建类 GetCon，在主方法中实现 Integer 类的常量值输出。

```
public class GetCon {                                   // 创建类 GetCon
    public static void main(String args[]) {            // 主方法
        int maxint = Integer.MAX_VALUE;                  // 获取 Integer 类的常量值
        int minint = Integer.MIN_VALUE;
        int intsize = Integer.SIZE;
        System.out.println("int 类型可取的最大值是: " + maxint);
                                                         // 将常量值输出
```

```
        System.out.println("int 类型可取的最小值是:" + minint);
        System.out.println("int 类型的二进制位数是:" + intsize);
    }
}
```

程序输出结果如图 8-10 所示。

图 8-10　例 8-8 的运行结果

8.7.2　Boolean

Boolean 类将基本类型为 boolean 的值包装在一个对象中,一个 Boolean 类的对象只包含一个类型为 boolean 的字段。此外,该类还提供了 boolean 和 String 之间相互转换以及处理布尔值时使用的其他常量和方法。

1. 构造方法

（1）Boolean（boolean value）:该方法创建一个表示 value 参数的 Boolean 对象。

（2）Boolean（String str）:该方法以 String 型变量作为参数创建 Boolean 对象。

【例 8-9】　创建一个表示 value 参数的 Boolean 对象。示例代码如下:

```
Boolean b=new Boolean(true);
System.out.println(b.booleanValue());                    //true
```

【例 8-10】　以 String 型变量作为参数创建 Boolean 对象。示例代码如下:

```
Boolean bool=new Boolean("ok");
System.out.println(bool.booleanValue());                 //ok
```

2. 常用方法

Boolean 类的常用方法如表 8-11 所示。

表 8-11　Boolean 类的常用方法

返回值	方法	功能描述
boolean	booleanValue()	将 Boolean 对象的值以对应的 boolean 值返回
boolean	equals(Object obj)	判断调用该方法的对象与 obj 是否相等。当且仅当参数不是 null,而且与调用该方法的对象一样都表示同一个 boolean 值的 Boolean 对象时,才返回 true

续表

返回值	方法	功能描述
boolean	parseBoolean(String s)	将字符串参数解析为 boolean 值
String	toString()	返回表示该 boolean 值的 String 对象
Boolean	valueOf(String s)	返回一个用指定的字符串表示的 boolean 值

【**例 8-11**】　在项目中创建类 GetBoolean，在主方法中以不同的构造方法创建 Boolean 对象，并调用 booleanValue 方法将创建的对象重新转换为 boolean 数据输出。

```java
public class GetBoolean {                              // 创建类 GetBoolean
    public static void main(String args[]) {           // 主方法
        Boolean b1 = new Boolean(true);                // 创建 Boolean 对象
        Boolean b2 = new Boolean("ok");                // 创建 Boolean 对象
        System.out.println("b1：" + b1.booleanValue());
        System.out.println("b2：" + b2.booleanValue());
    }
}
```

运行结果如图 8-11 所示。

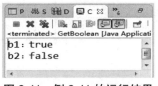

图 8-11　例 8-11 的运行结果

3. 常量

Boolean 类提供了以下三个常量。

（1）TRUE：对应基值 true 的 Boolean 对象。

（2）FALSE：对应基值 false 的 Boolean 对象。

（3）TYPE：基本类型 boolean 的 Class 对象。

8.7.3　Byte

Byte 类将基本类型为 byte 的值包装在一个对象中。一个 Byte 类的对象只包含一个类型为 byte 的字段。此外，该类还为 byte 和 String 的相互转换提供了方法，并提供了其他一些处理 byte 时非常有用的常量和方法。

1. 构造方法

Byte 类提供了以下两种构造方法的重载形式来创建 Byte 类对象。

（1）Byte（byte value）：通过这种方法创建的 Byte 对象，可表示指定的 byte 值。

【例 8-12】 以 byte 型变量作为参数创建 Byte 对象。示例代码如下：

```
byte mybyte = 45;
Byte b = new Byte(mybyte);
```

（2）Byte（String str）：通过这种方法创建的 Byte 对象，可表示 String 参数所指示的 byte 值。

【例 8-13】 以 String 型变量作为参数创建 Byte 对象。示例代码如下：

```
Byte mybyte = new Byte("12");
```

注意

要用数值型 String 变量作为参数，如"123"，否则会抛出 NumberFomatException 异常。

2. 常用方法

Byte 类的常用方法如表 8-12 所示。

表 8-12　Byte 类的常用方法

返回值	方法	功能描述
byte	byteValue()	以一个 byte 值返回 Byte 对象
int	compareTo(Byte anotherByte)	在数字上比较两个 Byte 对象
double	doubleValue()	以一个 double 值返回此 Byte 的值

3. 常量

Byte 类中提供了如下四个常量。

（1）MIN_VALUE：byte 类型可取的最小值。

（2）MAX_VALUE：byte 类型可取的最大值。

（3）SIZE：用于以二进制补码形式表示 byte 值的位数。

（4）TYPE：表示基本类型 byte 的 Class 实例。

8.7.4　Character

Character 类将基本类型为 char 的值包装在一个对象中。一个 Character 类的对象包含类型为 char 的单个字段。该类提供了几种方法，以确定字符的类别（小写字母、数字等），并将字符从大写转换成小写，反之亦然。

1. 构造方法

Character 类的构造方法的语法如下：

```
Character(char value)
```

该类的构造函数必须是一个 char 类型的数据。通过该构造函数创建的 Character 类对象包含由 char 类型参数提供的值,一旦 Character 类被创建,它包含的数值就不能改变了。

【例 8-14】 以 char 型变量作为参数创建 Character 对象。示例代码如下:

```
Character mychar=new Character('s');
```

2. 常用方法

Character 类提供了很多方法来完成对字符串的操作,常用的方法如表 8-13 所示。

表 8-13　Character 类的常用方法

返回值	方法	功能描述
char	charValue()	返回此 Character 对象的值
int	compareTo(Character another-Character)	根据数字比较两个 Character 对象,若这两个对象相等则返回 0
boolean	equals(Object obj)	将调用该方法的对象与指定的对象相比较
char	toUpperCase(char ch)	将字符参数转换为大写
char	toLowerCase(char ch)	将字符参数转换为小写
String	toString()	返回一个表示指定 char 值的 String 对象
char	charValue()	返回此 Character 对象的值
boolean	isUpperCase(char ch)	判断指定字符是否为大写字符
boolean	isLowerCase(char ch)	判断指定字符是否为小写字符

下面通过实例来介绍 Character 对象某些方法的使用。

【例 8-15】 在项目中创建类 UpperOrLower,在主方法中创建 Character 类的对象,并判断字符的大小写状态。

```
public class UpperOrLower {                          // 创建类 UpperOrLower
    public static void main(String args[]) {         // 主方法
        Character mychar1 = new Character('A'); // 声明 Character 对象
        Character mychar2 = new Character('a');  // 声明 Character 对象
        System.out.println(mychar1 + " 是大写字母吗?"
                        + Character.isUpperCase(mychar1));
        System.out.println(mychar2 + " 是小写字母吗?"
                        + Character.isLowerCase(mychar2));
    }
}
```

程序运行结果如图 8-12 所示。

图 8-12　例 8-15 的运行结果

3. 常量

Character 类提供了大量表示特定字符的常量。

（1）CONNECTOR_PUNCTUATION：返回 byte 型值，表示 Unicode 规范中的常规类别"Pc"。

（2）UNASSIGNED：返回 byte 型值，表示 Unicode 规范中的常规类别"Cn"。

（3）TITLECASE_LETTER：返回 byte 型值，表示 Unicode 规范中的常规类别"Lt"。

8.7.5　Double

Double 和 Float 包装类是对 double、float 基本类型的封装，它们都是 Number 类的子类，又都是对小数进行操作，所以常用方法基本相同，本节将对 Double 类进行介绍。对于 Float 类可以参考本节的相关介绍。

Double 类将基本类型为 double 的值包装在一个对象中。每个 Double 类的对象都包含一个 double 类型的字段。此外，该类还提供多个方法，可以将 double 转换为 String，将 String 转换为 double，也提供了其他一些处理 double 时有用的常量和方法。

1. 构造方法

Double 类提供了以下两种构造方法来获得 Double 类对象。

（1）Double(double value)：基于 double 参数创建 Double 类对象。

（2）Double(String str)：构造一个新分配的 Double 对象，用字符串表示 double 类型的浮点值。

注意

如果不是以数值类型的字符串作为参数，则会抛出 NumberFomatException 异常。

---

2. 常用方法

Double 类的常用方法如表 8-14 所示。

表 8-14　Double 类的常用方法

返回值	方法	功能描述
byte	byteValue()	以 byte 形式返回 Double 对象值（通过强制转换）
int	compareTo (Double d)	对两个 Double 对象进行数值比较。如果两个值相等，则返回 0；如果调用对象的数值小于 d 的数值，则返回负值；如果调用对象的数值大于 d 的值，则返回正值
boolean	equals(Object obj)	将此对象与指定的对象相比较

返回值	方法	功能描述
int	intValue()	以 int 形式返回 double 值
boolean	isNaN()	如果此 double 值是非数字（NaN）值，则返回 true；否则返回 false
String	toString()	返回此 Double 对象的字符串表示形式
Double	valueOf(String str)	返回用参数字符串 str 表示的 double 值的 Double 对象
double	doubleValue()	以 double 形式返回此 Double 对象
long	longValue()	以 long 形式返回此 double 值（通过强制转换为 long 类型）

3. 常量

Double 类提供了一些有用的常量。

（1）MAX_EXPONENT：返回 int 值，表示有限 double 变量可能具有的最大指数。

（2）MIN_EXPONENT：返回 int 值，表示标准化 double 变量可能具有的最小指数。

（3）NEGATIVE_INFINITY：返回 double 值，表示保存 double 类型的负无穷大值的常量。

（4）POSITIVE_INFINITY：返回 double 值，表示保存 double 类型的正无穷大值的常量。

8.7.6 Number

抽象类 Number 是 BigDecimal、BigInteger、Byte、Double、Float、Integer、Long 和 Short 类的父类，Number 的子类必须提供将表示的数值转换为 byte、double、float、int、long 和 short 的方法。例如，doubleValue 方法返回双精度值，floatValue 方法返回浮点值。这些方法如表 8-15 所示。

表 8-15　Double 类的常用方法

返回值	方法	功能描述
byte	byteValue()	以 byte 形式返回指定的数值
int	intValue()	以 int 形式返回指定的数值
float	floatValue()	以 float 形式返回指定的数值
short	shortValue()	以 short 形式返回指定的数值
long	longValue()	以 long 形式返回指定的数值
double	doubleValue()	以 double 形式返回指定的数值

Number 类的方法分别被 Number 的各种子类实现，也就是说，Number 类的所有子类都包含以上这几种方法。

小结

（1）String 是最常用的字符串操作对象，包括创建对象的方式，涉及"=="和"equals()"比较内存地址和 value 的区别包装类的操作，比如常用的 Integer、数值和 String 直接的转换，valueOf、parseInt 方法等操作。

（2）String 常用的操作方法有 indexOf、length、substring 等，用于获取字符索引、取长度值以及截取字符串等。

（3）日期类的操作，用于获取当前日期、时间的种类。

（4）针对 String 的操作，StringBuffer 具有非常明显的优势，如果赋值经常发生变化，那么适合用 StringBuffer.append 方法操作。

经典面试题

8-1　如何把一段逗号分割的字符串转换成一个数组？

8-2　使用 SimpleDateFormat 类独立完成自定义显示格式。

8-3　列举 Math 类中常用的静态（static）方法。

8-4　Random 随机数操作，如果设置了两个相同种子参数的对象，在多线程模式下操作能否还保持不同的两个对象产生两个相同的随机数？

8-5　数组有没有 length 这个方法？String 有没有 length 这个方法？

跟我上机

8-1　使用随机数完成一个猜拳的小游戏。

8-2　使用 String 验证邮箱的合法性。

8-3　使用 Calendar 类完成打印系统日历。

8-4　使用正则表达式验证身份证号码、手机号和邮编的合法性。

8-5　完成从数字人民币向大写人民币格式转换的功能。

第9章 集合框架

本章要点：

☐ Collection 接口

☐ List 集合

☐ Set 集合

☐ Map 集合

☐ 学习 Java 语言，就必须学习如何使用 Java 的集合。Java 的集合就像一个容器，用来存放 Java 类的对象。有些存放的东西在容器内部是不可操作的，如水桶里装的水，除了将其装入和倒出之外，就不能再进行别的操作了，但是很容易装入和倒出；而有些存放的东西在容器内部则是可以操作的，如衣柜里面摆放的衣服，不仅可以将衣服存放到衣柜中，还可以将衣服有序地摆放，以便在使用时快速地查找，但是却不容易取出，如存放在柜子底部的衣服。Java 的集合也是如此，有些是方便存入和取出的，有些则是方便查找的。

9.1 集合中主要接口的概述

在 java.util 包中存在一些集合,常用的有 List、Set 和 Map,其中 List 和 Set 实现了 Collection 接口。这些集合又被称为容器,它们与数组不同,数组的长度是固定的,集合的长度是可变的;数组用来存放基本类型的数据,集合用来存放类对象的引用。

List 接口、Set 接口、Map 接口和 Collection 接口的主要特征如下:

(1)Collection 接口是 List 接口和 Set 接口的父接口,通常情况下不能被直接使用;

(2)List 接口实现了 Collection 接口,List 接口允许存放重复的对象,按照对象的插入顺序排列;

(3)Set 接口实现了 Collection 接口,Set 接口不允许存放重复的对象,按照自身内部的排序规则排列;

(4)Map 接口以键值(key-value)对的形式存放对象,其中键(key)对象不可以重复,值(value)对象可以重复,按照自身内部的排序规则排序。

上述集合的继承关系如图 9-1 所示。

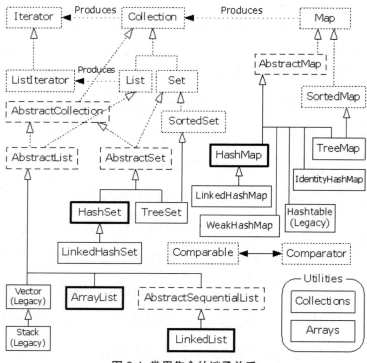

图 9-1 常用集合的继承关系

9.2 Collection 接口

Collection 接口是 List 接口和 Set 接口的父接口,通常情况下不被直接使用。不过 Collection 接口定义了一些通用的方法,这些方法可以实现对集合的基本操作,因为 List 接口和 Set 接口实现了 Collection 接口,所以这些方法对 List 和 Set 是通用的。Collection 接口定义的常用方法及功能如表 9-1 所示。

表 9-1 Collection 接口定义的常用方法及功能

方法名称	功能简介
add（E obj）	将指定的对象添加到该集合中
addAll(Collection<? Extends E col>)	将指定集合中的所有对象添加到该集合中
remove(Object obj)	将指定的对象从该集合中移除。返回值为 boolean 类型,如果存在指定的对象则返回 true,否则返回 false
removeAll(Collection< E col>)	从该集合中移除同时包含在指定集合中的对象,与 retainAll 方法正好相反。返回值为 boolean 类型,如果存在符合移除条件的对象则返回 true,否则返回 false
retainAll(Collection<?>col)	仅保留该集合中同时包含在指定集合中的对象,与 removeAll 方法正好相反。返回值为 boolean 类型,如果存在符合移除条件的对象则返回 true,否则返回 false
contains(Object obj)	用来查看该集合中是否包含指定的对象。返回值为 boolean 类型,如果存在则返回 true,如果不存在则返回 false
containsAll(Collection<?>col)	用来查看在该集合中是否存在指定集合中的所有对象。返回值为 boolean 类型,如果存在则返回 true,如果不存在则返回 false
isEmpty()	用来查看该集合是否为空。返回值为 boolean 类型,如果在集合中未存放任何对象则返回 true,否则返回 false
size()	用来获得该集合中存放对象的个数。返回值为 int 型,为集合中存放对象的个数
clear()	移除该集合中所有的对象,清空该集合
iterator()	用来序列化该集合中的所有对象。返回值为 Iterator<E> 型,通过返回 Iterator<E> 型实例可以遍历集合中的对象
toArray()	用来获得一个包含所有对象的 object 型数组
toArray(T[] t)	用来获得一个包含所有对象的指定类型的数组
equals(Object obj)	用来查看指定的对象与该对象是否为同一个对象。返回值是 boolean 类型,如果为同一个对象则返回 true,否则返回 false

说明:表 9-1 中的方法是从 JDK 5.0 中提出的,因为从 JDK 5.0 开始强化了泛化功能,所

以部分方法要求入口参数符合泛化类型,在下文中用到泛化功能的地方,将对其优点进行详细讲解。

9.2.1　addAll 方法

addAll(Collection<? Extends E col>) 方法用来将指定集合中的所有对象添加到该集合中,如果对该集合进行泛化,则要求指定集合中的所有对象都符合泛化类型,否则在编译程序时将抛出异常,入口参数中的"<? Extends E>"就说明了这个问题,其中的 E 为用来泛化的类型。

【例 9-1】　使用 addAll 方法向集合中添加对象。

```
public class Example {
    public static void main(String[] args) {
        String a = "A";
        String b = "B";
        String c = "C";
        Collection<String> list = new ArrayList<String>();
        list.add(a);                         // 通过 add(E obj) 方法添加指定对象到
                                                集合中
        list.add(b);
        Collection<String> list2 = new ArrayList<String>();
        // 通过 addAll(Collection<? extends E> col) 方法添加指定集合中的所有对
            象到该集合中
        list2.addAll(list);
        list2.add(c);
        Iterator<String> it = list2.iterator(); // 通过 iterator 方法序列化集合中的所
                                                有对象
        while (it.hasNext()) {
            String str = it.next();          // 因为对实例 it 进行了泛化,所以不需
                                                要进行强制类型转换
            System.out.println(str);
        }
    }
}
```

注意:由于 Collection 是接口,所以不能对其进行实例化;而 ArrayList 类是 Collection 接口的间接实现类,所以可以通过 ArrayList 类实现实例化。

上面的代码首先通过 add(E obj)方法添加两个对象到 List 集合中,分别为 a 和 b;然后依次通过 addAll(Collection<? Extends E> col) 方法和 add(E obj) 方法将集合 List 中的所有对象和对象 c 添加到 list2 集合中;紧接着通过 iterator 方法序列化集合 list2,获得一个 Iterator 型实例 it，因为 list 和 list2 中的所有对象均为 String 类型，所以将 it 也泛化成 String 类型；最后利用 while 循环遍历通过序列化集合 list2 得到实例 it，因为将实例 it 泛化成了 String 类型，所以可以将通过 next 方法得到的对象直接赋值给 String 型对象 str，否则需要先执行强制类型转换。执行上面的代码，在控制台将输出图 9-2 所示的信息。

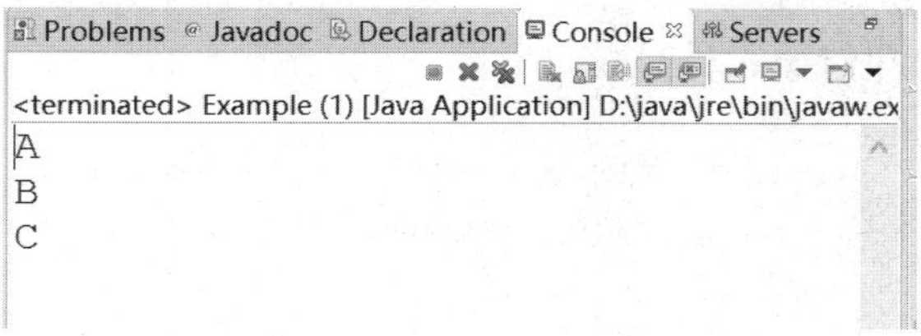

图 9-2　例 9-1 的运行结果

9.2.2　removeAll 方法

removeAll(Collection<?> col) 方法用来从该集合中移除同时包括在指定集合中的对象，与 retainAll 方法正好相反。返回值为 boolean 型，如果存在符合移除条件的对象返回 true，否则返回 false。

【例 9-2】 使用 removeAll 方法从集合中移除对象。

```java
public class Example {
    public static void main(String[] args) {
        String a = "A", b = "B", c = "C";
        Collection<String> list = new ArrayList<String>();
        list.add(a);
        list.add(b);
        Collection<String> list2 = new ArrayList<String>();
        list2.add(b); // 注释该行，再次运行
        list2.add(c);
        // 通过 removeAll 方法从该集合中移除同时包含在指定集合中的对象，
            并获得返回信息
        boolean isContains = list.removeAll(list2);
        System.out.println(isContains);
        Iterator<String> it = list.iterator();
        while (it.hasNext()) {
            String str = it.next();
            System.out.println(str);
        }
    }
}
```

上面的代码首先创建了集合 list 和 list2，在集合 list 中包含对象 a 和 b，在集合 list2 中包含对象 b 和 c；然后从集合 list 中移除同时包含在集合 list2 中的对象，获得返回信息并输出；最后遍历集合 list，在控制台将输出图 9-3 所示的信息，输出 true 说明存在符合移除条件的对象，即 b，此时 list 集合中只存在对象 a。在创建集合 list2 时如果只添加对象 c，再次运行代码，在控制台将输出图 9-4 所示的信息，输出 false 说明不存在符合移除条件的对象，此时 list 集合中依然存在对象 a 和 b。

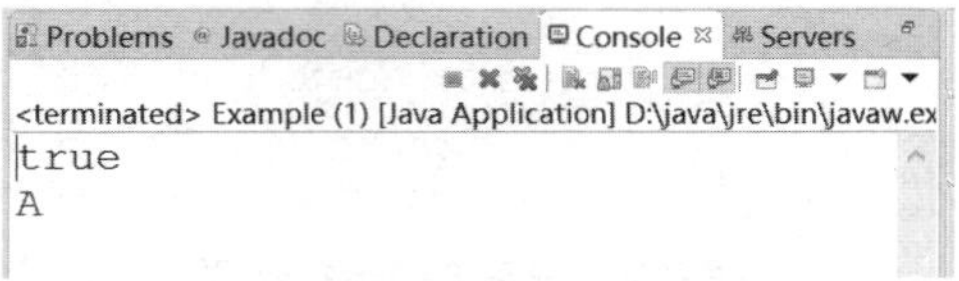

图 9-3　移除了对象

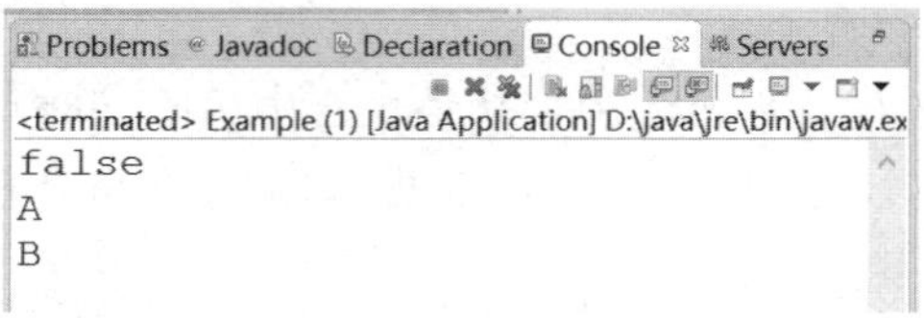

图 9-4　未移除对象

9.2.3　retainAll 方法

retainAll(Collection<?> col) 方法仅保留该集合中同时包含在指定集合中的对象，其他的全部移除，与 removeAll 方法正好相反。返回值为 boolean 型，如果存在符合移除条件的对象则返回 true，否则返回 false。

【例 9-3】　使用 retainAll 方法，仅保留 list 集合中同时包含在 list2 集合中的对象，其他的全部移除。

```
public class Example {
    public static void main(String[] args) {
        String a = "A", b = "B", c = "C";
        Collection<String> list = new ArrayList<String>();
        list.add(a); // 注释该行,再次运行
        list.add(b);
        Collection<String> list2 = new ArrayList<String>();
        list2.add(b);
        list2.add(c);
        // 通过 retainAll 方法仅保留该集合中同时包含在指定集合中的对象,并获
            得返回信息
        boolean isContains = list.retainAll(list2);
```

```
        System.out.println(isContains);
        Iterator<String> it = list.iterator();
        while (it.hasNext()) {
                String str = it.next();
                System.out.println(str);
        }
    }
}
```

执行上面的代码,在控制台将输出图 9-5 所示的消息,输出 true 说明存在符合移除条件的对象,符合移除条件的对象为 a,此时 list 集合中只存在对象 b。在创建 list 时如果只添加对象 b,再次运行代码,在控制台将输出图 9-6 所示的信息,输出 false 说明不存在符合移除条件的对象,此时 list 集合中依然存在对象 b。

图 9-5　移除了对象

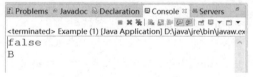

图 9-6　未移除对象

9.2.4　containsAll 方法

【例 9-4】　使用 containsAll 方法查看在集合 list 中是否包含集合 list2 中的所有对象。

containsAll(Collection<?> col) 方法用来查看在该集合中是否存在指定集合中的所有对象。返回值为 boolean 型,如果存在则返回 true,否则返回 false。

```
public class Example {
    public static void main(String[] args) {
        String a = "A", b = "B", c = "C";
        Collection<String> list = new ArrayList<String>();
        list.add(a);
        list.add(b);
        Collection<String> list2 = new ArrayList<String>();
        list2.add(b);
```

```
        list2.add(c); // 注释该行,再次运行
        // 通过 retainAll 方法查看在该集合中是否存在指定集合中的所有对象,并
            获得返回信息
        boolean isContains = list.containsAll(list2);
        System.out.println(isContains);
    }
}
```

执行上面的代码,在控制台将输出 false,说明在集合 list 中不包含集合 list2 中的所有对象。创建集合 list2 时如果只添加对象 b,再次运行代码,在控制台将输出 true,说明在集合 list 中包含集合 list2 中的所有对象。

9.2.5　toArray 方法

toArray(T [] t) 方法用来获得一个包含所有对象的指定类型的数组,toArray(T [] t) 方法的入口参数必须为数组类型的实例,并且必须已经被初始化,它用来指定欲获得数组的类型。如果对调用 toArray(T [] t) 方法的实例进行了泛化,还要求入口参数的类型必须符合泛化类型。

【例 9-5】　使用 toArray 方法获得一个包含所有对象的指定类型的数组。

```java
public class Example {
    public static void main(String[] args) {
        String a = "A", b = "B", c = "C";
        Collection<String> list = new ArrayList<String>();
        list.add(a);
        list.add(b);
        list.add(c);
        String strs[] = new String[1];
        // 创建一个 String 型数组
        String strs2[] = list.toArray(strs);
        // 获得一个包含所有对象的指定类型的数组
        for (int i = 0; i < strs2.length; i++) {
            System.out.println(strs2[i]);
        }
    }
}
```

执行上面的代码,在控制台将输出图 9-7 所示的信息。

图 9-7 例 9-5 的运行结果

9.3 List 集合

List 集合为列表类型,列表的主要特征是以线性方式存储对象。

9.3.1 List 的用法

List 包括 List 接口以及 List 接口的所有实现类。因为 List 接口实现了 Collection 接口,所以 List 接口拥有 Collection 接口提供的所有常用方法;又因为 List 是列表类型,所以 List 接口还提供了一些适合自身的常用方法,如表 9-2 所示。

表 9-2 List 接口定义的常用方法及功能

方法名称	功能简介
add(int index,Object obj)	用来向集合的指定索引位置添加对象,其他对象的索引位置相对后移一位。索引位置从 0 开始
addAll(int index,Collection col)	用来向集合的指定索引位置添加指定集合中的所有对象
remove(int index)	用来清除集合中指定索引位置的对象
set(int index,Object obj)	用来将集合中指定索引位置的对象修改为指定的对象
get(int index)	用来获得指定索引位置的对象
indexOf(Object obj)	用来获得指定对象的索引位置。当存在多个时,返回第一个的索引位置;当不存在时,返回 –1
lastIndexOf(Object obj)	用来获得指定对象的索引位置。当存在多个时,返回最后一个的索引位置;当不存在时,返回 –1
listIterator()	用来获得一个包含所有对象的 ListIterator 型实例
listIterator(int index)	用来获得一个包含从指定索引位置到最后的 ListIterator 型实例
subList(int fromIndex,int toIndex)	通过截取从起始索引位置 fromIndex(包含)到终止索引位置 toIndex(不包含)的对象,重新生成一个 List 集合并返回

从表 9-2 可知,List 接口提供的适合自身的常用方法均与索引有关,这是因为 List 集合为列表型,以线性方式存储对象,可以通过对象的索引操作对象。

List 接口的常用实现类有 ArrayList 和 LinkedList。在使用 List 集合时,在通常情况下,声明为 List 类型实例化时,根据实际情况的需要来选择 ArrayList 还是 LinkedList。

1. add(int index,Object obj) 方法和 set(int index,Object obj) 方法

在使用 List 集合时需要注意区分 add(int index,Object obj) 方法和 set(int index,Object obj) 方法,前者是向指定索引位置添加对象,而后者是替换指定索引位置的对象,索引值从 0 开始。

【例 9-6】 测试 add(int index,Object obj) 方法和 set(int index,Object obj) 方法的区别。

```java
public class Example {
    public static void main(String[] args) {
        String a = "A", b = "B", c = "C", d = "D", e = "E";
        List<String> list = new LinkedList<String>();
        list.add(a);
        list.add(e);
        list.add(d);
        list.set(1, b);          // 将索引位置为 1 的对象 e 修改为对象 b
        list.add(2, c);          // 将对象 c 添加到索引位置为 2 的位置
        Iterator<String> it = list.iterator();
        while (it.hasNext()) {
            System.out.println(it.next());
        }
    }
}
```

执行上面的代码,在控制台将输出图 9-8 所示的信息,通过 set 方法将对象 b 添加到对象 a 的后面,将对象 e 替换为对象 c。

图 9-8　例 9-6 的运行结果

因为 List 集合可以通过索引位置访问对象,所以可以通过 for 循环遍历 List 集合。例如,遍历上面的代码中 List 集合的代码如下:

```java
for (int i = 0; i < list.size(); i++) {
    System.out.println(list.get(i));
}
```

2. indexOf(Object obj) 方法和 lastIndexOf(Objec obj) 方法

在使用 List 集合时需要注意区分 indexOf(Object obj) 方法和 lastIndexOf(Object obj) 方

法,前者是获得指定对象的最小索引位置,而后者是获得指定对象的最大索引位置。前提条件是指定的对象在 List 集合中具有重复的对象,如果在 List 集合中有且仅有一个指定的对象,则通过这两个方法获得的索引位置是相同的。

【例 9-7】 测试 indexOf(Object obj) 方法和 lastIndexOf(Objec obj) 方法的区别。

```java
public class Example {
    public static void main(String[] args) {
        String a = "A", b = "B", c = "C", d = "D", repeat = "Repeat";
        List<String> list = new ArrayList<String>();
        list.add(a);                // 索引位置为 0
        list.add(repeat);           // 索引位置为 1
        list.add(b);                // 索引位置为 2
        list.add(repeat);           // 索引位置为 3
        list.add(c);                // 索引位置为 4
        list.add(repeat);           // 索引位置为 5
        list.add(d);                // 索引位置为 6
        System.out.println(list.indexOf(repeat));
        System.out.println(list.lastIndexOf(repeat));
        System.out.println(list.indexOf(b));
        System.out.println(list.lastIndexOf(b));
    }
}
```

执行上面的代码,在控制台将输出图 9-9 所示的信息。

图 9-9 例 9-7 的运行结果

3. subList(int fromIndex, int toIndex) 方法

使用 subList(int fromIndex, int toIndex) 方法可以截取现有 List 集合中的部分对象,生成新的 List 集合。需要注意的是,新生成的集合中包含起始索引位置的对象,但是不包含终止索引位置的对象。

【例 9-8】 使用 subList 方法。

```java
public class Example {
    public static void main(String[] args) {
        String a = "A", b = "B", c = "C", d = "D", e = "E";
```

```
List<String> list = new ArrayList<String>();
list.add(a);                   // 索引位置为 0
list.add(b);                   // 索引位置为 1
list.add(c);                   // 索引位置为 2
list.add(d);                   // 索引位置为 3
list.add(e);                   // 索引位置为 4
list = list.subList(1, 3);     // 利用从索引位置 1 到 3 的对象重新生成一个
                               List 集合
for (int i = 0; i < list.size(); i++) {
        System.out.println(list.get(i));
    }
  }
}
```

执行上面的代码，在控制台将输出图 9-10 所示的信息。

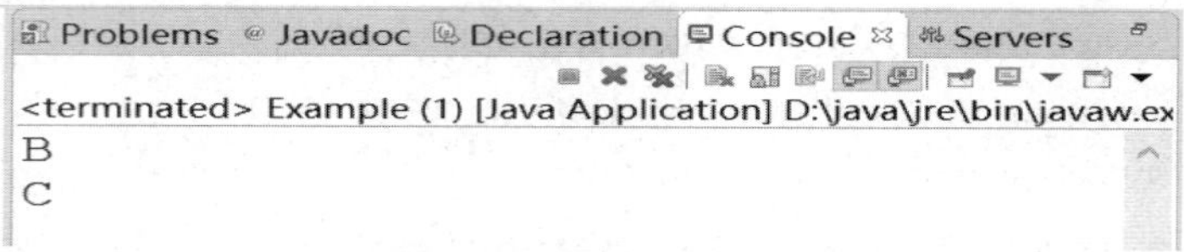

图 9-10　例 9-8 的运行结果

9.3.2　使用 ArrayList 类

　　ArrayList 类实现了 List 接口，由 ArrayList 类实现的 List 集合采用数组结构保存对象。数组结构的优点是便于对集合进行快速的随机访问，如果经常需要根据索引位置访问集合中的对象，使用由 ArrayList 类实现的 List 集合的效率较高。数组结构的缺点是向指定索引位置插入对象和删除指定索引位置的对象的速度较慢，如果经常需要向 List 集合的指定索引位置插入对象，或者是删除 List 集合指定索引位置的对象，使用由 ArrayList 类实现的 List 集合的效率较低。并且插入或删除对象的索引位置越小，效率越低，原因是当向指定的索引位置插入对象时，会同时将指定索引位置及之后的所有对象相应地向后移动一位；当删除指定索引位置的对象时，会同时将指定索引位置之后的所有对象相应地向前移动一位。如果在指定的索引位置之后有大量的对象，将严重影响对集合的操作效率。

　　就是因为 ArrayList 类实现的 List 集合在插入和删除对象时存在这样的缺点，在例 9-6 中才没有利用 ArrayList 类实例化 List 集合。

　　在编写该例子时，用到了 java.lang.Math 类的 random 方法。通过该方法可以得到一个小于 10 的 double 型随机数，将该随机数乘以 5 后再强制转换成整数，可得到一个 0~4 的整数，并访问由 ArrayList 类实现的 List 集合中该索引位置的对象。

【**例 9-9**】 编写一个模拟经常需要随机访问集合中对象的例子。

```java
public class Example {
    public static void main(String[] args) {
        String a = "A", b = "B", c = "C", d = "D", e = "E";
        List<String> list = new ArrayList<String>();
        list.add(a);        // 索引位置为 0
        list.add(b);        // 索引位置为 1
        list.add(c);        // 索引位置为 2
        list.add(d);        // 索引位置为 3
        list.add(e);        // 索引位置为 4
        System.out.println(list.get((int) (Math.random() * 5)));
                            // 模拟随机访问集合中的对象
    }
}
```

执行上面的代码,当得到 0~4 的随机数为 1 时,在控制台将输出"B";当得到的 0~4 的随机数为 3 时,在控制台将输出"D",以此类推。

【**例 9-10**】 使用 List 集合根据订单号查询订货信息。

```java
public int selectJoinStockByOid(String oid) {
    List list = new ArrayList<Sell>();
    conn = connection.getCon();
    int id = 0;
    try {
        Statement statement = conn.createStatement();
        ResultSet rest = statement.executeQuery("select id from tb_joinDepot
where oid ="+oid);
        while (rest.next()) {
            id = rest.getInt(1);
        }
    } catch (SQLException e) {
        e.printStackTrace();
    }
    return id;
}
```

9.3.3　使用 LinkedList 类

LinkedList 类实现了 List 接口,由 LinkedList 类实现的 List 集合采用链表结构保存对象。链表结构的优点是便于向集合中插入对象和从集合中删除对象,如果经常需要向集合中插入对象,或者从集合中删除对象,使用由 LinkedList 类实现的 List 集合的效率较高。链表结构的缺点是随机访问对象的速度较慢,如果经常需要随机访问集合中的对象,使用由 LinkedList 类实现的 List 集合的效率较低。由 LinkedList 类实现的 List 集合便于插入和删除对象的原因是当插入和删除对象时,只需要简单地修改链接位置,省去了移动对象的操作。

LinkedList 类还根据采用链表结构保存对象的特点,提供了几个专用的操作集合的方法,如表 9-3 所示。

表 9-3　LinkedList 类定义的常用方法及功能

方法名称	功能简介
addFirst(E obj)	将指定对象插入到列表的开头
addLast(E obj)	将指定对象插入到列表的结尾
getFirst()	获得列表开头的对象
getLast()	获得列表结尾的对象
removeFirst()	移除列表开头的对象
removeLast()	移除列表结尾的对象

下面以操作由 LinkedList 类实现的 List 集合的开头对象为例,介绍表 9-3 中几个方法的使用规则及实现的功能。

【例 9-11】　使用 LinkedList 类。

在该例中首先通过 getFirst 方法获得 List 集合的开头对象并输出,然后通过 addFirst(E obj) 方法向 List 集合的开头添加一个对象,接着再次通过 getFirst 方法获得 List 集合的开头对象并输出,紧跟着通过 removeFirst 方法移除 List 集合中的开头对象,最后再次通过 getFirst 方法获得 List 集合的开头对象并输出。具体代码如下:

```java
public class Example {
    public static void main(String[] args) {
        String a = "A", b = "B", c = "C", test = "Test";
        LinkedList<String> list = new LinkedList<String>();
        list.add(a);                              // 索引位置为 0
        list.add(b);                              // 索引位置为 1
        list.add(c);                              // 索引位置为 2
        System.out.println(list.getFirst());      // 获得并输出列表开头的对象
        list.addFirst(test);                      // 向列表开头添加一个对象
        System.out.println(list.getFirst());      // 获得并输出列表开头的对象
        list.removeFirst();                       // 移除列表开头的对象
```

```
        System.out.println(list.getFirst());   // 获得并输出列表开头的对象
    }
}
```

执行上面的代码,在控制台将输出图 9-11 所示的信息。

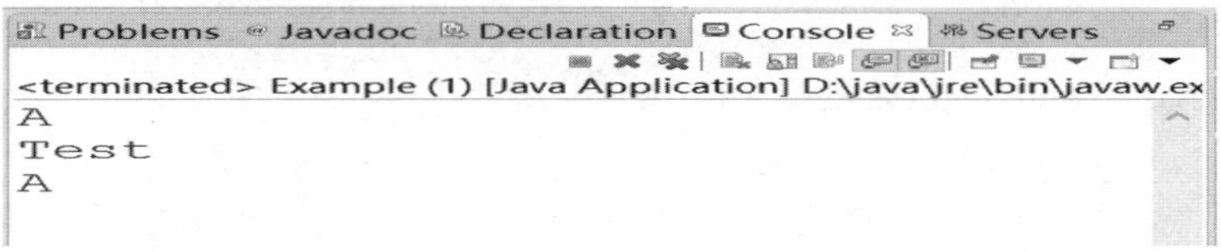

```
Problems  Javadoc  Declaration  Console ⊠  Servers
                              ■ ✖ ※ | ▣,  ♣ ▣ ▾ ▭ ▾
<terminated> Example (1) [Java Application] D:\java\jre\bin\javaw.ex
A
Test
A
```

图 9-11　例 9-11 的运行结果

9.4　Set 集合

Set 集合为集类型。集是最简单的一种集合,存放于集中的对象不按特定的顺序排列,类似于向口袋里放东西。对集中存放的对象的访问和操作是通过对象的引用进行的,所以在集中不能存放重复对象。Set 包括 Set 接口及 Set 接口所有的实现类。因为 Set 接口实现了 Collection 接口,所以 Set 接口拥有 Collection 接口提供的所有常用方法。

9.4.1　使用 HashSet 类

使用 HashSet 类实现的 Set 集合的优点是能够快速定位集合中的元素。

因为由 HashSet 类实现的 Set 集合中的对象必须是唯一的,所以添加到由 HashSet 类实现的 Set 集合中的对象,需要重新实现 equals 方法,从而保证插入集合中对象的标识的唯一性。

由 HashSet 实现的 Set 集合按照哈希码排序,根据对象的哈希码确定对象的存储位置,添加到由 HashSet 类实现的 Set 集合中的对象,还需要重新实现 hashCode 方法,从而保证插入集合中的对象能够合理地分布于集合中,便于快速定位集合中的对象。

Set 集合中的对象是无序的(这里的无序,并不是完全无序,只是不像 List 集合那样按对象的插入顺序保存对象),例如由下面给出的例子可知,遍历集合输出对象的顺序与向集合中插入对象的顺序并不相同。

【例 9-12】　使用 HashSet 类。

首先创建一个 Person 类,该类需要重新实现 equals(Object obj) 方法和 hashCode 方法,以保证对象标识的唯一性和存储分布的合理性,具体代码如下:

```
public class Person {
    private String name;
    private long id_card;
    public Person(String name, long id_card) {
```

```
            this.name = name;
            this.id_card = id_card;
    }
    public long getId_card() {
            return id_card;
    }
    public void setId_card(long id_card) {
            this.id_card = id_card;
    }
    public String getName() {
            return name;
    }
    public void setName(String name) {
            this.name = name;
    }
    public int hashCode() {
            // 实现 hashCode 方法
            final int PRIME = 31;
            int result = 1;
            result = PRIME * result + (int) (id_card ^ (id_card >>> 32));
            result = PRIME * result + ((name == null) ? 0 : name.hashCode());
            return result;
    }
    public boolean equals(Object obj) {
            // 实现 equals 方法
            if (this == obj)
                    return true;
            if (obj == null)
                    return false;
            if (getClass() != obj.getClass())
                    return false;
            final Person other = (Person) obj;
            if (id_card != other.id_card)
                    return false;
            if (name == null) {
                    if (other.name != null)
                            return false;
```

```
            } else if (!name.equals(other.name))
                    return false;
            return true;
        }
    }
```

然后编写一个用来测试的 main 方法，初始化 Set 集合并遍历输出到控制台，具体代码如下：

```
public static void main(String[] args) {
        Set<Person> hashSet = new HashSet<Person>();
        hashSet.add(new Person(" 马先生 ", 220181));
        hashSet.add(new Person(" 李先生 ", 220186));
        hashSet.add(new Person(" 王小姐 ", 220193));
        Iterator<Person> it = hashSet.iterator();
        while (it.hasNext()) {
                Person person = it.next();
                System.out.println(person.getName() + " " + person.getId_card());
        }
    }
```

如果既想保留 HashSet 类快速定位集合中对象的优点，又想让集合中的对象按插入的顺序保存，则可以通过 HashSet 类的子类 LinkedHashSet 实现 Set 集合，即将 Person 类中的如下代码：

```
Set<Person> hashSet=new HashSet<Person>();
```

替换为如下代码：

```
Set<Person> hashSet=new LinkedHashSet<Person>();
```

9.4.2　使用 TreeSet 类

TreeSet 类不仅实现了 Set 接口，还实现了 java.util.SortedSet 接口，从而保证在遍历集合时按照递增的顺序获得对象。遍历对象时可能按照自然顺序递增排列，所以存入由 TreeSet 类实现的 Set 集合的对象时必须实现 Comparable 接口；也可能按照指定比较器递增排列，即可以通过比较器对由 TreeSet 类实现的 Set 集合中的对象排序。

TreeSet 类通过实现 java.util.SortedSet 接口增加的方法如表 9-4 所示。

下面将通过一个例子，详细介绍表 9-4 中比较难理解的 headSet、subSet 和 tailSet 三个方法，以及在使用时需要注意的事项。

表 9-4   TreeSet 类实现 java.util.SortedSet 接口增加的方法

方法名称	功能简介
comparator()	获得该集合采用的比较器。返回值为 comparator 类型,如果未采用任何比较器则返回 null
first()	返回在集合中排序位于第一的对象
last()	返回在集合中排序位于最后的对象
headSet(E toElement)	截取在集合中排序位于对象 toElement(不包含)之前的所有对象,重新生成一个 Set 集合并返回
subSet(E fromElement, E toElement)	截取在集合中排序位于对象 fromElement(包含)和对象 toElement(不包含)之间的所有对象,重新生成一个 Set 集合并返回
tailSet(E fromElement)	截取在集合中排序位于对象 toElement(包含)之后的所有对象,重新生成一个 Set 集合并返回

【例 9-13】 使用 TreeSet 类。

首先新建一个 Person 类,由 TreeSet 类实现的 Set 集合要求该类必须实现 java.lang. Comparable 接口,这里实现的排序方式为按编号升序排列,具体代码如下:

```java
public class Person implements Comparable {
    private String name;
    private long id_card;
    public Person(String name, long id_card) {
        this.name = name;
        this.id_card = id_card;
    }
    public long getId_card() {
        return id_card;
    }
    public void setId_card(long id_card) {
        this.id_card = id_card;
    }
    public String getName() {
        return name;
    }
    public void setName(String name) {
        this.name = name;
    }
    public int compareTo(Object o) {        // 默认按编号升序排列
```

```
            Person person = (Person) o;
            int result = id_card > person.id_card ? 1
                              : (id_card == person.id_card ? 0 : -1);
            return result;
        }
    }
```

然后编写一个用来测试的 main 方法。在 main 方法中首先初始化一个集合，并对集合进行遍历；然后通过 headSet 方法截取集合前面部分对象得到一个新的集合（注意：在新的集合中不包含新的对象），并遍历新的集合；接着通过 subSet 方法截取集合中间部分对象得到一个新的集合（注意：在新集合中包含指定的起始对象，但是不包含指定的终止对象），并遍历新的集合；最后通过 tailSet 方法截取集合后面部分对象得到一个新的集合（注意：在新集合中包含指定的对象），并遍历新的集合。main 方法的关键代码如下：

```java
public class Example {
    public static void main(String[] args) {
        Person person1 = new Person(" 马先生 ", 220181);
        Person person2 = new Person(" 李先生 ", 220186);
        Person person3 = new Person(" 王小姐 ", 220193);
        Person person4 = new Person(" 尹先生 ", 220196);
        Person person5 = new Person(" 王先生 ", 220175);
        TreeSet<Person> treeSet = new TreeSet<Person>();
        treeSet.add(person1);
        treeSet.add(person2);
        treeSet.add(person3);
        treeSet.add(person4);
        treeSet.add(person5);
        System.out.println(" 初始化的集合：");
        Iterator<Person> it = treeSet.iterator();
        while (it.hasNext()) {                    // 遍历集合
            Person person = it.next();
            System.out.println("------ " + person.getId_card() + "  " + person.get-
Name());
        }
        System.out.println(" 截取前面部分得到的集合：");
        // 截取在集合中排在马先生（不包括）之前的人
        it = treeSet.headSet(person1).iterator();
        while (it.hasNext()) {
```

```
                    Person person = it.next();
                    System.out.println("------ " + person.getId_card() + "  " + person.get-
Name());
                }
        System.out.println(" 截取中间部分得到的集合: ");
        // 截取在集合中排在马先生（包括）和王小姐（不包括）之间的人
        it = treeSet.subSet(person1, person3).iterator();
        while (it.hasNext()) {
                    Person person = it.next();
                    System.out.println("------ " + person.getId_card() + "  " + person.get-
Name());
                }
        System.out.println(" 截取后面部分得到的集合: ");
        // 截取在集合中排在王小姐（包括）之后的人
        it = treeSet.tailSet(person3).iterator();
        while (it.hasNext()) {
                    Person person = it.next();
                    System.out.println("------ " + person.getId_card() + "  " + person.get-
Name());
                }
            }
        }
```

运行该例，在控制台将输出图 9-12 所示的信息。

图 9-12 例 9-13 的运行结果

说明：在通过 headSet、subSet 和 tailSet 方法截取现有集合中的部分对象生成新的集合时，要确定在新的集合中是否包含指定的对象可以采用这种方式：如果指定的对象位于新集合的起始位置，则包含该指定对象，例如，subSet 方法的第一个参数和 tailSet 方法的参数；如果指定的对象位于新集合的终止位置，则不包含该指定对象，例如 headSet 方法的参数和

subSet 方法的第二个参数。

【例 9-14】 自定义比较器。

在使用由 TreeSet 类实现的 Set 集合时，可以通过单独的比较器对集合中的对象进行排序。比较器类既可以作为一个单独的类，也可以作为对应类的内部类。这里以内部类的形式实现比较器类。在 Person 类中以内部类的形式实现比较器类 PersonComparrator 的关键代码如下：

```java
public class Person implements Comparable {
    private String name;
    private long id_card;
    public Person(String name, long id_card) {
        this.name = name;
        this.id_card = id_card;
    }
    public long getId_card() {
        return id_card;
    }
    public void setId_card(long id_card) {
        this.id_card = id_card;
    }
    public String getName() {
        return name;
    }
    public void setName(String name) {
        this.name = name;
    }
    public int compareTo(Object o) {
        // 默认按编号升序排序
        Person person = (Person) o;
        int result = id_card > person.id_card ? 1
                        : (id_card == person.id_card ? 0 : -1);
        return result;
    }
        // 通过内部类实现 Comparator 接口，为所在类编写比较器
    static class PersonComparator implements Comparator {
        // 为可能参与排序的属性定义同名的静态常量值
        public static final int NAME = 1;
        public static final int ID_CARD = 2;
```

```java
private int orderByColumn = 1;              // 默认为按姓名升序排序
public static final boolean ASC = true;
public static final boolean DESC = false;
private boolean orderByMode = true;
public int compare(Object o1, Object o2) {// 默认为按升序排序
        // 实现 Comparator 接口的方法
        Person p1 = (Person) o1;
        Person p2 = (Person) o2;
        int result = 0;                     // 默认的判断结果为两个对象相等
        switch (orderByColumn) {            // 判断排序条件
        case 2: // 按编号降序排序
                if (orderByMode)
                        // 升序
                        result = (int) (p1.getId_card() - p2.getId_card());
                else
                        // 降序
                        result = (int) (p2.getId_card() - p1.getId_card());
                break;
        default:                            // 按姓名升序排序
                String s1 = CnToSpell.getFullSpell(p1.getName());
                                            // 获得汉字的全拼
                String s2 = CnToSpell.getFullSpell(p2.getName());
                                            // 获得汉字的全拼
                if (orderByMode)
                        // 升序
                        result = s1.compareTo(s2);
                                            // 比较两个字符串的大小
                else
                        // 降序
                        result = s2.compareTo(s1);
                                            // 比较两个字符串的大小
        }
        return result;
}
public void orderByColumn(int orderByColumn) {
                                            // 用来设置排序条件
        this.orderByColumn = orderByColumn;
```

```
        }
        public void orderByMode(boolean orderByMode) {
                                    // 用来设置排序方式
            this.orderByMode = orderByMode;
        }
    }
```

下面编写一个用来测试排序方式的 main 方法。分别按默认排序方式（编号升序）的 Set 集合和按编号降序方式的 Set 集合遍历输出，关键代码如下：

```
public static void main(String[] args) {
        Person person1 = new Person(" 马先生 ", 220181);
        Person person2 = new Person(" 李先生 ", 220186);
        Person person3 = new Person(" 王小姐 ", 220193);
        TreeSet<Person> treeSet = new TreeSet<Person>();
        treeSet.add(person1);
        treeSet.add(person2);
        treeSet.add(person3);
        System.out.println(" 客户化排序前，默认按编号升序排序：");
        // 新创建一个 Set 集合，不进行客户化排序，默认按编号升序排序
        TreeSet<Person> treeSet2 = new TreeSet<Person>(treeSet);
                System.out.println("------ " + person.getId_card() + " " + person.get-
Name());
        }
        System.out.println(" 客户化排序后，按编号降序排序：");
        // 新创建一个 Set 集合，进行客户化排序，客户化排序方式为按编号降序排序
        PersonComparator pc3 = new Person.PersonComparator();
        // 创建比较器（内部类）的实例
        pc3.orderByColumn(Person.PersonComparator.ID_CARD);
        // 设置排序依据的属性
        pc3.orderByMode(Person.PersonComparator.DESC);
        // 设置排序方式
        TreeSet<Person> treeSet3 = new TreeSet<Person>(pc3);
        // 必须通过构造函数设置比较器
        treeSet3.addAll(treeSet); // 初始化集合
        it = treeSet3.iterator();
        while (it.hasNext()) {
                Person person = it.next();
```

215

```
            System.out.println("------ " + person.getId_card() + "  " + person.get-
Name());
        }
        System.out.println(" 客户化排序后,按姓名升序排序:");
        // 新创建一个 Set 集合,进行客户化排序,客户化排序方式为按姓名升序排序
        PersonComparator pc4 = new Person.PersonComparator();
        // 创建比较器(内部类)的实例
        pc4.orderByColumn(Person.PersonComparator.NAME);
        // 设置排序依据的属性
        TreeSet<Person> treeSet4 = new TreeSet<Person>(pc4);
        // 必须通过构造函数设置比较器
        treeSet4.addAll(treeSet); // 初始化集合
        it = treeSet4.iterator();
        while (it.hasNext()) {
            Person person = it.next();
            System.out.println("------ " + person.getId_card() + "  " + person.get-
Name());
        }
        // 通过构造函数初始化集合
        Iterator<Person> it = treeSet.iterator();
        while (it.hasNext()) {
            Person person = it.next();
    }
```

运行该实例,在控制台将输出图 9-13 所示的信息。

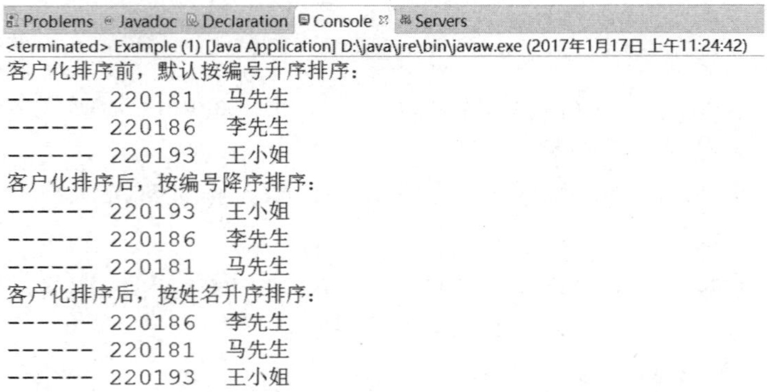

图 9-13　例 9-14 的运行结果

9.5　Map 集合

Map 集合为映射类型,映射与集合和列表有明显的区别,映射中的每个对象都是成对存在的。映射中存储的每个对象都有一个相应的键(key)对象,在检索对象时必须通过相应的键对象来获取值(value)对象,类似于在字典中查找单词一样,所以,要求键对象必须是唯一的。键对象还决定了对象在映射中的存储位置,但这并不是由键对象本身决定的,需要通过一系列散列技术进行处理,从而产生一个被称作哈希码的整数值。哈希码通常用作偏置量,该偏置量是相对于分配给映射的内存区域的起始位置的,由此来确定对象在映射中的存储位置。在理想情况下,通过散列技术得到的哈希码应该是在给定范围内均匀分布的整数值,并且每个键对象都应得到不同的哈希码。

9.5.1　Map 的用法

Map 包括 Map 接口以及 Map 接口的所有实现类。由 Map 接口定义的常用方法及功能如表 9-5 所示。

表 9-5　Map 接口定义的常用方法及功能

方法名称	功能简介
put(K key,V value)	向集合中添加指定的键 - 值映射关系
putAll(Map<? extends K? extends V> t)	将指定集合中的所有键 - 值映射关系添加到该集合中
containsKey(Object key)	如果存在指定键的映射关系,则返回 true,否则返回 false
containsValue(Object value)	如果存在指定值得映射关系,则返回 true,否则返回 false
get(Object key)	如果存在指定的键对象,则返回与该键对象对应的值对象,否则返回 null
keySet()	将集合中的所有键对象以 Set 集合的形式返回
values()	将该集合中的所有值对象以 Collection 集合的形式返回
remove(Object key)	如果存在指定的键对象,则移除该键对象的映射关系,并返回与该键对象对应的值对象,否则返回 null
clear()	移除集合中所有的映射关系
isEmpty()	查看集合中是否包含键 - 值映射关系,如果包含则返回 true,否则返回 false
size()	查看集合中包含键 - 值映射关系的个数,返回值为 int 型
equals(Object obj)	用来查看指定的对象与该对象是否为同一个对象,返回值为 boolean 型,如果为同一个对象则返回 true,否则返回 false

Map 接口的常用实现类有 HashMap 和 TreeMap。HashMap 通过哈希码对其内部的映射关系进行快速查找,而 TreeMap 中的映射关系存在一定的顺序。如果希望在遍历集合时时有序,则应该使用由 TreeMap 类实现的 Map 集合,否则建议使用由 HashMap 类实现的 Map 集合,因为由 HashMap 类实现的 Map 集合对于添加和删除映射关系更高效。

Map 集合允许值对象为 null,并且没有个数限制。所以,当 get 方法的返回值为 null 时,可能有两种情况:一种是在集合中没有该键对象;另一种是该键对象没有映射任何值对象,即值对象为 null。因此,在 Map 集合中不应该利用 get 方法来判断是否存在某个键,而应该利用 containsKey 方法来判断。

【例 9-15】 get 和 containsKey 方法的区别。

首先创建一个由 HashMap 类实现的 Map 集合,并依次向 Map 集合中添加一个值对象为 null 和"马先生"的映射;然后分别通过 get 和 containsKey 方法执行这两个键对象;最后执行一个不存在的键对象。关键代码如下:

```java
public class Example {
    public static void main(String[] args) {
        Map<Integer, String> map = new HashMap<Integer, String>();
        map.put(220180, null);
        map.put(220181, " 马先生 ");
        System.out.println("get 方法的返回结果:");
        System.out.print("------ " + map.get(220180));
        System.out.print("    " + map.get(220181));
        System.out.println("    " + map.get(220182));
        System.out.println("containsKey 方法的返回结果:");
        System.out.print("------ " + map.containsKey(220180));
        System.out.print("    " + map.containsKey(220181));
        System.out.println("    " + map.containsKey(220182));
    }
}
```

执行上面的代码,在控制台将输出图 9-14 所示的信息。

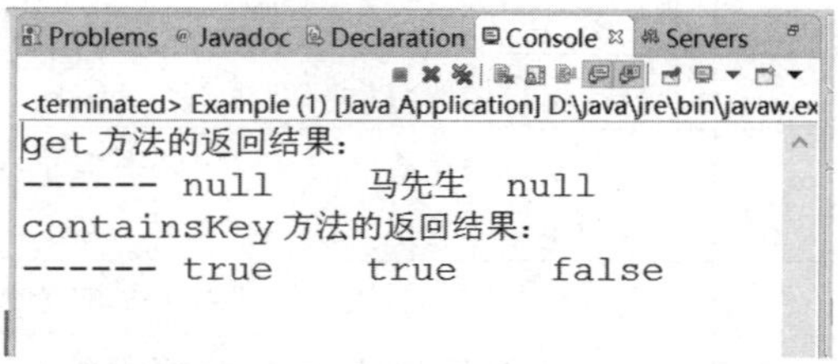

图 9-14　例 9-15 的运行结果

9.5.2　使用 HashMap 类

HashMap 类实现了 Map 接口，由 HashMap 类实现的 Map 集合允许将 null 作为键对象，但是因为键对象不可以重复，所以这样的键对象只能有一个。如果经常需要添加、删除和定位映射关系，建议使用 HashMap 类实现 Map 集合，但在遍历集合时得到的映射关系是无序的。

在使用由 HashMap 类实现的 Map 集合时，需要重写作为对象主键类的 hashCode 方法。在重写 hashCode 方法时，有以下两条基本原则。

（1）不唯一原则：不必为每个对象生成一个唯一的哈希码，只要通过 hashCode 方法生成的哈希码能够利用 get 方法得到利用 put 方法添加的映射关系就可以。

（2）分散原则：生成哈希码的算法应尽量使哈希码的值分散一些，不要都集中在一个范围内，这样有利于提高由 HashMap 类实现的 Map 集合的性能。

【例 9-16】　利用 HashMap 类实现 Map 集合。

首先新建一个作为键对象的类 PK_person。具体代码如下：

```java
public class PK_person {
    private String prefix;                    // 主键前缀
    private int number;                       // 主键编号
    public String getPrefix() {
        return prefix;
    }
    public void setPrefix(String prefix) {
        this.prefix = prefix;
    }
    public int getNumber() {
        return number;
    }
    public void setNumber(int number) {
        this.number = number;
    }
    public String getPk() {
        return this.prefix + "_" + this.number;
    }
    public void setPk(String pk) {
        int i = pk.indexOf("_");
        this.prefix = pk.substring(0, i);
        this.number = new Integer(pk.substring(i));
    }
```

```
        // 重写 hashCode 方法
        public int hashCode() {
        return number + prefix.hashCode();
        }
        // 重写 equals 方法
        public boolean equals(Object obj) {
        if (obj == null)                              // 是否为 null
        return false;
        if (getClass() != obj.getClass())             // 是否为同一类型的实例
        return false;
        if (this == obj)                              // 是否为同一个实例
        return true;
        final PK_person other = (PK_person) obj;
        if (this.hashCode() != other.hashCode())      // 判断哈希码是否相等
        return false;
        return true;
        }
}
// 新建一个 Person 类
public class Person {
        private String name;
        private PK_person number;
        public Person(PK_person number, String name) {
                this.number = number;
                this.name = name;
        }
        public String getName() {
                return name;
        }
        public void setName(String name) {
                this.name = name;
        }
        public PK_person getNumber() {
                return number;
        }
        public void setNumber(PK_person number) {
                this.number = number;
```

```
        }
    }
```

最后新建一个用来测试的 main 方法。该方法首先新建一个 Map 集合,并添加一个映射关系;然后新建一个内容完全相同的键对象,并根据该键对象通过 get 方法获得相应的值对象;最后判断是否得到相应的值对象,并输出相应的信息。完整代码如下:

```
public static void main(String[] args) {
        Map<PK_person, Person> map = new HashMap<PK_person, Person>();
        PK_person pk_person = new PK_person();        // 新建键对象
        pk_person.setPrefix("MR");
        pk_person.setNumber(220181);
        map.put(pk_person, new Person(pk_person, " 马先生 "));
        // 初始化集合
        PK_person pk_person2 = new PK_person();
         // 新建键对象,内容与上面键对象的内容完全相同
        pk_person2.setPrefix("MR");
        pk_person2.setNumber(220181);
        Person person2 = map.get(pk_person2);
        // 获得指定键对象映射的值对象
        if (person2 == null)                            // 未得到相应的值对象
                System.out.println(" 该键对象不存在! ");
        else
                // 得到相应的值对象
                System.out.println(person2.getNumber().getNumber() + "  "
                                + person2.getName());
    }
```

运行该例,在控制台将输出"该键对象不存在!",即在集合中不存在该键对象,这是因为在 PK_person 类中没有重写 java.lang.Object 类的 hashCode 和 equals 方法。equals 方法默认比较两个对象的地址,所以,即使这两个键对象的内容完全相同,也不认为是同一个对象。重写后的 hashCode 和 equals 方法的完整代码如下:

```
// 重写 hashCode 方法
public int hashCode() {
        return number + prefix.hashCode();
}
// 重写 equals 方法
public boolean equals(Object obj) {
```

```
        if (obj == null)                            // 是否为 null
                return false;
        if (getClass() != obj.getClass())           // 是否为同一类型的实例
                return false;
        if (this == obj)                            // 是否为同一个实例
                return true;
        final PK_person other = (PK_person) obj;
        if (this.hashCode() != other.hashCode())    // 判断哈希码是否相等
                return false;
        return true;
    }
```

重写 PK_person 类的 hashCode 和 equals 方法后，再次运行该例子，在控制台将输出图 9-15 所示的信息。

图 9-15　例 9-16 的运行结果

9.5.3　使用 TreeMap 类

TreeMap 类不仅实现了 Map 接口，还实现了 Map 接口的子接口 java.util.SortedMap。由 TreeMap 类实现的 Map 集合，不允许键对象为 null，因为集合中的映射关系是根据键对象按照一定顺序排列的。TreeMap 类通过实现 SortedMap 接口得到的方法如表 9-6 所示。

表 9-6　TreeMap 类实现 java.util.SortedMap 接口的方法

方法名称	功能简介
comparator()	获得对该集合采用的比较器，返回值为 Comparator 类型；如果未采用任何比较器则返回 null
firstKey()	返回在集合中排序位于第一位的键对象
lastKey()	返回在集合中排序位于最后一位的键对象
headMap(K toKey)	截取在集合中排序位于键对象 toKey（不包含）之前的所有映射关系，重新生成一个 SortedMap 并返回
subMap(K fromKey,K toKey)	截取在集合中排序位于键对象 fromKey（包含）和 toKey（不包含）之间的所有映射关系，重新生成一个 SortedMap 并返回

方法名称	功能简介
tailMap(K fromKey)	截取在集合中排序位于键对象 fromKey（包含）之后的所有映射关系，重新生成一个 SortedMap 并返回

在添加、删除和定位映射关系上，TreeMap 类要比 HashMap 类的性能差一些，但是其中的映射关系具有一定的顺序。如果不需要一个有序的集合，则建议使用 HashMap 类；如果需要进行有序的遍历输出，则建议使用 TreeMap 类。一般情况下，可以先使用由 HashMap 类实现的 Map 集合，在需要顺序输出时，再利用现有的 HashMap 类的实例，创建一个具有完全相同映射关系的 TreeMap 类型的实例。

【例 9-17】 使用 TreeMap 类。

首先利用 HashMap 类实现一个 Map 集合，进行初始化并遍历；然后利用 TreeMap 类实现一个 Map 集合，进行初始化并遍历，默认按键对象升序排列；最后利用 TreeMap 类实现一个 Map 集合，初始化为按键对象降序排列，实现方式为将 Collections.reverseOrder() 作为构造函数 TreeMap（Comparator c）的参数，即与默认排序方式相反。具体代码如下：

```
public static void main(String[] args) {
        Person person1 = new Person(" 马先生 ", 220181);
        Person person2 = new Person(" 李先生 ", 220193);
        Person person3 = new Person(" 王小姐 ", 220186);
        Map<Number, Person> map = new HashMap<Number, Person>();
        map.put(person1.getId_card(), person1);
        map.put(person2.getId_card(), person2);
        map.put(person3.getId_card(), person3);
        System.out.println(" 由 HashMap 类实现的 Map 集合，无序：");
        for (Iterator<Number> it = map.keySet().iterator(); it.hasNext();) {
                Person person = map.get(it.next());
                System.out.println(person.getId_card() + " " + person.getName());
        }
        System.out.println(" 由 TreeMap 类实现的 Map 集合，键对象升序：");
        TreeMap<Number, Person> treeMap = new TreeMap<Number, Person>();
        treeMap.putAll(map);
        for (Iterator<Number> it = treeMap.keySet().iterator(); it.hasNext();) {
                Person person = treeMap.get(it.next());
                System.out.println(person.getId_card() + " " + person.getName());
        }
        System.out.println(" 由 TreeMap 类实现的 Map 集合，键对象降序：");
```

```
                  TreeMap<Number, Person> treeMap2 = new TreeMap<Number, Person>(Col-
lections.reverseOrder());
            // 初始化为反转排序
            treeMap2.putAll(map);
            for (Iterator it = treeMap2.keySet().iterator(); it.hasNext();) {
                  Person person = (Person) treeMap2.get(it.next());
                  System.out.println(person.getId_card() + " " + person.getName());
            }
      }
```

执行上面的代码,在控制台将输出图 9-16 所示的信息。

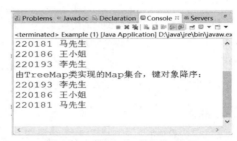

图 9-16　例 9-17 的运行结果

9.6　List、Set 和 Map 三个接口存取元素时各自的特点

List 与 Set 具有相似性,它们都是单列元素的集合,它们有一个共同的父接口,叫作 Collection。Set 里面不允许有重复的元素,即不能有两个相等(不仅仅是相同)的对象,即假设 Set 集合中有了一个 A 对象,现在要向 Set 集合中存入一个 B 对象,但 B 对象与 A 对象相等,则 B 对象存储不进去。Set 集合的 add 方法有一个 boolean 的返回值:当集合中没有某个元素时,add 方法可成功加入该元素,则返回 true;当集合中含有与某个元素相等的元素时,add 方法无法加入该元素,返回结果为 false。Set 取元素时,无法确定取第几个,只能以 Iterator 接口取得所有的元素,再逐一遍历各个元素。

List 表示有先后顺序的集合。注意,不是按年龄、大小、价格之类排序的。当多次调用 add(Obj e) 方法时,每次加入对象就像在火车站买票一样,按先来后到的顺序排列。有时也可以插队,即调用 add(int index,Object object) 方法,就可以指定当前对象在集合中的存放位置。一个对象可以被反复存储进 List 中,每调用一次 add 方法,这个对象就被插入集合中一次。其实,并不是把这个对象本身存储进了集合中,而是在集合中用一个索引变量指向这个对象,这个对象被 add 多次,即相当于集合中有多个索引指向了这个对象。List 除了可以以 Iterator 接口取得所有的元素,再逐一遍历各个元素之外,还可以调用 get(index i) 来明确说明取第几个。

Map 与 List 和 Set 不同,它是双列的集合,其中有 put 方法,定义如下:put(obj key,obj

value)。每次存储时，要存储一对 key/value，不能存储重复的 key，这个重复的规则也是按 equals 比较相等。取则可以根据 key 获得相应的 value，即 get(Object key) 返回值为 key 所对应的 value。另外，可以获得所有的 key 的结合，也可以获得所有的 value 的结合，还可以获得由 key 和 value 组合成的 Map.Entry 对象的集合。

小结

　　本章详细介绍了几种 Java 常用的集合类，重点介绍了 List 集合、Set 集合和 Map 集合的区别，以及每种集合常用实现类的使用方法和需要注意的问题，还介绍了如何实现对部分集合中的对象进行排序。

　　本章的每一个知识点，都对应一个实用的小例子。给出这些小例子的目的之一是让读者知道如何使用该集合类，目的之二是让读者通过对比每个小例子的运行结果，从中找出各个集合的区别和特点。

经典面试题

9-1　描述 List 和 Map 两个接口的区别。

9-2　描述 Collection 和 Collections 的区别。

9-3　列举 Arrays 类的常用静态方法。

9-4　List、Map、Set 三个接口存取元素时各有什么特点？

9-5　举例说明 Comparable 和 Comparator 的用法。

跟我上机

9-1　使用 Iterator 对集合数据进行遍历。

9-2　使用集合 HashMap 模拟银行 ATM 机存取款功能，如下图所示。

```
- - - - - - - - - - - - - - - - - -
欢迎使用ATM机24小时自助系统
1、开户
2、存钱
3、取钱
4、查询
5、退出系统
- - - - - - - - - - - - - - - - - -
请选择：
```

9-3　使用集合模拟购物车的功能，集合数据如下图所示。

1	运动鞋	Adidas	300.80	10
2	蓝球服	李宁	268.00	10
3	苹果	栖霞	5.00	500
4	智能手表	苹果	4888.00	10
5	鼠标	罗技	120.00	50

9-4　使用 Arrays 对数组进行排序。

9-5　使用 Collections 对 ArrayList 进行排序。

第 10 章　IO 流

本章要点：

- [ ] File 类
- [ ] 流
- [ ] 字节流
- [ ] 字符流
- [ ] RandomAccessFile 类
- [ ] 过滤器流
- [ ] 对象序列化技术

- [ ] 使用 Java 语言提供的输入 / 输出（I/O）处理功能可以实现对文件的读写、网络数据传输等操作。利用 I/O 处理技术可以将数据保存到文本文件、二进制文件甚至是 ZIP 压缩文件中，以达到永久保存数据的要求。

10.1　File 类

File 类是一个与流无关的类。File 类的对象可以获取文件及文件所在的目录、文件的长度等信息。一个 File 对象的常用构造方法有三种。

1）File(String pathName)

该构造方法通过指定的文件路径字符串来创建一个新的 File 实例对象。

语法如下：

```
new File(pathName);
```

pathname: 文件路径字符串，包括文件名称。

2）File(String path,String filename)

该构造方法根据指定的父路径字符串和子路径字符串（包括文件名称）创建 File 类的实例对象。

语法如下：

```
new File(path,filename);
```

path: 父路径字符串。

3）File(File file,String filename)

该构造方法根据指定的 File 类的父路径和字符串类型的子路径（包括文件名称）创建 File 类的实例对象。

语法如下：

```
new File(file,filename);
```

file: 父路径对象。

filename: 子路径字符串。

File 类包含了文件和文件夹的多种属性和操作方法。常用的方法如表 10-1 所示。

表 10-1　File 类提供的常用方法

方法名称	功能描述
getName()	获取文件的名字
getParent()	获取文件的父路径字符串
getPath()	获取文件的相对路径字符串
getAbsolutePath()	获取文件的绝对路径字符串
exists()	判断文件或文件夹是否存在
canRead()	判断文件是否可读

续表

方法名称	功能描述
isFile()	判断文件是否为一个正常的文件,而不是目录
canWrite()	判断文件是否可被写入
idDirectory()	判断是否为文件夹类型
isAbsolute()	判断是否为绝对路径
isHidden()	判断文件夹是否为隐藏文件
delete()	删除文件或文件夹,如果删除成功,则返回结果为 true
mkdir()	创建文件夹,如果创建成功,则返回结果为 true
mkdirs()	创建路径中包含的所有父文件夹和子文件夹,如果所有父文件夹和子文件夹都成功创建,则返回结果为 true
createNewFile()	创建一个新文件
length()	获取文件长度
lastModified()	获取文件的最后修改日期

【例 10-1】 在 C 盘存在一个名为"Example1.txt"的文件,使用 File 类获取文件信息。代码如下:

```java
import java.io.File;
public class Example1 {
    public static void main(String[] args) {
        File file = new File("C:\\", "Example1.txt");          // 创建文件对象
        System.out.println(" 文件名称:" + file.getName());     // 输出文件属性
        System.out.println(" 文件是否存在:" + file.exists());
        System.out.println(" 文件的相对路径:" + file.getPath());
        System.out.println(" 文件的绝对路径:" + file.getAbsolutePath());
        System.out.println(" 文件可以读取:" + file.canRead());
        System.out.println(" 文件可以写入:" + file.canWrite());
        System.out.println(" 文件大小:" + file.length() + "B");
    }
}
```

程序运行结果如图 10-1 所示。

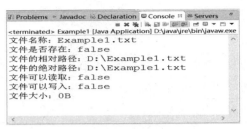

图 10-1　例 10-1 的运行结果

注意

创建一个 File 类的对象时,如果它代表的文件不存在,系统不会自动创建,必须调用 createNewFile 方法来创建。

10.2　流

10.2.1　流的基本概念

流(stream)是一组数据序列。根据操作的类型,分为输入流和输出流两种。输入流的指向称为源,程序从指向源的输入流中读取源中的数据。当程序需要读取数据时,就会开启一个通向数据源的流,这个数据源可以是文件、内存或是网络连接。而输出流的指向是字节要去的目的地,程序通过向输入流中写入数据把信息传递到目的地。当程序需要写入数据时,就会开启一个通向目的地的流。

10.2.2　输入输出流

输入输出流一般分为字节输入流、字节输出流、字符输入流和字符输出流四种。

1. 字节输入流

InputStream 类是字节输入流的抽象类,它是所有字节输入流的父类。Java 中存在多个 InputStream 类的子类,它们实现了不同的数据输入流。这些字节输入流的继承关系如图 10-2 所示。

2. 字节输出流

OutputStream 类是字节输出流的抽象类,它是所有字节输出流的父类。Java 中存在多个 OutputStream 类的子类,它们实现了不同数据的输出流。这些类的继承关系如图 10-3 所示。

3. 字符输入流

Reader 类是字符输入流的抽象类,它是所有字符输入流的父类。Java 中字符输入流的继承关系如图 10-4 所示。

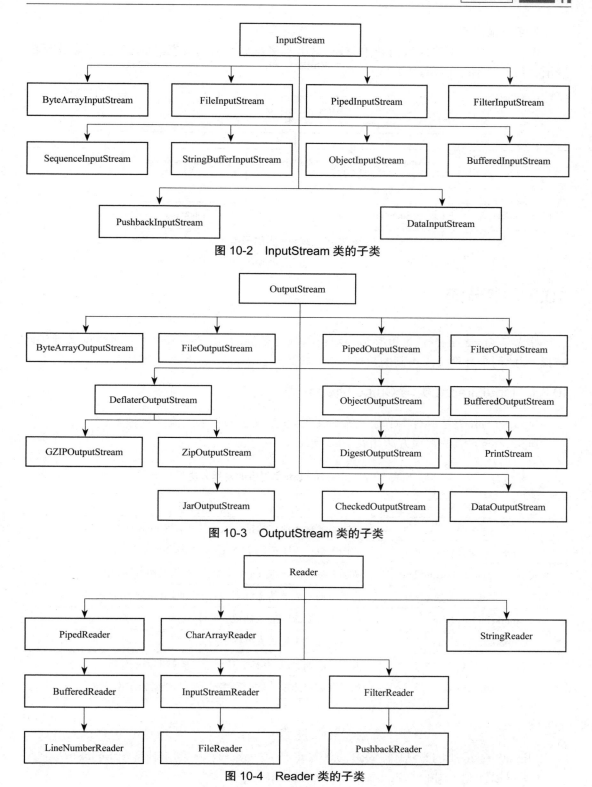

图 10-2 InputStream 类的子类

图 10-3 OutputStream 类的子类

图 10-4 Reader 类的子类

4. 字符输出流

Writer 类是字符输出流的抽象类，它是所有字符输出流的父类。Java 中字符输出流的继承关系如图 10-5 所示。

图 10-5　Writer 类的子类

10.3　字节流

字节流（byte stream）是以字节为单位来处理数据的，由于字节流不会对数据进行任何转换，因此用来处理位二进制的数据。

10.3.1　InputStream 类与 OutputStream 类

InputStream 类是所有字节输入流的父类，它定义了操作输入流的各种方法。

InputStream 类的常用方法如表 10-2 所示。

表 10-2　InputStream 类提供的常用方法

方法名称	功能描述
available()	返回当前输入流的数据读取方法可以读取的有效字节数量
read(byte[] bytes)	从输入数据流中读取字节并存入数组 bytes 中
read(byte[] bytes,int off,int len)	从输入数据流读取 len 个字节，并存入数组 bytes 中
reset()	将当前输入流重新定位到最后一次调用 mark 方法时的位置
mark(int readlimit)	在输入数据流中加入标记
markSupported()	测试输入流中是否支持标记
close()	关闭当前输入流，并释放任何与之关联的系统资源
Abstract read()	从当前数据流中读取一个字节，若已达到流结尾，则返回 -1

注意

InputStream 类的方法中，read 方法被定义为抽象方法，目的是让继承 InputStream 类的子类可以针对不同的外部设备实现不同的 read 方法。

OutputStream 类是所有字节输出流的父类，它定义了输出流的各种操作方法。OutputStream 类常用的方法如表 10-3 所示。

表 10-3　OutputStream 类提供的常用方法

方法名称	功能描述
write(byte[] bytes)	将 byte[] 数组中的数据写入当前输出流
read(byte[] bytes,int off,int len)	将 byte[] 数组下标 off 开始的 len 长度的数据写入当前输出流
flush()	刷新当前输出流，并强制写入所有缓冲的字节数据
close()	关闭当前输出流，并释放所有与当前输出流有关的系统资源
Abstract write(int b)	写入一个 byte 数据到当前输出流

10.3.2　FileInputStream 类与 FileOutputStream 类

FileInputStream 类是 InputStream 类的子类，它实现了文件的读取，是文件字节输入流。该类适用于比较简单的文件读取，其所有方法都是从 InputStream 类继承并重写的。创建文件字节输入流常用的构造方法有两种。

1）FileInputStream（String filePath）

该构造方法根据指定的文件名称和路径，创建 FileInputStream 类的实例对象。

语法如下：

```
new FileInputStream(filePath);
```

filePath：文件的绝对路径或相对路径。

2）FileInputStream（File file）

该构造方法使用 File 类型的文件对象创建 FileInputStream 类的实例对象。

语法如下：

```
new FileInputStream(file);
```

file：File 文件类型的实例对象。

【例 10-2】　在 C 盘存在一个名为"Example2.txt"的文件，此文件的内容为"This is my book!"。创建一个 File 类的对象，然后创建文件字节输入流对象 fis，并且从输入流中读取文件"Example2.txt"的信息。

```
import java.io.*;
public class Example2 {
    public static void main(String args[]) {
        File f = new File("C:\\", "Example2.txt");
        try {
```

```
                    byte bytes[] = new byte[512];
                    FileInputStream fis = new FileInputStream(f); // 创建文件字节输入流
                    int rs = 0;
                    System.out.println("The content of Example2 is:");
                    while ((rs = fis.read(bytes, 0, 512)) > 0) {
                            // 在循环中读取输入流的数据
                            String s = new String(bytes, 0, rs);
                            System.out.println(s);
                    }
                    fis.close();                                // 关闭输入流
            } catch (IOException e) {
                    e.printStackTrace();
            }
        }
    }
```

程序运行结果如图 10-6 所示。

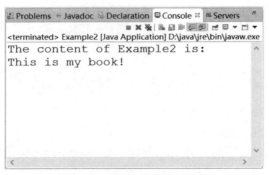

图 10-6 例 10-2 的运行结果

【例 10-3】 在修改采购订货的窗体中，读取文本文件中保存的要修改的采购订货信息的编号。

```
try {
    File file = new File("filedd.txt");                     // 创建文件对象
    FileInputStream fin = new FileInputStream(file);        // 创建文件输入流对象
    int count =  fin.read();                                // 读取文件中数据
    stock = dao.selectStockByid(count);                     // 调用按编号查询数据的方法
        file.delete();                                      // 删除文件
} catch (Exception e) {
    e.printStackTrace();
```

```
        }
```

FileOutputStream 类是 OutputStream 类的子类。它实现了文件的写入，能够以字节形式写入文件中。该类的所有方法都是从 OutputStream 类继承并重写的。创建文件字节输入流常用的构造方法有两种。

1）FileOutputStream（String filePath）

该构造方法根据指定的文件名称和路径，创建关联该文件的 FileOutputStream 类的实例对象。

语法如下：

```
new FileOutputStream(filePath);
```

filePath: 文件的绝对路径或相对路径。

2）FileOutputStream（File file）

该构造方法使用 File 类型的文件对象，创建与该文件关联的 FileOutputStream 类的实例对象。

语法如下：

```
new FileOutputStream(file);
```

file:File 文件类型的实例对象，在 file 后面，加 true 会对原有内容进行追加，不加 true 会将原有内容覆盖。

【例 10-4】 创建一个 File 类的对象，首先判断此配置文件是否存在，如果不存在，则调用 createNewFile 方法创建一个文件；然后从键盘输入字符存入数组里，创建文件输出流，把数组里的字符写入文件中；最终结果保存在"Example3.txt"文件。

```java
import java.io.*;
public class Example3 {
    public static void main(String args[]) {
            int b;
            File file = new File("C:\\", "Example3.txt");
            byte bytes[] = new byte[512];
            System.out.println(" 请输入你想存入文本的内容 :");
            try {
                    if (!file.exists())                // 判断文件是否存在
                            file.createNewFile();
                    // 把从键盘输入的字符存入 bytes 里
                    b = System.in.read(bytes);
                    // 创建文件输出流
                    FileOutputStream fos = new FileOutputStream(file, true);
```

```
                fos.write(bytes, 0, b);              // 把 bytes 写入指定文件中
                fos.close();                         // 关闭输出流
            } catch (IOException e) {
                e.printStackTrace();
            }
        }
    }
```

程序运行结果如图 10-7 所示。

图 10-7　例 10-4 的运行结果

【**例 10-5**】　在显示采购订货的窗体中,将用户选择的采购订货信息的编号写入文本文件中。

```
import java.io.FileOutputStream;
public class test {
    public static void main(String[] args) {
        try {
            // 获取表格中的数据
            String column = dm.getValueAt(row, 1).toString();
            file.createNewFile();

            // 新建文件
            FileOutputStream out = new FileOutputStream(file);
            // 将数据写入文件中
            out.write((Integer.parseInt(column)));
            // 创建修改信息窗体
            UpdateStockFrame frame = new UpdateStockFrame();
            frame.setVisible(true);
            // 将流关闭
```

```
                    out.close();
                    repaint();
            } catch (Exception ee) {
                    ee.printStackTrace();
            }

        }
    }
```

10.4　字符流

字符流 (Character Stream) 用于处理字符数据的读取和写入，它以字符为单位。Reader 类和 Writer 类是字符流的抽象类，它们定义了字符流读取和写入的基本方法，各个子类会依其特点实现或覆盖这些方法。

10.4.1　Reader 类与 Writer 类

Reader 类是所有字符流输入流的父类，它定义了操作字符输入流的各种方法。Reader 类的常用方法如表 10-4 所示。

表 10-4　Reader 类提供的常用方法

方法名称	功能描述
read()	读入一个字符。若已读到流结尾，则返回 –1
read(char[])	读取一些字符到 char[] 数组内，并返回所读入的字符数量。若已到达流结尾，则返回 –1
reset()	将当前输入流重新定位到最后一次调用 mark 方法时的位置
skip(long n)	跳过参数 n 指定的字符数量，并返回所跳过字符的数量
close()	关闭该流并释放与之关联的所有资源。在关闭该流后，再调用 read、ready、mark、reset 或 skip 方法将抛出异常

Writer 类是所有字符输出流的父类，它定义了操作输出流的各种方法。Writer 类的常用方法如表 10-5 所示。

表 10-5　Writer 类提供的常用方法

方法名称	功能描述
write(int c)	将字符 c 写入输入流

方法名称	功能描述
write(String str)	将字符串 str 写入输入流
write(char[] cbuf)	将字符数组的数据写入字符输出流
flush()	刷新当前输出流,并强制写入所有缓冲的字节数据
close()	向输出流写入缓冲区的数据,然后关闭当前输出流,并释放所有与当前输出流有关的系统资源

10.4.2　InputStreamReader 类与 OutputStreamWriter 类

InputStreamReader 是字节流通向字符流的桥梁。它可以根据指定的编码方式,将字节输入流转换为字符输入流。字符输入流常用的构造方法有两种。

1）InputStreamReader(InputStream in)

该构造方法使用默认字符集创建 InputStreamReader 类的实例对象。

语法如下:

```
new InputStreamReader(in);
```

in:字节流类的实例对象。

2）InputStreamReader(InputStream in,String cname)

该构造方法使用已命名的字符编码方式创建 InputStreamReader 类的实例对象。

语法如下:

```
new InputStreamReader(in,cname);
```

cname:使用的编码方式名。

InputStreamReader 类常用的方法如表 10-6 所示。

表 10-6　InputStreamReader 类提供的常用方法

方法名称	功能描述
close()	关闭流
read()	读取单个字符
read(char[] cb,int off,int len)	将字符读入数组中的某一部分
getEncoding()	返回此流使用的字符编码名称
ready()	报告此流是否已准备读

【例 10-6】　在 D 盘存在文件"Example4.txt",文件内容为"今天天气真好!",使用 In-putStreamReader 读取"Example4.txt"的内容。

```
import java.io.*;
public class Example4 {
    public static void main(String args[]) {
        try {
                int rs;
                File file = new File("C:\\", "Example4.txt");
                FileInputStream fis = new FileInputStream(file);
                InputStreamReader isr = new InputStreamReader(fis);
                System.out.println("The content of Example4 is:");
                while ((rs = isr.read()) != -1) {
                // 顺序读取文件里的内容并赋值给整型变量 b, 直到文件结束为止
                System.out.print((char) rs);
                }
                isr.close();
        } catch (IOException e) {
                e.printStackTrace();
        }
    }
}
```

程序运行结果如图 10-8 所示。

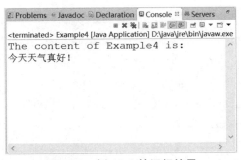

图 10-8　例 10-6 的运行结果

OutputStreamWriter 是字节流通向字符流的桥梁。写出字节,并根据指定的编码方程式,将之转换为字符流。字符输出流常用的构造方法有两种。

1)OutputStreamWriter(OutputStream out)

该构造方法使用默认字符集创建 OutputStreamWriter 类的实例对象。

语法如下:

```
new OutputStreamWriter(out);
```

out:字节流类的实例对象。

2）OutputStreamWriter(OutputStream out,String cname)

该构造方法使用已命名的字符编码方式创建 OutputStreamWriter 类的实例对象。
语法如下：

```
new OutputStreamWriter(out,cname);
```

cname：使用的字符编码格式，如中文常用的 GBK、GB2312 以及西文 UTF-8 等编码格式。

OutputStreamWriter 类常用的方法如表 10-7 所示。

表 10-7 OutputStreamWriter 类提供的常用方法

方法名称	功能描述
close()	关闭流，但要先刷新
flush()	刷新流的缓冲
write(int char)	写入单个字符
write(String str,int off,int len)	写入字符串的某一部分
write(char[] cb,int off,int len)	写入字符数组的某一部分

【例 10-7】 创建两个 File 类的对象，分别判断两个文件是否存在；如果不存在，则新建。从其中一个文件"Example5.txt"中读取数据，复制到文件"Example5-1.txt"中，最终使文件"Example5-1.txt"中的内容与"Example5.txt"的内容相同。

```java
import java.io.*;
public class Example5 {
    public static void main(String[] args) {
        File filein = new File("C:\\", "Example5.txt");
        File fileout = new File("C:\\", "Example5-1.txt");
        FileInputStream fis;
        try {
            if (!filein.exists())              // 如果文件不存在
                filein.createNewFile();        // 创建新文件
            if (!fileout.exists())             // 如果文件不存在
                fileout.createNewFile();       // 创建新文件
            fis = new FileInputStream(filein);
            FileOutputStream fos = new FileOutputStream(fileout, true);
            InputStreamReader in = new InputStreamReader(fis);
            OutputStreamWriter out = new OutputStreamWriter(fos);
            int is;
```

```
                    while ((is = in.read()) != -1) {
                            out.write(is);
                    }
                    in.close();
                    out.close();
            } catch (IOException e) {
                    e.printStackTrace();
            }
        }
    }
```

10.4.3 FileReader 类与 FileWriter 类

FileReader 类是 Reader 类的子类，它实现了从文件中读出字符数据，是文件字符输入流。该类的所有方法都是从 Reader 类中继承来的。FileReader 类的常用构造方法有两种。

1）FileReader(String filePath)

该构造方法根据指定的文件名称和路径，创建 FileReader 类的实例对象。

语法如下：

```
new FileReader(filePath);
```

filePath：文件的绝对路径或相对路径。

2）FileReader(File file)

该构造方法使用 File 类型的文件对象创建 FileReader 类的实例对象。

语法如下：

```
new FileReader(file);
```

file：File 文件类型的实例对象。

例如，利用 FileReader 读取文件"Example5-1.txt"的内容，输出到控制台上，程序代码如下：

```
try {
            File file=new File("C:\\Example5-1.txt");
            FileReader fr=new FileReader(file);
            char[] data=new char[512];
            int rs=0;
            while((rs=fr.read(data))>0){
                    String str=new String(data,0,rs);
                    System.out.println(str);
```

```
                    }
            } catch (Exception e) {
                    e.printStackTrace();

            }
```

FileWriter 类是 Writer 类的子类，它实现了将数据写入文件中，是文件字符输出流。该类的所有方法都是从 Writer 类中继承来的。FileWriter 类的常用构造方法有两种。

1）FileWriter(String filePath)

该构造方法根据指定的文件名称和路径，创建关联文件的 FileWriter 类的实例对象。语法如下：

```
new FileWriter(filePath);
```

2）FileWriter(File file)

该构造方法使用 File 类型的文件对象，创建与该文件关联的 FileWriter 类的实例对象。语法如下：

```
new FileWriter(file);
```

例如，首先判断文件"Example6.txt"是否存在，如果不存在则创建一个同名文件；然后将"Example5-1.txt"的内容复制到文件"Example6.txt"中。具体代码如下：

```
try {
                File file = new File("C:\\Example6.txt");
                if (!file.exists()) {
                        file.createNewFile();
                }
                FileReader fr = new FileReader("C:\\Example5-1.txt");
                FileWriter fw = new FileWriter(file);
                int is = 0;
                while ((is = fr.read()) != -1) {
                        fw.write(is);
                }
                fw.close();
                fr.close();
} catch (Exception e) {
e.printStackTrace();
}
```

10.4.4　BufferedReader 类与 BufferedWriter 类

BufferedReader 类是 Reader 类的子类，使用该类可以以行为单位读取数据。Buffere-dReader 类的主要构造方法为：

BufferedReader(Reader in)

该构造方法使用 Reader 类的对象，创建一个 BufferedReader 对象。

语法如下：

new BufferedReader(in)

BufferedReader 类提供了一个 ReaderLine 方法，Reader 类中没有此方法，该方法能够读取文本行。例如：

```
try {
                FileReader fr = new FileReader("C:\\Example6.txt");
                BufferedReader br = new BufferedReader(fr);
                String aline;
                while ((aline = br.readLine()) != null) {
                        String str = new String(aline);
                }
                fr.close();
                br.close();
} catch (Exception e) {
e.printStackTrace();
}
```

BufferedWriter 类是 Writer 类的子类，该类可以以行为单位写入数据。BufferedWriter 类常用的构造方法为：

BufferedWriter(Writer out)

10.4.5　PrintStream 和 PrintWriter 类

PrintStream 类是打印输出流，它可以直接输出各种类型的数据。打印输出流常用的构造方法为：

PrintStream（OutStream out）

该构造方法使用 OutStream 类的对象创建一个 PrintStream 对象。

PrintStream 常用的方法如表 10-8 所示。

表 10-8　PrintStream 类提供的常用方法

方法名称	功能描述
print(String str)	打印字符串
print(char[] ch)	打印一个字符数组
print(Object obj)	打印一个对象
println(String str)	打印一个字符串并结束该行
println(char[] ch)	打印一个字符数组并结束该行
println(Object obj)	打印一个对象并结束该行

【例 10-8】　创建一个 File 类的对象，随机输出 100 以内的 5 个数，并把这 5 个数保存到"Example7.txt"文件中。

```java
import java.io.File;
import java.io.FileOutputStream;
import java.io.PrintStream;
import java.util.Random;
public class Example7 {
    public static void main(String args[]) {
        PrintStream ps;
        try {
            File file = new File("D:\\", "Example7.txt");
            if (!file.exists())                 // 如果文件不存在
                file.createNewFile();           // 创建新文件
            ps = new PrintStream(new FileOutputStream(file));
            Random r = new Random();
            int rs;
            for (int i = 0; i < 5; i++) {
                rs = r.nextInt(100);
                ps.println(rs + "\t");
            }
            ps.close();
        } catch (Exception e) {
            e.printStackTrace();
        }
    }
}
```

运行结果如图 10-9 所示。

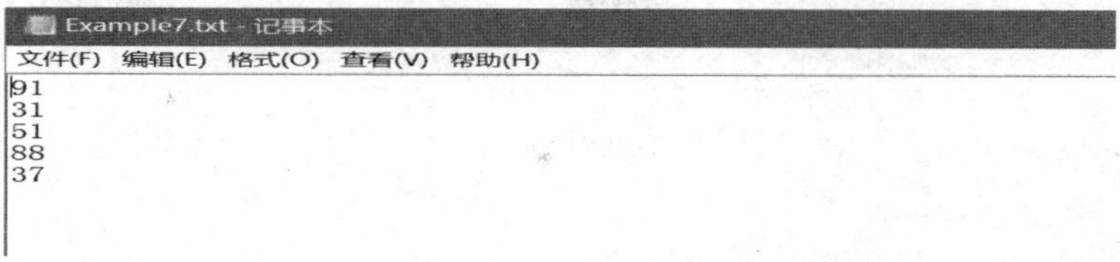

图 10-9 例 10-8 的运行结果

PrintWriter 类是打印输出流,该流把 Java 语言的内构类型以字符表示形式传送到相应的输出流中,可以以文本的形式浏览。打印输出流常用的构造方法有两种。

1) PrintWriter(Writer out)

该构造方法使用 Writer 类的对象,创建一个 PrintWriter 对象。

语法如下:

```
new PrintWriter(out);
```

2) PrintWriter(OutputStream out)

该构造方法使用 OutputStream 类的对象,创建一个 PrintWriter 对象。

语法如下:

```
new PrintWriter(out);
```

PrintWriter 类常用的方法如表 10-9 所示。

表 10-9　PrintWriter 类提供的常用方法

方法名称	功能描述
print(String str)	将字符串型数据写至输出流
print(int i)	将整型数据写至输出流
flush()	强制性地将缓冲区中的数据写至输出流
println(String str)	将字符串和换行符写至输出流
println(int i)	将整型数据和换行符写至输出流
println()	将换行符写至输出流

使用 PrintWriter 实现文件复制功能的程序代码如下:

```
public static void main(String args[]) {
        File filein = new File("D:\\", "Example6.txt");
        File fileout = new File("D:\\", "Example7.txt");
        try {
                BufferedReader br = new BufferedReader(new FileReader(filein));
```

```
                    PrintWriter pw=new PrintWriter(new FileWriter(fileout));
                    int b;
                    while((b=br.read())!=-1){
                            pw.println(b);
                    }
                    br.close();
                    pw.close();
            } catch (Exception e) {
                    e.printStackTrace();
            }
    }
```

10.4.6 System.in 获取用户输入

System 类是 final 类,该类不能被继承,也不能创建 System 类的实例对象。System 类中用于获取用户输入的语法为:

> System.in

in:是静态变量,类型是 InputStream。
Java 不直接支持键盘输入。实现键盘输入的一般过程如下:

```
    public static void main(String args[]) {
            InputStreamReader isr = new InputStreamReader(System.in);
            BufferedReader br = new BufferedReader(isr);
            try {
                    String string = br.readLine();
                    br.close();
            } catch (Exception e) {
                    e.printStackTrace();
            }
    }
```

【例 10-9】 实现键盘输入,把输入的内容存储到文件"Example8.txt"中。

```
import java.io.*;
public class Example8 {
    public static void main(String args[]) {
            File file = new File("D:\\", "Example8.txt");
            try {
```

```
            if (!file.exists())                    // 如果文件不存在
                    file.createNewFile();          // 创建新文件
            InputStreamReader isr = new InputStreamReader(System.in);
            BufferedReader br = new BufferedReader(isr);
            System.out.println(" 请输入：");
            String str = br.readLine();
            System.out.println(" 您输入的内容是：" + str);
            FileWriter fos = new FileWriter(file, true);
                                                    // 创建文件输出流
            BufferedWriter bw = new BufferedWriter(fos);
            bw.write(str);
            br.close();
            bw.close();
        } catch (IOException e) {
            e.printStackTrace();
        }
    }
}
```

程序运行结果如图 10-10 所示。

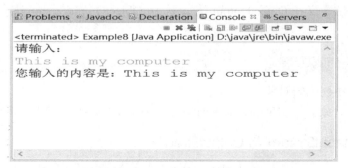

图 10-10　例 10-9 的运行结果

10.5　对象序列化（Object Serialization）

程序运行时可能有需要保存的数据，对于基本数据类型如 int、float、char 等，可以简单地保存到文件中。程序下次启动时，可以读取文件中的数据初始化程序。但是对于复杂的对象类型，如果需要永久保存，使用上述解决方法就会复杂一些，需要把对象中不同的属性分解为基本数据类型，然后分别保存到文件中。当程序再次运行时，需要建立新的对象，然后从文件中读取与对象有关的所有数据，再使用这些数据分别对对象的每个属性进行初始化。

　　使用对象输入输出流实现对象序列化，可以直接存取对象。将对象存为一个流被称为序列化，而从一个流将对象读出被称为反序列化。

10.5.1　ObjectInput 与 ObjectOutput

　　ObjectInput 接口与 ObjectOutput 接口分别继承了 DataInput 接口和 DataOutput 接口，提供了对基本数据类型和对象序列化的方法。使用对象序列化功能可以非常方便地将对象写入输出流，或者从输入流获取对象。ObjectInput 接口与 ObjectOutput 接口中定义的对象反序列化和序列化方法如下。

　　1）readObject()

　　所谓反序列化就是从输入流中获取序列化的对象数据，用这些数据生成新的 Java 对象。该方法定义在 ObjectInput 接口中，由 ObjectInputStream 类实现。

　　语法如下：

```
Object object=readObject();
```

　　Object：Java 对象。

　　使用 readObject 方法获取序列化对象是 Object 类型的，必须通过强行类型转换才能使用。

　　2）writeObject()

　　序列化就是将对象写入输出流，这个输出流可以是文件输出流、网络输出流或者其他数据输出流。该方法定义在 ObjectOutput 接口中，由 ObjectOutputStream 类实现。

　　语法如下：

```
writeObject(object)
```

　　object：将要序列化的对象。

　　被序列化的对象必须实现 java.io.Serializable 接口，否则不能实现序列化。

10.5.2　ObjectInputStream 与 OutputStream

　　Java 提供了 ObjectInputStream 和 ObjectOutputStream 类读取和保存对象，它们分别是对象输入流和对象输出流。ObjectInputStream 类和 ObjectOutputStream 类是 InputStream 类和 OutputStream 类的子类，继承了它们所有的方法。

　　ObjectInputStream 类的构造方法是：

```
ObjectInputStream(InputStream in)
```

　　当准备将一个对象读入程序中时，可以用 ObjectInputStream 类创建对象输入流。

　　语法如下：

```
new ObjectInputStream(in)
```

ObjectInputStream 类读取基本数据类型的方法为：

> readObject()

对象输入流使用该方法将一个对象读入程序中。例如：

```
FileInputStream fis=new FileInputStream("Example.txt");
    ObjectInputStream ois =new ObjectInputStream(fis);
    ois.readObject();
    ois.close();
```

ObjectOutputStream 类的构造方法为：

> ObjectOutputStream(OutputStream out)

当准备将一个对象写入输出流（即序列化）时，可以用 ObjectOutputStream 类创建对象输出流。

语法如下：

> new ObjectOutputStream(out);

ObjectOutputStream 类写入基本数据类型的方法为：

> WriteObject();

对象输出流使用该方法将一个对象写入一个文件中。例如：

```
FileOutputStream fos=new FileOutputStream("Example.txt");
ObjectOutputStream obs=new ObjectOutpuStream(fos);
obs.writeObject("Example");
obs.close();
```

【例 10-10】 在 C 盘存在文件"Example10.txt"，实现用户界面的修改。

（1）创建 User 类，构造方法中存在姓名、密码、年龄三个参数，并实现 Serializable 接口。

```
import java.io.Serializable;
public class User implements Serializable {
    String name;
    String password;
    int age;
    public User(String name, String password, int age) {
            this.name = name;
            this.password = password;
            this.age = age;
```

```
        }
    public void setpassword(String pass) {
            this.password = pass;
        }
    }
```

（2）创建 Example10 类，将 User 类的对象写入"Example10.txt"文件中，修改用户密码之后再将其读出。

```
import java.io.*;
public class Example10 {
    public static void main(String args[]) {
            User use = new User("Tom", "111", 21);          // 创建 User 类的对象
            try {
                        FileOutputStream fos = new FileOutputStream("C:\\Example10.txt");
                        // 创建输出流的对象，使之可以将对象写入文件中
                        ObjectOutputStream obs = new ObjectOutputStream(fos);
                        obs.writeObject(use);                       // 将对象写入文件中
                        System.out.println(" 未修改写入文件的用户信息 ");
                        // 打印文件中的信息
                        System.out.println(" 用户名 : " + use.name);
                        System.out.println(" 原密码 : " + use.password);
                        System.out.println(" 年龄 : " + use.age);
                        FileInputStream fis = new FileInputStream("C:\\Example10.txt");
                        // 创建输入流的对象，使之可以从文件中读取数据
                        ObjectInputStream ois = new ObjectInputStream(fis);
                        use = (user) ois.readObject();              // 读取文件中的信息
                        use.setPassWord("1111");                    // 修改密码
                        System.out.println(" 修改之后文件中的信息 ");
                        // 打印修改后的文件信息
                        System.out.println(" 用户名 : " + use.name);
                        System.out.println(" 修改后的密码 : " + use.password);
                        System.out.println(" 年龄 : " + use.age);
            } catch (Exception e) {
                        e.printStackTrace();
            }
        }
    }
```

程序运行结果如图 10-11 所示。

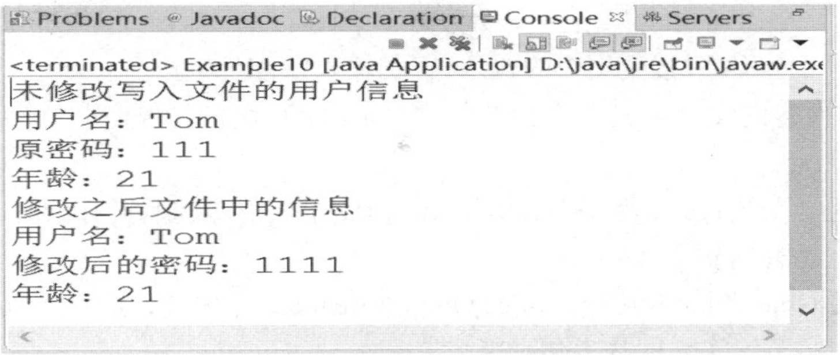

图 10-11　例 10-10 的运行结果

小结

　　本章针对 Java 语言的输入输出技术进行了细致的讲解。使用输入输出流可以读取数据和写入数据到文件、网络、打印机等资源和设备。输入输出流又可以细分为字节流和字符流，其中字节流以计算机能识别的二进制数操作数据，所以，它能够访问任意类型的数据，包括文本、音频、视频和图片等；而字符流主要用于操作文本数据，这些文本可以是计算机能显示的所有字符，所以，它多用于文本、消息以及网络信息通信中。本章最后还介绍了对象序列化技术，使用该技术可以通过对象输入输出流保存和读取对象，将一个对象持久化（保存成实际存在的数据，例如数据库或文件），能够永久保存对象的状态和数据，在下一次程序启动时，可以直接读取对象数据，将其应用到程序中。

　　通过对本章的学习，读者应该熟练掌握 Java 语言中输入输出流的操作。这里所指流的操作包括文件输入输出流、缓冲输入输出流、打印输入输出流、对象输入输出流等。另外，对于数据流，必须能够根据具体情况，有选择地使用字节流或字符流。

经典面试题

10-1　解释字节流和字符流的区别。

10-2　简述把输出字节流转换成输出字符流的步骤。

10-3　什么叫对象序列化？什么是反序列化？实现对象序列化需要做哪些工作？

10-4　BufferedReader 属于哪种流？它主要是用来做什么的？有哪些经典的用法？

10-5　如果要对字节流从硬盘读取大量的数据，要用哪个流？为什么？

跟我上机

10-1 编写一个程序,接受用户的输入,直到输入"end"为止。

提示:存储内容的文件名输入在命令行中,如果没有提供任何命令行参数,则输出错误消息并退出。

10-2 编写一个程序,使用字节流,将"file1.txt"的内容复制到"file2.txt",源文件和目标文件的名称在运行时输入。

10-3 使用 ObjectInputStream、ObjectOutputStream 结合序列化和反序列化读写文件。

10-4 使用字节流实现图片上传功能。

10-5 编写一个简易学生成绩管理系统。

程序的功能要求如下:

(1)从键盘输入学生的基本信息(学号、姓名)和 3 门课程的考试成绩到"StudentScore.txt"文件内;

(2)显示全部学生信息及每个人的总分和平均分;

(3)查询指定学生的成绩信息;

(4)修改学生信息及成绩;

(5)删除学生信息及成绩。

第 11 章　多线程

本章要点：

- ☐ 线程
- ☐ 线程的创建
- ☐ 线程的生命周期
- ☐ 线程的优先级
- ☐ 线程的控制方法
- ☐ 线程同步
- ☐ 线程通信

☐ 多线程技术使得程序能够同时完成多项任务。到目前为止，本书所介绍的实例都是单线程程序，也就是说执行的 Java 程序只会做一件事情，例如，"两个人同时过一座独木桥"或"两个人同时过一扇门"，这时程序可以使用多线程，但是所谓的"同时"完成多件事情，还需要进一步控制，否则这些事情会产生冲突，这些内容将在本章进行详细讲解。

11.1　线程概述

支持多线程技术是 Java 语言的特性之一,多线程使程序可以同时存在多个执行片段,根据不同的条件和环境同步或异步工作。线程与进程的实现原理类似,但它们的服务对象不同,进程代表操作系统平台中运行的程序,而一个程序中将包含多个线程。

11.1.1　进程

进程是一个包含自身执行地址的程序,在多任务操作系统中,可以把 CPU 时间分配给每一个进程。CPU 在指定时间片段内执行某个进程,然后在下一个时间片段跳至另一个进程中执行,由于转换速度很快,使人感觉进程像是在同时运行。

通常将正在运行的程序称为进程,现在计算机基本上都支持多进程操作,例如,使用计算机时可以边上网边听音乐。然而计算机上只有一块 CPU,并不能同时运行这些进程,CPU 实际上是利用不同时间片段去交替执行每个进程。

11.1.2　线程

在一个进程内部也可以执行多个任务,可以将进程内部的任务称为线程;线程是进程中的实体,一个进程可以拥有多个线程。多线程的执行过程如图 11-1 所示。

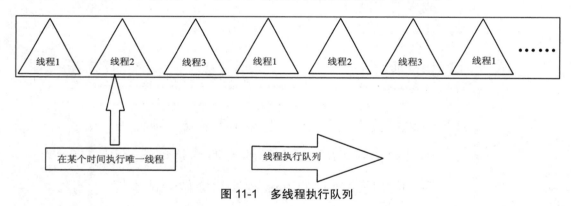

图 11-1　多线程执行队列

一个线程是进程内的一个单一顺序控制流程。通常所说的多线程指的是一个进程可以同时运行几个任务,每个任务由一个线程来完成。也就是说,多个线程可以同时运行,并且在一个进程内执行不同的任务。

线程必须拥有父进程,系统没有为线程分配资源,它与进程中的其他线程共享该进程的系统资源。如果一个进程中的多个线程共享相同的内存地址空间,这就意味着这些线程可以访问相同的变量和对象,这让线程之间共享信息变得更容易。

所谓的单线程是一个程序内某个结构化的流程控制,有时候被称作"执行环境"或"轻量级程序",它是由上而下的结构化程序。例如,main 函数是 Java 程序执行的开始点,而程序的中间区域是一串连续的执行过程,程序的结束点则是程序最后的"}"符号。

可以将一个结构化"程序"看作一个线程,它是由一个开始点、一串连续的执行过程及一个结束点组成的。虽然线程就如同一个真正的"程序",但实际上它只是一个完整程序下的某个执行流程,需要运用系统配置给该程序的资源和环境来执行,所以,它又被称为"轻量级的程序"。因此,一个多线程的 Java 程序,即使它在执行期间能够同时由多个"线程"进行不同的工作,但对于操作系统而言,仍然只认为是一个"程序"在运作,其实是 CPU 不断在进行转换(转换执行控制权)的工作。

11.2　线程的创建

在 Java 语言中,线程也是一种对象,但并非任何对象都可以成为线程,只有实现 Runnable 接口或继承了 Thread 类的对象才能成为线程。

11.2.1　线程的创建方式

线程的创建有两种方式:

(1)继承 Thread 类;

(2)实现 Runnable 接口。

1. Thread 类

Thread 类中常用的方法包括 start 方法、interrupt 方法、join 方法、run 方法等。其中 start 方法与 run 方法最为常用,其中 start 方法用于启动线程; run 方法为线程的主体方法,读者可以根据需要重写 run 方法。

Thread 类有 4 个最常用的构造方法。

(1)默认构造方法。

默认的构造方法,没有参数列表。

语法格式为:

```
Thread thread=new Thread();
```

(2)基于 Runnable 对象的构造方法。

该构造方法包含了 Runnable 类型的参数,它是实现 Runnable 接口的类的实例对象。基于该构造方法创建的线程对象,将线程的业务逻辑交由参数所传递的 Runnable 对象去实现。

语法格式为:

```
Thread thread=new Thread(Runnable simple);
```

simple: 实现 Runnable 接口的对象。

(3)指定线程名称的构造方法。

该构造方法包含了 String 类型的参数,这个参数将作为新创建的线程对象的名称。

语法格式为:

```
Thread thread=new Thread("ThreadName");
```

（4）基于 Runnable 对象并指定线程名称的构造方法。

该构造方法接收 Runnable 对象和线程名称的字符串。

语法格式为：

```
Thread thread=new Thread(Runnable simple,String name);
```

simple: 实现 Runnable 接口的对象。

name: 线程名称。

2. Runnable 接口

实现 Runnable 接口的类可以成为线程，Thread 类实现了 Runnable 接口，所以具有了线程的功能。

Runnable 接口只有一个 run 方法，实现 Runnable 接口后必须重写 run 方法。

11.2.2 继承 Thread 类

在 Java 语言中，要实现线程功能，可以继承 java.lang.Thread 类，这个类已经具备创建和运行线程的所有必要架构。通过覆写 Thread 类中的 run 方法，实现用户所需要的功能，实例化自定义的 Thread 类，使用 start 方法启动线程。

【例 11-1】 继承 Thread 类创建 SimpleThread 线程类,该类将创建的两个线程同时在控制台输出信息,从而实现两个任务输出信息的交叉显示。

```java
public class SimpleThread extends Thread {
    public SimpleThread(String name) {                          // 参数为线程名称
        setName(name);
    }
    public void run() {                                         // 重写 run 方法
        int i = 0;
        while (i++ < 5) {                                       // 循环 5 次
            try {
                System.out.println(getName() + " 执行步骤 " + i);
                Thread.sleep(1000);                             // 休眠 1 秒
            } catch (Exception e) {
                e.printStackTrace();
            }
        }
    }
    public static void main(String[] args) {
        SimpleThread thread1 = new SimpleThread(" 线程 1");       // 创建线程 1
```

```
                SimpleThread thread2 = new SimpleThread(" 线程 2");      // 创建线程 2
                thread1.start();                                         // 启动线程 1
                thread2.start();                                         // 启动线程 2
            }
        }
```

程序运行结果如图 11-2 所示。

图 11-2　例 11-1 的运行结果

11.2.3　实现 Runnable 接口

从本质上讲，Runnable 是 Java 语言中用以实现线程的接口，任何实现线程功能的类都必须实现这个接口。Thread 类实现了 Runnable 接口，所以继承它的类具有了相应的线程功能。

虽然可以使用继承 Thread 类的方式实现线程，但是由于在 Java 语言中，只能继承一个类，如果用户定义的类已经继承了其他类，就无法再继承 Thread 类，也就无法使用线程，于是 Java 语言为用户提供了一个接口，即 java.lang.Runnable。实现 Runnable 这个接口与继承 Thread 类具有相同的效果，通过实现这个接口可以使用线程。Runnable 接口中定义了一个 run 方法，在实例化一个 Thread 对象时，可以传入一个实现 Runnable 接口的对象作为参数，Thread 类会调用 Runnable 对象的 run 方法，继而执行 run 方法中的内容。

【例 11-2】　创建 SimpleRunnable 类，该类实现了 Runnable 接口，并通过 run 方法实现每间隔 0.5 秒在控制台输出 1 个 "*"，直到输出 15 个 "*" 字符。

```
    public class SimpleRunnable implements Runnable {
        public void run() {                                 // 重写 run 方法
                int i = 15;
                while (i-- >= 1) {                           // 循环 5 次
                        try {
                                System.out.print("*");
                                Thread.sleep(500);
```

```
                    } catch (Exception e) {
                            e.printStackTrace();
                    }
            }
    }
    public static void main(String[] args) {
            Thread thread1 = new Thread(new SimpleRunnable()," 线程 1");
                                                            // 创建线程 1
            thread1.start();                                // 启动线程 1
    }
}
```

程序运行结果如图 11-3 所示。

图 11-3　例 11-2 的运行结果

说明

SimpleRunnable 类的 main 方法运行之后，程序已经结束了，但是线程还在继续执行，直到输出 15 个"*"符号。

11.3　线程的生命周期

到目前为止，已经初步讲解了如何利用线程编写程序，其中包括建立线程、启动线程以及决定线程需要完成的任务，接下来将进一步介绍线程的"生命周期"。

线程主要有以下状态：

（1）创建；

（2）可执行；

（3）非可执行；

（4）消亡。

状态间的关系如图 11-4 所示。

下面根据图 11-4 分别说明线程生命周期各个组成部分。

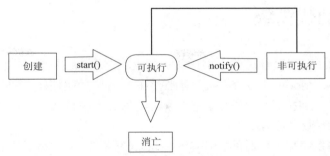

图 11-4　线程生命周期各个组成部分

11.3.1　创建

当实例化一个 Thread 对象并执行 start 方法后,线程进入"可执行"状态开始执行。虽然多线程给用户一种同时执行的感觉,但事实上在同一时间点上,只有一个线程在执行,只是线程之间转换速度很快,所以,看起来好像同时在执行一样。

11.3.2　可执行

当线程启用 start 方法后,进入"可执行"状态,执行用户覆写的 run 方法。一个线程进入"可执行"状态,并不代表它可以一直执行到 run 方法结束为止。事实上,它只是加入此应用程序执行安排的队列中,正如前文中提到的,这个线程加入了进程的线程执行队列中,对于大多数计算机而言,只有一个处理器,无法实现多个线程同时执行,这时需要合理安排线程执行计划,让那些处于"可执行"状态下的线程合理分享 CPU 资源。所以,一个在"可执行"状态下的线程,实际上可能正在等待取得 CPU 时间,也就是等候执行权;何时给予线程执行权,则由 Java 虚拟机和线程的优先级来决定。优先级的内容将在 11.4 节中详细讲解。

11.3.3　非可执行

在"可执行"状态下,线程可能被执行完毕,也可能没有被执行完毕,处于等待执行权的队列中。当使线程离开"可执行"状态下的等待队列时,线程进入"非可执行"状态。可以使用 Thread 类中的 wait、sleep 方法使线程进入"非可执行"状态。

当线程进入"非可执行"状态时,CPU 不分配时间片给这个线程。若希望线程回到"可执行"状态时,可以使用 notify 方法,或 notifyAll 方法及 interrupt 方法。

11.3.4　消亡

当 run 方法执行完毕后,线程自动消亡。当 Thread 类调用 start 方法时,Java 虚拟机自动调用它的 run 方法,而当 run 方法结束时,该线程会自动终止。以前 Thread 类中存在一个停止线程的 stop 方法,不过它现在被废弃了,因为调用这个方法,很容易使程序进入不稳定状态。

11.4　线程的优先级

在 Java 语言中,线程执行时有不同的优先级,优先级的范围是 1~10,默认值为 5;可以使用 Thread 类中 setPriority 方法来设定,但必须在 1~10 的范围内,否则会出现异常。优先级较高的线程会被提前执行,当它执行完毕才会轮到优先级较低的线程执行。如果优先级相同,那么采用轮流执行的方法。

绝大多数操作系统都支持时间分片(time slicing),简单地说,就是操作系统会为每个线程分配一小段 CPU 时间,时间一到就换下一个线程,即便这个线程没有执行完毕。对于不支持时间分片的操作系统,每个线程必须执行完毕后,才轮到下一个线程。如果需要此线程礼让一下其他线程,可以使用 Thread 类中的 yield 方法。

说明

yield 方法只是一种礼让的暗示,没有任何一种机制保证它会被采纳。在支持时间分片的操作系统中,线程不需要调用 yield 方法,因为操作系统会合理安排时间给线程来轮流执行。

11.5　线程的控制

线程的控制包括线程的启动、挂起、状态检查以及如何正确结束线程。由于在程序中使用多线程,为合理安排线程的执行顺序,可以对线程进行相应的控制。

11.5.1　线程的启动

一个新的线程被创建后处于初始状态,实际上并没有立刻进入运行状态,而是处于就绪状态。当轮到这个线程执行时,即进入"可执行"状态,开始执行线程 run 方法中的代码。

执行 run 方法是通过调用 Thread 类中 start 方法来实现的。调用 start 方法启动线程的 run 方法不同于一般的调用方法,一般方法必须等到方法执行完毕才能够返回,而对于 start 方法来说,调用线程的 start 方法后,start 方法告诉系统该线程准备就绪并可以启动 run 方法后就返回,并继续执行调用 start 方法下面的语句,这时 run 方法可能还在运行。这样,就实现了多任务操作。

【例 11-3】　使用多线程技术实现用户进入聊天室。

```
public void startService() throws IOException {
    while (true) {
        Socket s = ss.accept();              // 获得一个客户端的连接
        System.out.println(" 用户已进入聊天室 ");
        allSockets.add(s);                   // 将客户端连接的套接字放到集合中
        new ServerThread(s).start();         // 为此客户端单独创建一个事务处理线程
```

```
    }
  }
```

11.5.2 线程的挂起

线程的挂起操作实质上使线程进入"非可执行"状态。在这个状态下,CPU 不会分给线程时间段,这个状态可以用来暂停一个线程的运行。在线程挂起后,可以通过重新唤醒线程来使之恢复运行。

当一个线程进入"非可执行"状态,也就是挂起状态时,必然存在某种原因使其不能继续运行,这些原因可能是如下几种情况。

(1)通过调用 sleep 方法使线程进入休眠状态,线程在指定时间内不会运行。

(2)通过调用 join 方法使线程挂起,如果线程 A 调用线程 B 的 join 方法 , 那么线程 A 将被挂起,直到线程 B 执行完毕为止。

(3)通过调用 wait 方法使线程挂起,直到线程得到了 notify 和 notifyAll 消息,线程才会进入"可执行"状态。

(4)线程在等待某个输入 / 输出完成。

1. sleep 方法

sleep 方法是使一个线程的执行暂时停止的方法,暂停的时间由给定的毫秒数决定。

语法格式为:

```
Thread.sleep(long millis);
```

millis:必选参数。该参数以毫秒为单位设置线程的休眠时间。

执行该方法后,当前线程将休眠指定的时间段。如果任何一个线程中断了当前线程的休眠,该方法将抛出 InterruptedException 异常对象,所以,在使用 sleep 方法时 , 必须捕获该异常。

如果想让线程休眠 1.5 秒,即 1 500 毫秒 , 可以使用如下代码:

```
try{
  Thread.sleep(1500);
}catch(InterruptedException e){
  e.printStackTrace();
}
```

2. join 方法

join 方法能够使当前执行的线程停下来等待,直至 join 方法所调用的那个线程结束 , 再恢复执行。

语法格式为:

```
thread.join();
```

thread：一个线程的对象。

如果有一个线程 A 正在运行，用户希望插入一个线程 B，并且要求线程 B 执行完毕，然后继续执行线程 A，此时可以使用 B.join 方法来满足这个需求。

```
public class A extends Thread{
  Thread B;
  run(){
    B.join();
  }
}
```

3. wait 与 notify 方法

wait 方法同样可以对线程进行挂起操作，调用 wait 方法的线程将进入"非可执行"状态。使用 wait 方法有两种方式。

语法格式为：

```
thread.wait(1000);
```

或者：

```
thread.wait();
thread.notify();
```

thread：线程对象。

其中第一种方式给定线程挂起时间，基本上与 sleep 方法的语法相同；第二种方式是 wait 与 notify 方法配合使用，这种方式让 wait 方法无限等下去，直到线程接收到 notify 或 notifyAll 消息为止。

wait、notify 和 notifyAll 方法不同于其他线程方法，这三个方法是 java.lang.Object 类的一部分，而 Object 类是所有类的父类，所以，这三个方法会自动被所有类继承下来。wait、notify 和 notifyAll 方法都被声明为 final，所以无法重新定义。

4. suspend 与 resume 方法

suspend 与 resume 方法是强制挂起线程，而不是为线程指定休眠时间。这种情况下，由其他线程负责唤醒该线程并使其继续执行。

语法格式为：

```
thread.suspend();
thread.resume();
```

thread：线程对象。

在这里，线程 thread 在运行到 suspend 之后被强制挂起，暂停运行，直到主线程调用 thread.resume 方法时才被重新唤醒。

Java 的最新版本中已经舍弃了 suspend 和 resume 方法，因为使用这两个方法可能会产生死锁,所以,应该使用同步对象调用 wait 和 notify 方法的机制来代替 suspend 和 resume 方法进行线程控制。

11.5.3 线程状态检查

一般情况下,无法确定一个线程的运行状态,但是可以通过 isAlive 方法来确定其是否仍处在活动状态。当然,即使线程处于活动状态也并不意味着它一定正在运行,对于一个已开始运行但还没有完成任务的线程,这个方法返回值为 true。

isAlive 方法用于测试线程是否处于活动状态。如果线程已经启动且尚未终止,则为活动状态。

语法格式为:

```
thread.isAlive()
```

thread:线程对象。

11.5.4 结束线程

结束线程有两种情况。

(1)自然消亡:一个线程从 run 方法的结尾处返回,自然消亡且不能再被运行。

(2)强制死亡:调用 Thread 类中 stop 方法强制停止,不过该方法已经被舍弃。

虽然这两种情况都可以停止一个线程,但最好的方式是自然消亡。简单地说,如果要停止一个线程的执行,最好提供一个方式让线程可以完成 run() 的流程。

例如,线程的 run 方法中执行一个无限循环,在这个循环中可以提供一个布尔流变量或表达式来控制循环是否执行。在线程执行中,可以调用方法改变布尔变量的值,用这种方式使线程离开 run 方法以终止线程。具体代码如下:

```java
package com;
public class HelloWorld extends Thread{
  private Boolean flag=true;            // 跑出循环标记量
  public Boolean isFlag(){              // 标记量取值
    return this.flag;
  }
  public void setFlag(Boolean flag){    // 标记量赋值
    this.flag=flag;
  }
  public void run(){
    while(isFlag()){
      // 执行相关业务操作
      if(!isFlag()){                    // 如果标记量为 false,结束循环
        return;
```

```
        }
     }
   }
 }
```

【例 11-4】 在网络聊天中结束聊天功能。

```java
public void run() {
    BufferedReader br = null;
    try {
        br = new BufferedReader(new InputStreamReader(s.getInputStream()));
                            // 将客户端套接字输入流转换为字节流读取
        while (true) {          // 无限循环
            String str = br.readLine();
                            // 读取到一行之后,则赋值给字符串
            if (str.indexOf("%EXIT%") == 0) {
                            // 如果文本内容中包括 "%EXIT%"
                allSockets.remove(s);
                            // 集合删除此客户端连接
            }
                sendMessageTOAllClient(str.split(":")[1]
                    + " 用户已退出聊天室 ");
                            // 服务器向所有客户端接口发送退出通知
                    s.close();
                    // 关闭此客户端连接
                        return;
                    // 结束循环
        }

                sendMessageTOAllClient(str);
                // 向所有客户端发送此客户端发来的文本信息
    } catch (IOException e) {
                    e.printStackTrace();

    }
}
```

11.6 线程的同步

如果程序是单线程的,执行起来不必担心此线程会被其他线程打扰,就像在现实中,同一时间只完成一件事情,不用担心这件事情会被其他事情打扰。但是如果程序中同时使用多个线程,就好比现实中"两个人同时进入一扇门",此时就需要控制,否则容易阻塞。

为了避免多线程共享资源发生冲突的情况,需要在线程使用资源时给该资源上一把锁。访问资源的第一个线程为资源上锁,其他线程若想使用这个资源必须等到锁解除为止,锁解除的同时,另一个线程使用该资源并为这个资源上锁,如图 11-5 所示。如果将银行中的某个窗口看作一个公共资源,每个客户需要办理的业务就相当于一个线程,而排号系统就相当于给每个窗口上了锁,保证每个窗口只有一个客户在办理业务。当其中一个客户办理完业务后,工作人员启动排号机,通知下一个客户来办理业务,这正是线程 A 将锁打开,通知第二个线程来使用资源的过程。

图 11-5 线程为共享资源上锁

再比如火车站售票系统中,代码先判断当前票数是否大于 0,如果大于 0 则执行将该票售出,与此同时,第二个线程也已经执行完成判断是否有票的操作,并得出结论票数大于 0,于是它也执行售出操作,这样就会产生负数。所以,在编写多线程程序时,应该考虑到线程的安全问题。实质上,线程安全问题来源于两个线程同时存取单一对象的数据。

【例 11-5】 在项目中创建 ThreadSafeTest 类,该类实现了 Runnable 接口,主要实现模拟火车站售票系统的功能。

```java
public class ThreadSafeTest implements Runnable {
    int num = 10;                    // 设置当前总票数
    public void run() {
        while (true) {
            if (num > 0) {
                try {
                    Thread.sleep(100);
                } catch (Exception e) {
                    e.printStackTrace();
                }
                System.out.println("tickets" + num--);
            }
        }
    }
}
```

```
public static void main(String[] args) {
    ThreadSafeTest t = new ThreadSafeTest();
    // 以该类对象分别实例化 4 个线程
    Thread tA = new Thread(t);
    Thread tB = new Thread(t);
    Thread tC = new Thread(t);
    Thread tD = new Thread(t);
    // 分别启动线程
    tA.start();
    tB.start();
    tC.start();
    tD.start();
    }
}
```

运行效果如图 11-6 所示。

图 11-6　线程为共享资源上锁

运行本实例,最后打印剩下的票为负值,这样就出现了问题。这是由于同时创建了四个线程,这四个线程执行 run 方法,在 num 变量为 1 时,线程 1、线程 2、线程 3 和线程 4 都对 num 变量有存储功能。当线程 1 执行 run 方法时,还没有来得及进行递减操作,就指定它调用 sleep 方法进入就绪状态。这时线程 2、线程 3 和线程 4 都进入了 run 方法,发现 num 变量依然大于 0,但此时线程 1 休眠时间已到,将 num 变量值递减,同时线程 2、线程 3 和线程 4 也都对 num 变量进行递减操作,从而产生了负值。

为了处理这种共享资源竞争,可以使用同步机制。所谓同步机制指的是两个线程同时操作一个对象时,应该保持对象数据的统一性。Java 语言提供 synchronized 关键字,为防止资源冲突提供了内置支持。共享资源一般是文件、输入 / 输出端口,或者打印机。

Java 语言中有两种同步形式,即同步方法和同步代码块。

11.6.1　同步方法

同步方法是指将访问这个资源的方法都标记为 synchronized，这样在需要调用这个方法的线程执行完之前，其他调用该方法的线程都会被阻塞。可以使用如下代码声明一个 synchronized 方法：

```
synchronized void sum(){...}        // 定义一个取和的同步方法
synchronized void max(){...}        // 定义一个取最大值的同步方法
```

【例 11-6】 创建两个线程同时调用 PrintClass 类的 printch 方法打印字符，把 printch 方法修改为同步和非同步方法，对比运行结果。

```java
public class SyncThread extends Thread {
    private char cha;
    public SyncThread(char cha) {        // 构造函数
            this.cha = cha;
    }
    public void run() {
            PrintClass.printch(cha);     // 调用同步方法
            System.out.println();
    }
    public static void main(String[] args) {
            SyncThread t1 = new SyncThread('A');        // 创建线程 A
            SyncThread t2 = new SyncThread('B');        // 创建线程 B
            t1.start();                                 // 启动线程 A
            t2.start();                                 // 启动线程 B
    }
}
class PrintClass {
    public static synchronized void printch(char cha) { // 同步方法
            for (int i = 0; i < 5; i++) {
                    try {
                            Thread.sleep(1000);         // 打印一个字符休息 1 秒
                    } catch (InterruptedException e) {
                            e.printStackTrace();
                    }
                    System.out.print(cha);
            }
    }
}
```

```
    }
```

程序运行结果如图 11-7 所示。

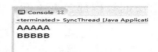

图 11-7　例 11-6 同步的程序运行结果

如果去掉声明 printch 方法的关键字 synchronized，该方法就是一个非同步方法，那么运行结果如图 11-8 所示。

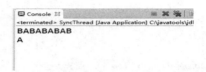

图 11-8　例 11-6 非同步的程序运行结果

11.6.2　同步代码块

Java 语言中同步的设定不只应用于同步方法，也可以设置程序的某个代码段块为同步区域。

语法格式为：

```
synchronized(someobject){
    ...                                              // 省略代码
}
```

代码说明：

其中 someobject 代表当前对象，同步的作用区域是 synchronized 关键字后大括号以内的部分。在程序执行到 synchronized 设定的同步化区块时，锁定当前对象，这样就没有其他线程可以执行这个被同步化的区块。

例如，现有线程 A 与线程 B，A 与 B 都希望同时访问同步化区块内的代码。此时，线程 A 进入同步区域块执行，而线程 B 不能进入同步区域块，不得不等待。简单地说，只有拥有可以运行代码权限的线程才可以运行同步块内的代码。当线程 A 从同步块中退出时，线程 A 需要释放 someobject 对象，使等待的线程 B 获得这个对象，然后执行同步块内中的代码。

【例 11-7】　创建两个线程同时调用 PrintClass 类的 printch 方法打印字符，把 printch 方法中的代码修改为同步和非同步代码块，对比运行结果。

```
public class SyncThread extends Thread {
    private String cha;
    public SyncThread(String cha) {                   // 构造函数
```

268

```java
            this.cha = cha;
        }
        public void run() {
            PrintClass.printch(cha);                        // 调用同步方法
        }
        public static void main(String[] args) {
            SyncThread t1 = new SyncThread(" 线程 A");        // 创建线程 A
            SyncThread t2 = new SyncThread(" 线程 B");        // 创建线程 B
            t1.start();                                      // 启动线程 A
            t2.start();                                      // 启动线程 B
        }
}
class PrintClass {
    static Object printer = new Object();                    // 实例化 Object 对象
    public static void printch(String cha) {                // 同步方法
        synchronized (printer) {                            // 同步块
            for (int i = 1; i < 5; i++) {
                System.out.println(cha + " ");
                try {
                    Thread.sleep(1000);
                } catch (InterruptedException e) {
                    e.printStackTrace();
                }
            }
        }
    }
}
```

程序运行结果如图 11-9 所示。

将 synchronized 关键字声明的同步代码修改为普通代码块, 再次运行程序, 运行结果如图 11-10 所示。

```
Console ☎
<terminated> SyncThread [Java Application] C:\javatools\jdk\bin\javaw.exe (2
线程B
线程B
线程B
线程B
线程A
线程A
线程A
线程A
```

图 11-9 例 11-7 同步的程序运行结果

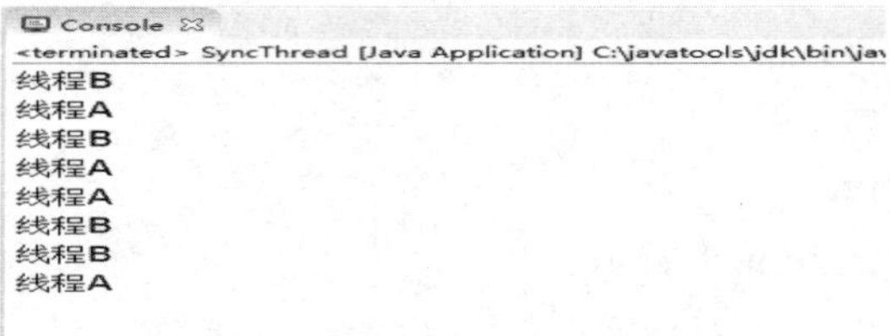

图 11-10 例 11-7 非同步的程序运行结果

11.7 线程通信

在程序开发中,经常要创建多个不相同的线程来完成不相关的任务。然而,有时执行的任务可能有一定联系,这样就需要使这些线程进行交互了。

例如有一个水塘,对水塘的操作无非包括"进水"行为不能再进行;当水塘水满时,"进水"行为不能再进行。

在 Java 语言中,用于线程间通信的方法是前文中提到过的 wait 与 notify 方法。用水塘的例子来说明,线程 A 代表"进水",线程 B 代表"排水",这两个线程对水塘都具有访问权限。假设线程 B 试图"排水",然而水塘中却没有水,这时线程 B 只好等待一会儿。线程 B 可以使用如下代码:

```
if(water.isEmpty()){        // 如果水塘没有水
    water.wait();           // 线程等待
}
```

在由线程 A 往水塘注水之前,线程 B 不能在这个队列中释放,它不能再次运行。当线程 A 将水注入水塘中后,应该由线程 A 来通知线程 B 水塘中已经被释放出来,并且重新加入程序运行。水塘对象可以使用如下代码:

```
water.notify();
```

将"进水"与"排水"抽象为线程 A 和线程 B,"水塘"抽象为线程 A 与线程 B 共享对象 water,上述情况即可看作线程通信,线程通信可以使用 wait 和 notify 方法。

notify 方法最多只能释放等待队列中的第一个线程,如果有多个线程在等待,则可以使用 notifyAll 方法,释放所有线程.

另外,wait 方法除了可以被 notify 方法调用终止以外,还可以通过调用线程的 interrupt 方法来终止,wait 方法会抛出一个异常。因此,如同 sleep 方法,也需要将 wait 方法放在"try...catch"语句块中。

在实际应用中,wait 与 notify 方法必须在同步方法或同步块中调用,因为只有获得这个共享对象,才可能释放它。为了使线程对一个对象调用 wait 或 notify 方法,线程必须锁定那个特定的对象,这个时候就需要同步机制进行保护了。

例如,当"排水"线程得到对水塘的控制权时,也就是拥有了 water 这个对象,但水塘中却没有水。此时，water.isEmpty() 条件满足，water 对象被释放，所以，"排水"线程在等待。可以使用如下代码在同步机制保护下调用 wait 方法：

```
synchronized(water){
    ...                        // 省略部分代码
    try{
        if(water.isEmpty()){
            water.wait();      // 线程调用 wait 方法
        }
    }catch(InterruptException e){
        ...                    // 省略异常处理代码
    }
}
```

当"进水"线程将水注入水塘后，再通知等待的"排水"线程，告诉它可以排水了，"排水"线程被唤醒后继续进行排水工作。

notify 方法通知"排水"线程并将其唤醒，notify 方法与 wait 方法相同，都需要在同步方法或同步块中才能被调用。

下面是在同步机制下调用 notify 方法的代码：

```
synchronized(water){
    water.notify();            // 线程调用 notify 方法
}
```

【例 11-8】 实现上文中水塘的进水和排水。创建线程 A 和线程 B 分别实现进水和排水，再创建 Water 类和水塘对象，顺序启动线程 B 进行排水，然后启动线程 A 进行进水。

（1）创建 ThreadA 类，它是线程 A，也就是进水线程，该线程可以在 5 分钟内将水塘注满水，并提示水塘水满。

```
public class ThreadA extends Thread {
    Water water;
    public ThreadA(Water waterArg) {
        water = waterArg;
    }
    public void run() {
        System.out.println(" 开始进水……");
        for (int i = 1; i <= 5; i++) {       // 循环 5 次
            try {
                Thread.sleep(1000);          // 休眠 1 秒，模拟 1 分钟
```

```
            System.out.println(i + " 分钟 ");
        } catch (InterruptedException e) {
            e.printStackTrace();
        }
    }
    water.setWater(true);               // 设置水塘有水状态
    System.out.println(" 进水完毕,水塘水满。");
    synchronized (water) {
        water.notify();                  // 线程调用 notify 方法
    }
    }
}
```

（2）创建 ThreadB 类,它是线程 B,也就是排水线程,该线程可以在 5 分钟内将水塘的水全部排除,并提示排水完毕。

```
public class ThreadB extends Thread {
    Water water;
    public ThreadB(Water waterArg) {
        water = waterArg;
    }
    public void run() {
        System.out.println(" 启动排水 ");
        if (water.isEmpty()) {            // 如果水塘无水
            synchronized (water) {        // 同步代码块
                try {
                    System.out.println(" 水塘无水,排水等待中……");
                    water.wait();          // 使线程处于等待状态
                } catch (InterruptedException e) {
                    e.printStackTrace();
                }
            }
        }
        System.out.println(" 开始排水……");
        for (int i = 5; i >= 1; i--) {    // 循环 5 次
            try {
                Thread.sleep(1000);        // 休眠 1 秒,模拟 1 分钟
                System.out.println(i + " 分钟 ");
```

```
        } catch (InterruptedException e) {
            e.printStackTrace();
        }
    }
    water.setWater(false);              // 设置水塘无水状态
    System.out.println(" 排水完毕。 ");
    }
}
```

（3）创建程序的主类 Water，也就是水塘类，在类中定义一个水塘状态的 boolean 类型变量，通过 isEmpty 方法可以判断水塘是否无水，setWater 方法可以设置水塘状态。在 main 主方法中分别创建线程 A 和线程 B，然后先启动线程 B 排水，再启动线程 A 进水。

```
public class Water {
    boolean water = false;                       // 反映水塘状态的变量
    public boolean isEmpty() {                    // 判断水塘是否无水的方法
        return water ? false : true;
    }
    public void setWater(boolean haveWater) {     // 更改水塘状态的方法
        this.water = haveWater;
    }
    public static void main(String[] args) {
        Water water=new Water();                  // 创建水塘对象
        ThreadA threadA = new ThreadA(water);     // 创建进水线程
        ThreadB threadB = new ThreadB(water);     // 创建排水线程
        threadB.start();                          // 启动排水线程
        threadA.start();                          // 启动进水线程
    }
}
```

程序运行结果如图 11-11 所示。

图 11-11　例 11-8 的运行结果

11.8　多线程产生死锁

多个线程可能发生阻塞，同时线程具有同步控制机制，可以防止其他线程在锁还没有释放的情况下访问这个对象，这时就产生了矛盾。例如：线程 A 在等待线程 B，而线程 B 又在等待线程 A，这样就造成了死锁。

一般造成死锁必须同时满足如下四个条件。

（1）互斥条件：线程使用的资源中至少有一个是不能共享的。

（2）请求与保持条件：至少有一个线程持有一个资源并且正在等待获取一个当前被其他线程持有的资源。

（3）非剥夺条件：分配的资源不能从相应的线程中被强制剥夺。

（4）循环等待条件：第一个线程在等待其他线程，后者又在等待第一个线程。

要造成死锁，这四个条件缺一不可，所以要解决死锁问题，只需要破坏其中一个条件即可。

小结

本章主要介绍了多线程的开发技术，包括线程的概述、创建、启动、休眠、唤醒和挂起以及线程的声明周期、同步方法、线程死锁等技术。

多线程可以提高程序的工作效率并增强程序的技术可行性，能够帮助读者开发出更加理想的应用程序。通过学习本章内容，读者应该熟练掌握并灵活运用多线程相关知识。

（1）多线程允许程序员编写可最大限度地利用 CPU 的高效程序。

（2）Java 以类和接口的形式为多线程提供内置支持。

（3）Java 程序启动时，一个线程立刻运行，该线程称为主线程。

（4）可通过两种方式创建线程：继承 Thread 类、实现 Runnable 接口。

（5）Thread 类有两个构造函数。

（6）线程的缺省优先级为 5。

（7）作为后台线程并为其他线程提供服务的线程称为精灵线程。

（8）同步是用于确保资源一次只能被一个线程使用的过程。

（9）wait-notify 机制用来处理线程间通信。

经典面试题

11-1 说明进程和线程的区别。

11-2 说明线程的几种状态。

11-3 多线程的创建有几种方法？

11-4 简述 notify、notifyAll 和 wait 方法的用法。

11-5 sleep 方法和 wait 方法有什么区别？

跟我上机

11-1 编写一个多线程类，该类的构造方法调用 Thread 类带字符串参数的构造方法，先建立自己的线程名，然后随机生成一个休眠时间，再将自己的线程名和休眠时间显示出来。该线程运行后，根据刚刚生成的随机的休眠时间进行休眠。最后编写一个测试类，创建多个不同名字的线程，并测试其运行情况。

11-2 使用多线程技术完成三个线程，每一个线程都有自己的标志，用 a、b、c 表示，每个线程都显示一个 start 信息和一个 end 信息，让三个线程之间间隔一个随机时间（0.5~2秒）顺序地执行。

11-3 使用多线程技术模拟倒计时的数字时钟程序。

11-4 使用线程创建一个计时器程序，要求在 60 秒内每 3 秒输出 1 次当前的剩余计时，直至计时结束。

11-5 使用多线程技术模拟泡茶的过程。

说明：在日常生活中，喝茶之前，我们必须完成烧开水、清洗茶杯以及泡茶的过程才能喝到清香的茶水。如果一项项地去完成，就会浪费很多时间，但若在烧水的过程中，同时清洗茶杯，就能节约一定的时间。

第12章 泛型与反射

本章要点：
- ☐ 泛型
- ☐ 使用泛型的集合类
- ☐ 反射在企业级 Java 开发中的应用
- ☐ 反射在 JavaWeb 开发中的应用
- ☐ 应用案例

☐ Java 泛型（Generics）是 JDK 5 中引入的一个新特性。泛型提供了编译时类型安全检测机制，该机制允许程序员在编译时检测到非法的类型。Java 泛型方法和泛型类支持程序员使用一个方法指定一组相关方法，或者使用一个类指定一组相关的类型。泛型的本质是参数化类型，也就是说所操作的数据类型被指定为一个参数。

☐ 程序运行时，允许改变程序结构或变量类型，这种语言称为动态语言。从这个观点看，Perl、Python、Ruby 是动态语言，C++、Java、C# 不是动态语言。但是 Java 有一个非常突出的动态相关机制——反射（Reflection），指在程序运行时可以加载、探知、使用编译期间完全未知的类。

12.1 泛型

12.1.1 泛型的定义

Java 泛型（Generics）是 JDK 5 中引入的一个新特性。泛型提供了编译时类型安全检测机制，该机制允许程序员在编译时检测到非法的类型。

泛型的本质是参数化类型，也就是说所操作的数据类型被指定为一个参数。简言之，泛型能够使类型（类和接口）在定义类、接口和方法时参数化。非常像方法定义时用到的形式参数（Formal Parameters），类型参数提供了一种通过不同的输入来复用同一段代码的方法。不同点是，形式参数输入的是值，而类型参数输入的是类型。

12.1.2 泛型集合

如果集合脱离了泛型会导致什么结果呢？先看以下代码表述。

```java
public static void main(String[] args) {
        List list = new ArrayList();
        list.add("session");
        list.add("java");
        list.add(50);
        for (int i = 0; i < list.size(); i++) {
            String name = (String) list.get(i); // 强制转换为 String 类型
            System.out.println("value:" + name);
        }
}
```

集合可以添加 Object 类型的任何元素，但是因为输出结果强转为 String，所以运行结果如图 12-1 所示。

```
Problems  Javadoc  Declaration  Console
<terminated> 泛型 [Java Application] C:\Program Files\Java\jre1.8.0_101\bin\javaw.exe (2017年2月12日 下午9:12:31)
Exception in thread "main" java.lang.ClassCastException: java.lang.Integer cannot be cast to java.lang.String
        at com.generic.泛型.main(泛型.java:14)
```

图 12-1　代码运行结果

这是 List 一基本操作，因输出形式或者转换类型更改产生的错误在编码过程中是不易发现的，非常容易给程序留下隐患。这是集合赋值任意类型时候最重要的一个缺陷，因此总结出以下两个问题。

（1）当一个对象添加到集合中时，集合不会记住此对象的具体类型，所以当再次从集合中取出此对象时，该对象会被编译成 Object 类型，但运行结果输出时类型又变为其本身类型。

（2）因为输出时类型变为其本身的类型，所以控制台输出集合元素时需要强制类型转化到具体的目标类型，这就很容易出现 ClassCastException 异常。

因此，泛型集合是 Java 泛型最常用的应用之一。在集合中引入泛型，能够保证编译时的类型安全，并且从集合中取得元素后不必再强制转换，简化了程序代码。定义泛型集合的语法格式如图 12-2 所示。

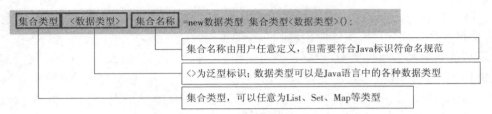

图 12-2　定义泛型集合的语法格式

对于一个已定义的集合 List，如果不定义泛型，那么我们可以存储不同类型的数据；如果定义了泛型，则只能存储一种类型的数据。例如：定义一个 List<String>，只可以存储字符串类型的数据，一旦你想要存储其他类型的数据，系统编译时就会报错。所以泛型的目的就是为集合内所存储的元素定义统一的类型。

使用泛型与不使用泛型相比，有很多优势。

（1）编译时具有更强大的类型检测功能。

Java 编译器对泛型应用了强大的类型检测功能，如果代码违反了类型安全就会报错。修复编译时产生的错误比修复运行时产生的错误更加容易，这是因为运行时产生的错误很难查找到。

以下代码片段是没有泛型需要类型转换的：

```
List list = new ArrayList(); // 声明普通集合
        list.add(" 这是个需要类型转换的集合！ ");
        String s = (String) list.get(0);
        System.out.println(s);
```

当我们重新用泛型编写的，代码就不需要类型转换了：

```
List<String> noCastList = new ArrayList<String>(); // 声明泛型集合
        noCastList.add(" 这是个不需要类型转换的集合 !");
        String noCastS = noCastList.get(0);
        System.out.println(noCastS);
```

（2）开发者可以实现泛型算法。

通过泛型，开发者可以自己实现泛型算法，应用到一系列的不同类型，可以自定义，并且类型安全、易读。

12.1.3　泛型类、泛型接口和泛型方法

泛型的参数类型可以用在类、接口和方法的创建中,分别称为泛型类、泛型接口和泛型方法。下面分别介绍。

1. 泛型类

泛型类是指包含类型参数的类。在泛型类的内部,类型参数可以作为以类型作为值的参数。定义泛型类的语法格式如图 12-3 所示。

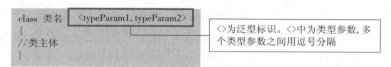

图 12-3　定义泛型类的语法格式

下面的代码给出了泛型类的具体定义方式:

```java
public class GenericDemoClass<T> {
    private T data;
    public T getData() {
            return data;
    }
    public void setData(T data) {
            this.data = data;
    }
}
```

下面了解一下泛型类具体如何使用:

```java
public static void main(String[] args) {
        GenericClass<String> stringOnly = new GenericClass<String>();
        stringOnly.setData(" 我只能是一个字符串! ");
        System.out.println(stringOnly.getData());
        GenericClass<Integer> integerOnly = new GenericClass<Integer>();
        integerOnly.setData(4);
        System.out.println(integerOnly.getData());

}
```

同时,泛型类也可以接受多个参数类型:

```java
public static void main(String[] args) {
        MultipleGeneric<String, Integer,Float> newGeneric
```

```
= new MultipleGeneric<String, Integer,Float>();
newGeneric.setDataT(" 只能是字符 ");
newGeneric.setDataK(123);
newGeneric.setDataE(12.34f);
System.out.println(newGeneric.getDataT());
System.out.println(newGeneric.getDataK());
System.out.println(newGeneric.getDataE());
}
```

泛型类的使用使得编码更加方便，只需要在使用时确定泛型参数的类型，大大地增加了程序的通用性，就像是有了一个模板。目前 Java 中的集合框架都已经被泛型化了，我们可以在任意类中自由地使用泛型。

2. 泛型接口

定义泛型接口的方式和定义泛型类很类似，如图 12-4 所示。

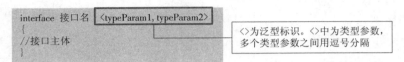

图 12-4　定义泛型接口的语法格式

下面看两个例子，了解泛型接口的定义和应用。

1）定义泛型接口

```
public interface DemoInterface<T> {
    public T getData();
}
```

2）定义具体类实现泛型接口

```
public class DemoImpl<T> implements DemoInterface<T>{
    private T data;
    public DemoImpl(T data) {// 通过构造器设置属性内容
        this.setData(data);
    }
    public void setData(T data) {
        this.data = data;
    }
    @Override
    public T getData() {
        return this.data;
```

```
        }
    }
```

3. 泛型方法

开发者目前在泛型的使用这个问题上已达成如下共识：泛型方法是优于泛型类的，应尽量使用前者以替代后者。下面来看一个简单的泛型方法的定义：

```
public class Main {
    public static <T> void out(T t) {
        System.out.println(t);
    }
    public static void main(String[] args) {
        out(" 输出！ ");
        out(123);
        out(11.11);
        out(true);
    }
}
```

可以看到方法的参数彻底泛化了，这个过程涉及编译器的类型推导和自动打包，也就是说，原来需要我们自己对类型进行判断和处理，现在编译器都帮我们做了。这样在定义方法的时候不必考虑以后到底需要处理哪些类型的参数，大大增加了编程的灵活性。

12.1.4 在泛型中使用通配符

之前的案例操作中，如果是多个泛型操作，往往程序中针对的是一个变量类型，也就是说，有多少个属性变量可以对应设置多少个泛型，一个泛型对应一个属性变量声明。在实际操作中或许这是多个泛型定义的目的所在，但是如果针对一个属性变量操作多个泛型，也就是说，一个属性变量不局限于一个泛型的类型限制，往往需要通配符"?"来操作，如以下代码：

```
public class Stu<B> {
    private B test;
    public B getTest() {
            return test;
    }
    public void setTest(B test) {
            this.test = test;
    }
    public B getSelf(){
```

```
        return test;
    }
}
...
public class Student {
    public void ActionStudent(Stu<?> us){
        System.out.println(us.getSelf());
    }
    public static void main(String[] args) {
        Student sd=new Student();
            //Double 泛型
            Stu<Double> st=new Stu<Double>();
            st.setTest(23.89);
            sd.ActionStudent(st);
            //String 泛型
            Stu<String> st1=new Stu<String>();
            st1.setTest("Ust");
            sd.ActionStudent(st1);
    }
}
```

注意：Object 与通配符"？"的区别很大，不能一概而论。

```
    public void ActionStudent(Stu<Object> us){
        System.out.println(us.getDate());
    }
    public static void main(String[] args) {
        Student sd=new Student();
            // 此时只能赋值 Double 泛型
            Stu<Double> st=new Stu<Double>();
            st.setTest(23.89);// 语法错误
            sd.ActionStudent(st);
    }
```

Stu<Object> 是固定了参数变量是 Object 类型，但是不等于赋值其他任意类型都可以。而 Stu<?> 中"？"的意义在于它是一个通用的类型，简称通配符，可以接受任意的类型，这是"Object"和"？"的区别所在。

12.1.5　泛型的上下限

在编写程序时,如果希望某一个函数接收的参数有一个范围的限制,可以考虑使用泛型的上限和下限。在引用传递中,泛型操作也可以设置一个泛型对象的范围上限或者下限:范围上限使用 extends 关键字,表示参数化类型可能是所指定的类型或者此类型的子类型;而范围下限使用 super 进行声明,表示参数化类型可能是指定的类型,或者此类型的父类,直至 Object 类。

1. 设置上限

```
class Info<T>{
    private T var ;                                    // 定义泛型变量
    public void setVar(T var){
        this.var = var ;
    }
    public T getVar(){
        return this.var ;
    }
    public String toString(){                          // 直接打印
        return this.var.toString() ;
    }
}
public class example6{
    public static void main(String args[]){
        Info<Integer> i1 = new Info<Integer>() ;       // 声明 Integer 的泛型对象
        Info<Float> i2 = new Info<Float>() ;           // 声明 Float 的泛型对象
        i1.setVar(30) ;                                // 设置整数,自动装箱
        i2.setVar(30.1f) ;                             // 设置小数,自动装箱
        fun(i1) ;
        fun(i2) ;
    }
    public static void fun(Info<? extends Number> temp){   // 只能接收 Number 及
                                                           // Number 的子类
        System.out.print(temp + "、") ;
    }
}
```

2. 设置下限

```
class Info<T>{
```

```
        private T var ;                                    // 定义泛型变量
        public void setVar(T var){
            this.var = var ;
        }
        public T getVar(){
            return this.var ;
        }
        public String toString(){                          // 直接打印
            return this.var.toString() ;
        }
    }
    public class example7{
        public static void main(String args[]){
            Info<String> i1 = new Info<String>() ;         // 声明 String 的泛型对象
            Info<Object> i2 = new Info<Object>() ;         // 声明 Object 的泛型对象
            i1.setVar("hello") ;
            i2.setVar(new Object()) ;
            fun(i1) ;
            fun(i2) ;
        }
        public static void fun(Info<? super String> temp){  // 只能接收 String 或 Object 类型
                                                             // 的泛型, String 类的父类只有
                                                             // Object 类

            System.out.print(temp + "、") ;
        }
    }
```

Object 类是 String 的父类,所以能成功运行,但是如果用 Integer 则会出错,因为 Integer 不是 String 的父类。

12.1.6 多泛型操作

一个类当然可以不仅有一个泛型来操作,例如:

```
public class Admin<R, Y, 好 > {
    private R age;
    private Y name;
    private 好 money;
     public Y getName() {
```

```
                return name;
        }
        public void setName(Y name) {
                this.name = name;
        }
        public 好 getMoney() {
                return money;
        }
        public void setMoney( 好 money) {
                this.money = money;
        }
        public R getAge() {
                return age;
        }
        public void setAge(R age) {
                this.age = age;
        }
}
```

根据上面这个例子可知,泛型可以具有多个类,甚至可以使用中文作为泛型类的参数,体现出泛型的多样性,调用的过程如下:

```
public static void main(String[] args) {
        Admin<Double, String, Integer> admin4=new Admin<Double, String, Inte-
ger>();
        admin4.setAge(23.66);      // 对应不同的具体类型赋值具体的参数
        admin4.setMoney(445);
        admin4.setName("you");
        Admin admin5=new Admin();
        admin5.setAge('d');
        admin5.setMoney('d');
    admin5.setName('d');
}
```

对应就要同时赋值三个泛型的具体类型,如 Admin<Double, String, Integer>。如果都不赋值具体的类型,那么这三个泛型均为 Object 类型,如对象 admin5。泛型的具体类型可以是多个,如果要赋值就都赋值,否则就都不赋值,即都是 Object 类型,不能选择性赋值泛型类型。

12.1.7 泛型要点

上述示例用到了泛型的几个基本操作,其特点是非常鲜明的。

(1)如果限定了泛型,如 <String>,那么就限定了赋值的类型,只能添加、操作 String 类型的元素。

(2)集合是否限定类型,是否添加对应实参的泛型,需要就具体的项目具体分析。

(3)添加具体对应实参的泛型,必须是引用类型,不能是基本类型。例如添加 double 类型的元素,就需要添加 <Double> 类型泛型。

(4)泛型可以是自定义的一个字母或者其他字符,例如 <H>、< 中 > 等。

(5)泛型调用时一个泛型可对应多个类型,则通配符"?"是必不可少的。

(6)extends 和 super 分别是继承的上下限给泛型的取值范围。

(7)接口和实现类定义的泛型可以只赋值一个具体类型。

12.2 反射

12.2.1 反射的基本概念

反射主要指程序可以访问、检测和修改它本身状态或行为,并能根据自身行为的状态和结果调整或修改应用所描述行为的状态和相关语义的一种能力。

反射是 Java 中一种强大的工具,能够使我们很方便地创建灵活的代码,这些代码可以在运行时装配,无须在组件之间进行源代码链接。但是反射使用不当会导致成本大大提高。

12.2.2 反射机制的概念

在运行状态中,对于任意一个类,都能够知道这个类的所有属性和方法;对于任意一个对象,都能够调用它的任意一个方法和属性。这种动态获取信息以及动态调用对象的方法的功能称为 Java 语言的反射机制。

反射机制主要提供了以下功能:

(1)在运行时判断任意一个对象所属的类;

(2)在运行时构造任意一个类的对象;

(3)在运行时判断任意一个类所具有的成员变量和方法;

(4)在运行时调用任意一个对象的方法;

(5)生成动态代理。

先看一下 Sun Microsystems 公司提供的反射机制中的类:

```
java.lang.Class;
java.lang.reflect.Constructor;
java.lang.reflect.Field;
java.lang.reflect.Method;
```

java.lang.reflect.Modifier;

注：API 是我们学习的最好老师，很多反射的属性和方法都可以在 Java 的 API 中查询到，希望大家多多阅读。

如果说某个语言具有很强的动态性，那么它一定具有如下几个特性：动态绑定、动态链接和动态加载。

通常开发者社群说到动态语言，大致认同的一个定义是："程序运行时，允许改变程序结构或变量类型，这种语言称为动态语言。"从这个观点看，Perl、Python、Ruby 是动态语言，C++、Java、C# 不是动态语言。

尽管在这样的定义与分类下 Java 不是动态语言，它却有着一个非常突出的动态相关机制：Reflection。这个单词的意思是"反射、映象、倒影"，用在 Java 身上指的是我们可以于运行时加载、探知、使用、编译期间完全未知的 Classes，即 Java 程序可以在加载一个运行时才得知名称的 Class，获悉其完整构造（但不包括 Methods 定义），并生成其对象实体，或对其 Fields 设值，或唤起其 Methods。这种"看透 Class"的能力（The ability of the program to examine itself）被称为 Introspection（内省、内观、反省）。Reflection 和 Introspection 是常被并提起的两个术语。

12.2.3　反射机制的相关 API 应用

通过一个对象获得完整的包名和类名。
实例化 Class 类对象：

```
com.iss.demo;
public class TestReflect {
    public static void main(String[] args) throws Exception {
        TestReflect testReflect = new TestReflect();
        System.out.println(testReflect.getClass().getName());
        // 结果 net.xsoftlab.baike.TestReflect
    }
}
com.iss.demo;
public class TestReflect {
    public static void main(String[] args) throws Exception {
        Class<?> class1 = null;
        Class<?> class2 = null;
        Class<?> class3 = null;
        // 一般采用这种形式
        class1 = Class.forName("net.xsoftlab.baike.TestReflect");
        class2 = new TestReflect().getClass();
```

```
    class3 = TestReflect.class;
    System.out.println(" 类名称   " + class1.getName());
    System.out.println(" 类名称   " + class2.getName());
    System.out.println(" 类名称   " + class3.getName());
  }
```

获取一个对象的父类与实现的接口：

```
com.iss.demo;
import java.io.Serializable;
public class TestReflect implements Serializable {
    private static final long serialVersionUID = -2862585049955236662L;
    public static void main(String[] args) throws Exception {
        Class<?> clazz = Class.forName("net.xsoftlab.baike.TestReflect");
        // 取得父类
        Class<?> parentClass = clazz.getSuperclass();
        System.out.println("clazz 的父类为：" + parentClass.getName());
        // clazz 的父类为：java.lang.Object
        // 获取所有的接口
        Class<?> intes[] = clazz.getInterfaces();
        System.out.println("clazz 实现的接口有：");
        for (int i = 0; i < intes.length; i++) {
            System.out.println((i + 1) + ":" + intes[i].getName());
        }
        // clazz 实现的接口有：java.io.Serializable
    }
}
```

获取某个类中的全部构造函数，详见下例。
通过反射机制实例化一个类的对象：

```
com.iss.demo;
import java.lang.reflect.Constructor;
public class TestReflect {
    public static void main(String[] args) throws Exception {
        Class<?> class1 = null;
        class1 = Class.forName("net.xsoftlab.baike.User");
        // 第一种方法：实例化默认构造方法，调用 set 赋值
        User user = (User) class1.newInstance();
```

```
        user.setAge(20);
        user.setName("Rollen");
        System.out.println(user);
        // 第一种方法的程序输出为：User[age=20, name=Rollen]
        // 第二种方法：取得全部的构造函数，使用构造函数赋值
        Constructor<?> cons[] = class1.getConstructors();
        // 查看每个构造方法需要的参数
        for (int i = 0; i < cons.length; i++) {
            Class<?> clazzs[] = cons[i].getParameterTypes();
            System.out.print("cons[" + i + "] (");
            for (int j = 0; j < clazzs.length; j++) {
                if (j == clazzs.length - 1)
                    System.out.print(clazzs[j].getName());
                else
                    System.out.print(clazzs[j].getName() + ",");
            }
            System.out.println(")");
        }
        // 第二种方法的程序输出为：
        // cons[0] (java.lang.String)
        // cons[1] (int,java.lang.String)
        // cons[2] ()
        user = (User) cons[0].newInstance("Rollen");
        System.out.println(user);
        // 程序的输出结果为：User [age=0, name=Rollen]
        user = (User) cons[1].newInstance(20, "Rollen");
        System.out.println(user);
        // 程序的输出结果为：User [age=20, name=Rollen]
    }
}
class User {
    private int age;
    private String name;
    public User() {
        super();
    }
    public User(String name) {
```

```
        super();
        this.name = name;
    }
    public User(int age, String name) {
        super();
        this.age = age;
        this.name = name;
    }
    public int getAge() {
        return age;
    }
    public void setAge(int age) {
        this.age = age;
    }
    public String getName() {
        return name;
    }
    public void setName(String name) {
        this.name = name;
    }
    @Override
    public String toString() {
        return "User [age=" + age + ", name=" + name + "]";
    }
}
```

获取某个类的全部属性：

```
com.iss.demo;
import java.io.Serializable;
import java.lang.reflect.Field;
import java.lang.reflect.Modifier;
 public class TestReflect implements Serializable {
 private static final long serialVersionUID = -2862585049955236662L;
 public static void main(String[] args) throws Exception {
Class<?> clazz = Class.forName("net.xsoftlab.baike.TestReflect");
        System.out.println("========== 本类属性 ==========");
        // 取得本类的全部属性
```

```
Field[] field = clazz.getDeclaredFields();
for (int i = 0; i < field.length; i++) {
    // 权限修饰符
    int mo = field[i].getModifiers();
    String priv = Modifier.toString(mo);
    // 属性类型
    Class<?> type = field[i].getType();
    System.out.println(priv + " " + type.getName() + " " + field[i].getName() + ";");
}
System.out.println("=== 实现的接口或者父类的属性 ===");
// 取得实现的接口或者父类的属性
Field[] filed1 = clazz.getFields();
for (int j = 0; j < filed1.length; j++) {
    // 权限修饰符
    int mo = filed1[j].getModifiers();
    String priv = Modifier.toString(mo);
    // 属性类型
    Class<?> type = filed1[j].getType();
    System.out.println(priv + " " + type.getName() + " " + filed1[j].getName() + ";");
    }
  }
}
```

获取某个类的全部方法：

```
com.iss.demo;
import java.io.Serializable;
import java.lang.reflect.Method;
import java.lang.reflect.Modifier;
public class TestReflect implements Serializable {
    private static final long serialVersionUID = -2862585049955236662L;
    public static void main(String[] args) throws Exception {
        Class<?> clazz = Class.forName("net.xsoftlab.baike.TestReflect");
    Method method[] = clazz.getMethods();
    for (int i = 0; i < method.length; ++i) {
        Class<?> returnType = method[i].getReturnType();
        Class<?> para[] = method[i].getParameterTypes();
        int temp = method[i].getModifiers();
```

```
                System.out.print(Modifier.toString(temp) + " ");
                System.out.print(returnType.getName() + " ");
                System.out.print(method[i].getName() + " ");
                System.out.print("(");
                for (int j = 0; j < para.length; ++j) {
                    System.out.print(para[j].getName() + " " + "arg" + j);
                    if (j < para.length - 1) {
                        System.out.print(",");
                    }
                }
                Class<?> exce[] = method[i].getExceptionTypes();
                if (exce.length > 0) {
                    System.out.print(") throws ");
                    for (int k = 0; k < exce.length; ++k) {
                        System.out.print(exce[k].getName() + " ");
                        if (k < exce.length - 1) {
                            System.out.print(",");
                        }
                    }
                } else {
                    System.out.print(")");
                }
                System.out.println();
            }
        }
    }
```

通过反射机制调用某个类的方法：

```
com.iss.demo;
import java.lang.reflect.Method;
public class TestReflect {
    public static void main(String[] args) throws Exception {
        Class<?> clazz = Class.forName("net.xsoftlab.baike.TestReflect");
        // 调用 TestReflect 类中的 reflect1 方法
        Method method = clazz.getMethod("reflect1");
        method.invoke(clazz.newInstance());
        // Java 反射机制——调用某个类的方法 1
```

```
        // 调用 TestReflect 的 reflect2 方法
        method = clazz.getMethod("reflect2", int.class, String.class);
        method.invoke(clazz.newInstance(), 20, " 张三 ");
        // Java 反射机制——调用某个类的方法 2
        // age -> 20. name -> 张三
    }
    public void reflect1() {
        System.out.println("Java 反射机制——调用某个类的方法 1。 ");
    }
    public void reflect2(int age, String name) {
        System.out.println("Java 反射机制——调用某个类的方法 2。 ");
        System.out.println("age -> " + age + ". name -> " + name);
    }
}
```

通过反射机制操作某个类的属性：

```
com.iss.demo;
import java.lang.reflect.Field;
public class TestReflect {
    private String property = null;
    public static void main(String[] args) throws Exception {
        Class<?> clazz = Class.forName("net.xsoftlab.baike.TestReflect");
        Object obj = clazz.newInstance();
        // 可以直接对 private 的属性赋值
        Field field = clazz.getDeclaredField("property");
        field.setAccessible(true);
        field.set(obj, "Java 反射机制 ");
        System.out.println(field.get(obj));
    }
}
```

反射机制的动态代理：

```
// 获取类加载器的方法
TestReflect testReflect = new TestReflect();
    System.out.println(" 类加载器 " + testReflect.getClass().getClassLoader().getClass().
getName());
    com.iss.demo;
```

```java
import java.lang.reflect.InvocationHandler;
import java.lang.reflect.Method;
import java.lang.reflect.Proxy;
// 定义项目接口
interface Subject {
    public String say(String name, int age);
}
// 定义真实项目
class RealSubject implements Subject {
    public String say(String name, int age) {
        return name + "  " + age;
    }
}
class MyInvocationHandler implements InvocationHandler {
    private Object obj = null;
    public Object bind(Object obj) {
        this.obj = obj;
        return Proxy.newProxyInstance(obj.getClass().getClassLoader(), obj.getClass().getInterfaces(), this);
    }
    public Object invoke(Object proxy, Method method, Object[] args) throws Throwable {
        Object temp = method.invoke(this.obj, args);
        return temp;
    }
}
/**
 * 在 Java 中有三种类加载器。
 * （1）Bootstrap ClassLoader，此加载器采用 C++ 编写，一般开发中很少见。
 * （2）Extension ClassLoader 用来进行扩展类的加载，一般对应的是 jrelibext 目录中
的类。
 * （3）AppClassLoader 加载 classpath 指定的类，是最常用的加载器，同时也是 Java 中
默认的加载器。
 * 如果想要完成动态代理，首先需要定义一个 InvocationHandler 接口的子类，以完成
代理的具体操作。
 * @author iss.com
 */
public class TestReflect {
```

```
    public static void main(String[] args) throws Exception {
        MyInvocationHandler demo = new MyInvocationHandler();
        Subject sub = (Subject) demo.bind(new RealSubject());
        String info = sub.say("Rollen", 20);
        System.out.println(info);
    }
}
```

反射机制的应用实例如下。

在泛型为 Integer 的 ArrayList 中存储一个 String 类型的对象。

```
com.iss.demo;
import java.lang.reflect.Method;
import java.util.ArrayList;
public class TestReflect {
    public static void main(String[] args) throws Exception {
        ArrayList<Integer> list = new ArrayList<Integer>();
        Method method = list.getClass().getMethod("add", Object.class);
        method.invoke(list, "Java 反射机制实例。");
        System.out.println(list.get(0));
    }
}
```

通过反射机制取得并修改数组的信息：

```
com.iss.demo;
import java.lang.reflect.Array;
public class TestReflect {
    public static void main(String[] args) throws Exception {
        int[] temp = { 1, 2, 3, 4, 5 };
        Class<?> demo = temp.getClass().getComponentType();
        System.out.println(" 数组类型： " + demo.getName());
        System.out.println(" 数组长度  " + Array.getLength(temp));
        System.out.println(" 数组的第一个元素： " + Array.get(temp, 0));
        Array.set(temp, 0, 100);
        System.out.println(" 修改之后数组第一个元素为： " + Array.get(temp, 0));
    }
}
```

通过反射机制修改数组的大小：

```
com.iss.demo;
import java.lang.reflect.Array;
public class TestReflect {
    public static void main(String[] args) throws Exception {
        int[] temp = { 1, 2, 3, 4, 5, 6, 7, 8, 9 };
        int[] newTemp = (int[]) arrayInc(temp, 15);
        print(newTemp);
        String[] atr = { "a", "b", "c" };
        String[] str1 = (String[]) arrayInc(atr, 8);
        print(str1);
    }
    // 修改数组大小
    public static Object arrayInc(Object obj, int len) {
        Class<?> arr = obj.getClass().getComponentType();
        Object newArr = Array.newInstance(arr, len);
        int co = Array.getLength(obj);
        System.arraycopy(obj, 0, newArr, 0, co);
        return newArr;
    }
    // 打印
    public static void print(Object obj) {
        Class<?> c = obj.getClass();
        if (!c.isArray()) {
            return;
        }
        System.out.println(" 数组长度为：" + Array.getLength(obj));
        for (int i = 0; i < Array.getLength(obj); i++) {
            System.out.print(Array.get(obj, i) + " ");
        }
        System.out.println();
    }
}
```

将反射机制应用于工厂模式：

```
com.iss.demo;
interface fruit {
    public abstract void eat();
```

```
    }
class Apple implements fruit {
    public void eat() {
        System.out.println("Apple");
    }
}
class Orange implements fruit {
    public void eat() {
        System.out.println("Orange");
    }
}
class Factory {
    public static fruit getInstance(String ClassName) {
        fruit f = null;
        try {
            f = (fruit) Class.forName(ClassName).newInstance();
        } catch (Exception e) {
            e.printStackTrace();
        }
        return f;
    }
}
/**
```

* 对于普通的工厂模式,当我们添加一个子类时,需要对应地修改工厂类。 当我们添加很多的子类时,这样做会很麻烦。

* Java 工厂模式可以参考: http://baike.xsoftlab.net/view/java-factory-pattern。

* 利用反射机制实现工厂模式,可以在不修改工厂类的情况下添加任意多个子类,但是有一点仍然很麻烦,就是需要知道完整的包名和类名,这里可以使用 properties 配置文件来完成。

* Java 读取 properties 配置文件的方法可以参考: http://baike.xsoftlab.net/view/java-read-the-properties-configuration-file。

* @author iss.com

*/

```
public class TestReflect {
    public static void main(String[] args) throws Exception {
        fruit f = Factory.getInstance("net.xsoftlab.baike.Apple");
        if (f != null) {
```

```
        f.eat();
    }
  }
}
```

12.2.4　使用反射机制综合案例

为某研究所编写一个通用程序,用来计算每一种交通工具运行 1000 公里所需要的时间,已知每种交通工具的参数都是三个整数 A、B、C 的表达式。现有 Car 和 Plane 两种工具,其中 Car007 的速度运算公式为 A*B/C,Plane 的速度运算公式为 A+B+C。需要编写 ComputeTime.java、Plane.java、Car.java 三个类和接口 Common.java,要求:未来如果增加第三种交通工具,不必修改以前的任何程序,只需要编写新的交通工具的程序。

其运行过程如下:从命令行输入 ComputeTime 的四个参数,第一个是交通工具的类型,第二、三、四个参数分别是整数 A、B、C,举例如下。

计算 Plane 的时间:"java ComputeTime Plane 20 30 40"。

计算 Car 的时间:"java ComputeTime Car 23 34 45"。

如果第三种交通工具为 Ship,则只需要编写 Ship.java,运行时输入:"java ComputeTime Ship 22 33 44"。

充分利用接口的概念,使用反射机制实例化对象:

```
Class.forName(str).newInstance();
```

代码如下:

```java
// 定义 Common 接口
public interface Common {
    public float getSpeed(int A,int B,int C);
}
// 定义汽车的实现类
public class Car implements Common {
    @Override
    public float getSpeed(int A, int B, int C) {
            return A*B/C;
    }
}
// 定义飞机的实现类
public class Plane implements Common {
    @Override
    public float getSpeed(int A, int B, int C) {
```

```
                        return A+B+C;
        }
    }
// 定义测试的实现类
import java.util.Scanner;
public class ComputeTime {
    private  Common common;
    public ComputeTime(String name){
            try {
                        this.common=(Common) Class.forName(name).newInstance();
            } catch (InstantiationException | IllegalAccessException | ClassNotFoundEx-
ception e) {

                        e.printStackTrace();
            }
    }
    public static void main(String[] args) {
            System.out.println(" 请输入类名 ");
            Scanner sc=new Scanner(System.in);
            String name=sc.next();
            ComputeTime computeTime=new ComputeTime(name);
            System.out.println(" 请输入 A,B,C");
            int A=sc.nextInt();
            int B=sc.nextInt();
            int C=sc.nextInt();
            float speed=computeTime.common.getSpeed(A, B, C);
            float time=1000/speed;
            System.out.println(" 所需时间为：  "+time);

        }
        }
```

小结

（1）泛型是一个类创建的一个形参，可以封装一个动态类型，具体的实参由实例化该类对象决定。

（2）一个类可以赋值多个泛型，还可以用 extends 和 super 关键字给泛型限定上下限。但是一个类中声明的泛型可以是 extends，不能是 super。

（3）如果泛型可以接受多个类型赋值，那么可以利用通配符"?"，但是一个类中创建的泛型不能是通配符。

（4）Class 在反射实例中常用 new 实例化的方式执行和调用。

（5）Java 反射能够使我们的代码更加灵活，但是它也有缺点，运用它会使我们的软件性能降低，复杂度增加，所以要慎重使用。

经典面试题

12-1　什么是泛型中的限定通配符和非限定通配符？

12-2　List<? extends T> 和 List <? super T> 之间有什么区别？

12-3　编写一个泛型方法，让它能接受泛型参数并返回泛型类型。

12-4　什么是反射机制？它是如何实现的？

12-5　反射机制提供了什么功能？

跟我上机

12-1　使用集合和泛型完成购物车对商品信息的存储。

12-2　编写一个泛型方法 add，当传入不同数字类型的值时，能够进行加法运算。（如可以传入 int、long、float、double 类型，但要对传入的值做一定的限定，如必须是数字。）

12-3　使用泛型实现栈结构，操作步骤如下。

（1）创建泛型栈类 Stack，包含用来入栈的 push 方法、出栈的 pop 方法，判断栈是否为空的 isEmpty 方法。

（2）创建测试类 TestStack，分别构建字符串栈和数字栈，各自向栈中增加四个元素，然后从栈中删除三个元素并输出。

12-4　使用泛型接口获得数组的最大值和最小值，操作步骤如下。

（1）创建泛型类 ComparableElement，实现 MaxOrMin 方法。

（2）创建测试类 Test，包含一个 char 类型数组和 Double 类型数组，并输出两个数组中的最大值和最小值。

12-5　编写程序实现 Comparable 接口，步骤如下。

（1）自定义类，实现 Comparable 接口，加上泛型。

（2）定义测试类 Test，创建两个对象 o1 和 o2，进行比较，并输出比较结果。

第 13 章 JDBC 数据库编程

本章要点：

- ☐ JDBC 概述
- ☐ JDBC 中常用的类和接口
- ☐ JDBC 连接数据库
- ☐ JDBC 操作数据库
- ☐ 应用 JDBC 事务

- ☐ JDBC 是 Java 语言访问数据库的一种规范。JDBC 提供了众多接口和类，通过这些接口和类，Java 客户端程序可以访问各种不同类型的数据库。

- ☐ JDBC 规范采用接口与实现分离的思想设计了 Java 数据库编程的框架。接口包含在 java.sql 及 javax.sql 包中，其中 java.sql 属于 JavaSE，javax.sql 属于 JavaEE。

13.1　JDBC 概述

　　JDBC 的全称为 Java Database Connectivity，是 Java 语言访问数据库的一种规范。JDBC 制定了统一的访问各种关系数据库的标准接口，为各个数据库厂商提供了标准接口的实现。通过使用 JDBC 技术，开发人员可以用纯 Java 语言和标准的 SQL 语句编写完整的数据库应用程序，并且真正地实现软件的跨平台性。

　　JDBC 是一种底层的应用程序接口（API），在访问数据库时需要在业务逻辑中直接嵌入 SQL 语句。由于 SQL 语句是面向关系的，依赖于关系模型，所以 JDBC 传承了其简单直接的优点，特别是对于小型应用程序来说十分方便。需要注意的是，JDBC 不能直接访问数据库，必须依赖于数据库厂商提供的 JDBC 驱动程序完成。

13.2　JDBC 中常用的类和接口

　　JDBC 提供了众多的接口和类，通过这些接口和类，可以实现与数据库的通信。本节将详细介绍一些常用的 JDBC 接口和类。

13.2.1　Driver 接口

　　每种数据库的驱动程序都应该提供一个实现 java.sql.Driver 接口的类，简称 Driver 类。在加载某一驱动程序的 Driver 类时，它应该创建自己的实例并向 java.sql.DriverManager 类注册该实例。

　　在通常情况下通过 java.lang.Class 类的静态方法 forName(String className) 加载欲连接数据库的 Driver 类，该方法的入口参数为欲加载 Driver 类的完整路径。成功加载后，会将 Driver 类的实例注册到 DriverManager 类中；如果加载失败，将抛出 ClassNotFoundException 异常，即未找到指定 Driver 类的异常。

13.2.2　DriverManager 类

　　java.sql.DriverManager 类负责管理 JDBC 驱动程序的基本服务，是 JDBC 的管理层；作用于用户和驱动程序之间，负责跟踪可用的驱动程序，并在数据库和驱动程序之间建立连接。另外，DriverManager 类也处理诸如驱动程序登录时间限制及登录和跟踪消息的显示等工作。成功加载 Driver 类并在 DriverManager 类中注册后，DriverManager 类即可用来建立数据库连接。

　　当调用 DriverManager 类的 getConnection 方法请求建立数据库连接时，DriverManager 类将试图定位一个适当的 Driver 类，并检查定位到的 Driver 类是否可以建立连接，如果可以则建立连接并返回，如果不可以则抛出 SQLException 异常。

　　DriverManager 类提供的常用静态方法如表 13-1 所示。

表 13-1　DriverManager 类提供的常用静态方法

方法名称	功能描述
getConnection(String url, String user, String password)	用来获得数据库连接。三个入口参数依次为要连接数据库的路径(URL)、用户名和密码,返回值的类型为 java.sql.Connection
setLoginTimeout(int seconds)	用来设置每次等待建立数据库连接的最长时间
setLogWriter(java.io.PrintWriter out)	用来设置日志的输出对象
println(String message)	用来输出指定消息到当前的 JDBC 日志流

13.2.3　Connection 接口

　　java.sql.Connection 接口代表与特定数据库的连接,在连接的上下文中可以执行 SQL 语句并返回结果,还可以通过 getMetaData 方法获得由数据库提供的相关信息,例如数据表、存储过程和连接功能等信息。

　　Connection 接口提供的常用方法如表 13-2 所示。

表 13-2　Connection 接口提供的常用方法

方法名称	功能描述
createStatement()	创建并返回一个 Statement 实例,通常在执行无参的 SQL 语句时创建该实例
prepareStatement()	创建并返回一个 PreparedStatement 实例,通常在执行包含参数的 SQL 语句时创建该实例,并对 SQL 语句进行了预编译处理
prepareCall()	创建并返回一个 CallableStatement 实例,通常在调用数据库存储过程时创建该实例
setAutoCommit()	设置当前 Connection 实例的自动提交模式。默认为 true,即将更改自动同步到数据库中;如果设为 false,需要通过执行 commit 或 rollback 方法将更改手动同步到数据库中
getAutoCommit()	查看当前的 Connection 实例是否采用自动提交模式,如果是则返回 true,否则返回 false
setSavepoint()	在当前事务中创建并返回一个 Savepoint 实例,前提条件是当前的 Connection 实例不能采用自动提交模式,否则将抛出异常
releaseSavepoint()	从当前事务中移除指定的 Savepoint 实例
setReadOnly()	设置当前 Connection 实例的读取模式,默认为非只读模式。不能在事务当中执行该操作,否则将抛出异常。有一个 boolean 型的入口参数,设为 true 表示开启只读模式,设为 false 表示关闭只读模式
isReadOnly()	查看当前 Connection 实例的读取模式是否为只读模式,如果是则返回 true,否则返回 false
isClosed()	查看当前的 Connection 实例是否被关闭,如果被关闭则返回 true,否则返回 false

方法名称	功能描述
commit()	将从上一次提交或回滚以来进行的所有更改同步到数据库,并释放 Connection 实例当前拥有的所有数据库锁定
rollback()	取消当前事务中的所有更改,并释放当前 Connection 实例拥有的所有数据库锁定。该方法只能在非自动提交模式下使用,如果在自动提交模式下执行该方法,将抛出异常。有一个参数为 Savepoint 实例的重载方法,用来取消 Savepoint 实例之后的所有更改,并释放对应的数据库锁定
close()	立即释放 Connection 实例占用的数据库和 JDBC 资源,即关闭数据库连接

13.2.4 Statement 接口

java.sql.Statement 接口用来执行静态的 SQL 语句,并返回执行结果。例如,对于 IN-SERT、UPDATE 和 DELETE 语句,调用 executeUpdate(String sql) 方法;对于 SELECT 语句,则调用 executeQuery(String sql) 方法,并返回一个永远不能为 null 的 ResultSet 实例。

Statement 接口提供的常用方法如表 13-3 所示。

表 13-3　Statement 接口提供的常用方法

方法名称	功能描述
executeQuery(String sql)	执行指定的静态 SELECT 语句,并返回一个永远不能为 null 的 ResultSet 实例
executeUpdate(String sql)	执行指定的静态 INSERT、UPDATE 或 DELETE 语句,并返回一个 int 型数值,此数为同步更新记录的条数
clearBatch()	清除位于 Batch 中的所有 SQL 语句。如果驱动程序不支持批量处理将抛出异常
addBatch(String sql)	将指定的 SQL 命令添加到 Batch 中。String 型入口参数通常为静态的 IN-SERT 或 UPDATE 语句。如果驱动程序不支持批量处理将抛出异常
executeBatch()	执行 Batch 中的所有 SQL 语句,如果全部执行成功,则返回由更新计数组成的数组,数组元素的排序与 SQL 语句的添加顺序对应。数组元素有以下几种情况。 ①大于或等于零的数:说明 SQL 语句执行成功,此数为影响数据库中行数的更新计数。 ②说明 SQL 语句执行成功,但未得到受影响的行数。 ③说明 SQL 语句执行失败,仅当执行失败后继续执行后面的 SQL 语句时出现。如果驱动程序不支持批量,或者未能成功执行 Batch 中的 SQL 语句之一,将抛出异常
close()	立即释放 Statement 实例占用的数据库和 JDBC 资源

13.2.5　PreparedStatement 接口

　　java.sql.PreparedStatement 接口继承并扩展了 Statement 接口,用来执行动态的 SQL 语句,即包含参数的 SQL 语句。通过 PreparedStatement 实例执行的动态 SQL 语句将被预编译并保存到 PreparedStatement 实例中,从而可以反复并且高效地执行该 SQL 语句。

　　需要注意的是,在通过 setXxx 方法为 SQL 语句中的参数赋值时,既可以利用与参数类型匹配的方法,也可以利用 setObject 方法。PreparedStatement 接口的使用方法如下:

```
PreparedStatement ps = connection.prepareStatement("select * from student where id>?
and (name=? or name=?)");
ps.setInt(1, 6);
ps.setString(2, " 马先生 ");
ps.setObject(3, " 李先生 ");
ResultSet rs = ps.executeQuery();
```

　　PreparedStatement 接口提供的常用方法如表 13-4 所示。

表 13-4　PreparedStatement 接口提供的常用方法

方法名称	功能描述
executeQuery()	执行前面定义的动态 SELECT 语句,并返回一个永远不能为 null 的 ResultSet 实例
executeUpdate()	执行前面定义的动态 INSERT、UPDATE 或 DELETE 语句,并返回一个 int 型数值(为同步更新记录的条数)
setInt(int i, int x)	为指定参数设置 int 型值,对应参数的 SQL 类型为 INTEGER
setLong(int i, long x)	为指定参数设置 long 型值,对应参数的 SQL 类型为 BIGINT
setFloat(int i, float x)	为指定参数设置 float 型值,对应参数的 SQL 类型为 FLOAT
setDouble(int i, double x)	为指定参数设置 double 型值,对应参数的 SQL 类型为 DOUBLE
setString(int i, String x)	为指定参数设置 String 型值,对应参数的 SQL 类型为 VARCHAR 或 LONGVARCHAR
setBoolean(int i, boolean x)	为指定参数设置 boolean 型值,对应参数的 SQL 类型为 BIT
setDate(int i, Date x)	为指定参数设置 java.sql.Date 型值,对应参数的 SQL 类型为 DATE
setObject(int i, Object x)	用来设置各种类型的参数,JDBC 规范定义了从 Object 类型到 SQL 类型的标准映射关系,在向数据库发送时将被转换为相应的 SQL 类型
setNull(int i, int sqlType)	将指定参数设置为 SQL 中的 NULL。该方法的第二个参数用来设置参数的 SQL 类型,具体值从 java.sql.Types 类中定义的静态常量中选择
clearParameters()	清除当前所有参数的值

说明:表 13-4 中所有 setXxx 方法的第一个参数均为欲赋值参数的索引值,从 1 开始;第二个入口参数均为参数的值,类型因方法而定。

13.2.6　CallableStatement 接口

java.sql.CallableStatement 接口继承并扩展了 PreparedStatement 接口,用来执行 SQL 的存储过程。

JDBC API 定义了一套存储过程 SQL 转义语法,该语法允许对所有 RDBMS 通过标准方式调用存储过程。该语法定义了两种形式,分别是包含结果参数和不包含结果参数的形式。如果使用结果参数,则必须将其注册为 OUT 型参数。参数是根据定义位置按顺序引用的,第一个参数的索引编号为 1。

为参数赋值使用从 PreparedStatement 类中继承来的 setXxx 方法。在执行存储过程之前,必须注册所有 OUT 参数的类型,它们的值是在执行后通过 getXxx 方法获得的。

CallableStatement 接口可以返回一个或多个 ResultSet 对象。处理多个 ResultSet 对象的方法是从 Statement 中继承来的。

13.2.7　ResultSet 接口

java.sql.ResultSet 接口类似于一个数据表,通过该接口的实例可以获得检索结果集,以及对应数据表的相关信息,例如列名和类型等。ResultSet 实例通过执行查询数据库的语句生成。

ResultSet 实例具有指向当前数据行的指针。最初,指针指向第一行记录,通过 next 方法可以将指针移动到下一行,如果存在下一行,则该方法返回 true,否则返回 false,所以可以通过 while 循环来迭代 ResultSet 结果集。在默认情况下 ResultSet 实例不可以更新,只能移动指针,所以只能迭代一次,并且只能按从前向后的顺序。如果需要,可以生成可滚动和可更新的 ResultSet 实例。

ResultSet 接口提供了从当前行检索不同类型列值的 getXxx 方法,均有两个重载方法,分别根据列的索引编号和列的名称检索列值,其中以列的索引编号较为高效,编号从 1 开始。对于不同的 getXxx 方法,JDBC 驱动程序尝试将基础数据转换为与 getXxx 方法相应的 Java 类型并返回。

在 JDBC 2.0 API 之后,为该接口添加了一组更新方法 updateXxx(),均有两个重载方法,分别根据列的索引编号和列的名称指定列。可以用来更新当前行的指定列,也可以用来初始化要插入行的指定列,但是该方法并未将操作同步到数据库,需要执行 updateRow() 或 insertRow 方法完成同步操作。

ResultSet 接口提供的常用方法如表 13-5 所示。

表 13-5　ResultSet 接口提供的常用方法

方法名称	功能描述
first()	移动指针到第一行。如果结果集为空则返回 false,否则返回 true。如果结果集类型为 TYPE_FORWARD_ONLY 将抛出异常
last()	移动指针到最后一行。如果结果集为空则返回 false,否则返回 true。如果结果集类型为 TYPE_FORWARD_ONLY 将抛出异常

方法名称	功能描述
previous()	移动指针到上一行。如果存在上一行则返回 true,否则返回 false。如果结果集类型为 TYPE_FORWARD_ONLY 将抛出异常
next()	移动指针到下一行。指针最初位于第一行之前,第一次调用该方法时将移动到第一行。如果存在下一行则返回 true,否则返回 false
beforeFirst()	移动指针到 ResultSet 实例的开头,即第一行之前。如果结果集类型为 TYPE_FOR-WARD_ONLY 将抛出异常
afterLast()	移动指针到 ResultSet 实例的末尾,即最后一行之后。如果结果集类型为 TYPE_FORWARD_ONLY 将抛出异常
absolute()	移动指针到指定行。有一个 int 型参数,正数表示从前向后编号,负数表示从后向前编号,编号均从 1 开始。如果存在指定行则返回 true,否则返回 false。如果结果集类型为 TYPE_FORWARD_ONLY 将抛出异常
relative()	移动指针到相对于当前行的指定行。有一个 int 型入口参数,正数表示向后移动,负数表示向前移动,视当前行为 0。如果存在指定行则返回 true,否则返回 false。如果结果集类型为 TYPE_FORWARD_ONLY 将抛出异常
getRow()	查看当前行的索引编号。索引编号从 1 开始,如果位于有效记录行上则返回一个 int 型索引编号,否则返回 0
findColumn()	查看指定列名的索引编号。该方法有一个 String 型参数,为要查看列的名称,如果包含指定列,则返回 int 型索引编号,否则将抛出异常
isBeforeFirst()	查看指针是否位于 ResultSet 实例的开头,即第一行之前。如果是则返回 true,否则返回 false
isAfterLast()	查看指针是否位于 ResultSet 实例的末尾,即最后一行之后。如果是则返回 true,否则返回 false
isFirst()	查看指针是否位于 ResultSet 实例的第一行。如果是则返回 true,否则返回 false
isLast()	查看指针是否位于 ResultSet 实例的最后一行。如果是则返回 true,否则返回 false
close()	立即释放 ResultSet 实例占用的数据库和 JDBC 资源,当关闭所属的 Statement 实例时也将执行此操作
getInt()	以 int 型获取指定列对应 SQL 类型的值。如果列值为 NULL,则返回值 0
getLong()	以 long 型获取指定列对应 SQL 类型的值。如果列值为 NULL,则返回值 0
getFloat()	以 float 型获取指定列对应 SQL 类型的值。如果列值为 NULL,则返回值 0
getDouble()	以 double 型获取指定列对应 SQL 类型的值。如果列值为 NULL,则返回值 0
getString()	以 String 型获取指定列对应 SQL 类型的值。如果列值为 NULL,则返回值 null
getBoolean()	以 boolean 型获取指定列对应 SQL 类型的值。如果列值为 NULL,则返回值 false
getDate()	以 java.sql.Date 型获取指定列对应 SQL 类型的值。如果列值为 NULL,则返回值 null
getObject()	以 Object 型获取指定列对应 SQL 类型的值。如果列值为 NULL,则返回值 null

方法名称	功能描述
getMetaData()	获取 ResultSet 实例的相关信息,并返回 ResultSetMetaData 类型的实例
updateNull()	将指定列更改为 NULL。用于插入和更新,但并不会同步到数据库,需要执行 up-dateRow 或 insertRow 方法完成同步
updateInt()	更改 SQL 类型对应 int 型的指定列。用于插入和更新,但并不会同步到数据库,需要执行 updateRow 或 insertRow 方法完成同步
updateLong()	更改 SQL 类型对应 long 型的指定列。用于插入和更新,但并不会同步到数据库,需要执行 updateRow 或 insertRow 方法完成同步
updateFloat()	更改 SQL 类型对应 float 型的指定列。用于插入和更新,但并不会同步到数据库,需要执行 updateRow 或 insertRow 方法完成同步
updateDouble()	更改 SQL 类型对应 double 型的指定列。用于插入和更新,但并不会同步到数据库,需要执行 updateRow 或 insertRow 方法完成同步
updateString()	更改 SQL 类型对应 String 型的指定列。用于插入和更新,但并不会同步到数据库,需要执行 updateRow 或 insertRow 方法完成同步
updateBoolean()	更改 SQL 类型对应 boolean 型的指定列。用于插入和更新,但并不会同步到数据库,需要执行 updateRow 或 insertRow 方法完成同步
updateDate()	更改 SQL 类型对应 Date 型的指定列。用于插入和更新,但并不会同步到数据库,需要执行 updateRow 或 insertRow 方法完成同步
updateObject()	可更改所有 SQL 类型的指定列。用于插入和更新,但并不会同步到数据库,需要执行 updateRow 或 insertRow 方法完成同步
moveToInsert-tRow()	移动指针到插入行,并记住当前行的位置。插入行实际上是一个缓冲区,在插入行可以插入记录,此时,仅能调用更新方法和 insertRow 方法。通过更新方法为指定列赋值,通过 insertRow 方法同步到数据库,在调用 insertRow 方法之前,必须为不允许为空的列赋值
moveToCurren-tRow()	移动指针到记住的位置,即调用 moveToInsertRow 方法之前所在的行
insertRow()	将插入行的内容同步到数据库。如果指针不在插入行上,或者有不允许为空的列的值为空,将抛出异常
updateRow()	将当前行的更新内容同步到数据库。更新当前行的列值后,必须调用该方法,否则不会将更新内容同步到数据库
deleteRow()	删除当前行。执行该方法后,并不会立即同步到数据库,而是在执行 close 方法后才同步到数据库

13.3 访问数据库

在访问数据库时,首先要加载数据库的驱动程序(只需在第一次访问数据库时加载一次）；然后在每次访问数据库时创建一个 Connection 实例；紧接着执行操作数据库的 SQL 语句，并处理返回结果；最后在完成此次操作后销毁前面创建的 Connection 实例，释放与数据库的连接。

13.3.1 加载 JDBC 驱动程序

在与数据库建立连接之前，必须先加载欲连接数据库的驱动程序到 JVM 中，加载方法为通过 java.lang.Class 类的静态方法 forName(String className)：成功加载后，会将加载的驱动类注册给 DriverManager 类；如果加载失败，将抛出 ClassNotFoundException 异常，即未找到指定的驱动类。所以，需要在加载数据库驱动类时捕捉可能抛出的异常。

通常情况下将负责加载数据库驱动的代码存储在 static 块中，因为 static 块的特点是只在其所在类第一次被加载（即第一次访问数据库）时执行，这样就可以避免反复加载数据库驱动，减少对资源的浪费，同时提高访问数据库的速度。

【例 13-1】 加载 MySQL 数据库驱动程序到 JVM 中。

```java
public class JDBC {
    static {
        try {
            Class.forName("com.mysql.jdbc.Driver ");
        } catch (ClassNotFoundException e) {
            e.printStackTrace(); // 输出捕获到的异常信息
        }
    }
    public static void main(String[] args) {
    }
}
```

13.3.2 创建数据库连接

java.sql.DriverManager（驱动程序管理器）类是 JDBC 的管理层，负责建立和管理数据库连接。通过 DriverManager 类的静态方法 getConnection(String url, String user, String password) 可以建立数据库连接，三个参数依次为欲连接数据库的路径、用户名和密码，该方法的返回值类型为 java.sql.Connection。

【例 13-2】 与数据库建立连接。

```java
public class ConUtil {
    public static final String url ="jdbc:mysql://localhost:3306/student";
    public static final String userName = "root";
    public static final String passWord = "123456";
    /**
```

```
        * 静态块,当类加载时先执行静态块里面的内容
        */
        static {
                try {
                        Class.forName("com.mysql.jdbc.Driver");
                } catch (ClassNotFoundException e) {
                        e.printStackTrace();
                }
        }
        /**
        * 与数据库建立连接
        * @return
        * @throws SQLException
        */
        public static Connection getConnection() throws SQLException {
                return DriverManager.getConnection(url, userName, passWord);
        }
        public static void close(Connection connection, Statement statement, ResultSet re-
sultSet) throws SQLException {
                if (connection != null) {
                        connection.close();
                }
                if (statement != null) {
                        statement.close();
                }
                if (resultSet != null) {
                        resultSet.close();
                }
        }
}
```

代码说明如下。

(1)数据库类型:MySQL 数据库。

(2)数据库路径:jdbc:mysql://localhost:3306/student。

(3)数据库名称:student。

(4)用户名称:root。

(5)用户密码:123456。

【例 13-3 】 创建数据库的连接。

```java
public class ConUtil {
    public static final String url = "jdbc:mysql://localhost:3306/student?Uni-
code=true&characterEncoding=UTF-8";
    public static final String userName = "root";
    public static final String passWord = "123456";

    public Connection getCon() {
        Connection con = null;
        try {
            con = DriverManager.getConnection(url, userName, passWord);
            // 获取数据库连接
        } catch (SQLException e) {
            System.out.println(" 创建数据库连接失败！ ");
            con = null;
            e.printStackTrace();
        }
        return con; // 返回数据库连接对象

    }

}
```

13.3.3　执行 SQL 语句

建立数据库连接（Connection）的目的是与数据库进行通信，实现方法为执行 SQL 语句，但是通过 Connection 实例并不能执行 SQL 语句，还需要通过 Connection 实例创建 Statement 实例。Statement 实例又分为以下三种类型。

（1）Statement 实例：该类型的实例只能用来执行静态的 SQL 语句。

（2）PreparedStatement 实例：该类型的实例增加了执行动态 SQL 语句的功能。

（3）CallableStatement 实例：该类型的实例增加了执行数据库存储过程的功能。

上面给出的三种不同类型中，Statement 是最基础的；PreparedStatement 继承 Statement，并做了相应的扩展；而 CallableStatement 继承了 PreparedStatement，又做了相应的扩展。

在 13.4 节将详细介绍各种类型实例的使用方法。

【例 13-4】 修改学生信息。

```java
public class ConUtil {
    /**
     * 修改学生信息
     */
```

```
public String updateStudent(Student student) throws SQLException {
    Connection conn = null;
    try {
        conn = DBConnection.getConn();
        String sql = "update student set name=?,password=?,sex=?,score=?,age=? where id=?";
        PreparedStatement statement = conn.prepareStatement(sql);
        statement.setString(1, student.getName());
        statement.setString(2, student.getPassWord());
        statement.setString(3, student.getSex());
        statement.setFloat(4, student.getScore());
        statement.setInt(5, student.getAge());
        statement.setInt(6, student.getId());
        System.out.println(sql);
        int reault = statement.executeUpdate();
        return reault > 0 ? " 修改成功 " : " 修改失败 ";
    } finally {
        conn.close();
    }
}
public static void main(String[] args) throws SQLException {
    ConUtil conUtil = new ConUtil();
    Student student = new Student(1, " 小明 ", "1234567", " 男 ", 98.6f, 12);
    System.out.println(conUtil.updateStudent(student));
}
}
```

例 13-4　的运行结果如图 13-1~ 图 13-3 所示。

id	name	password	sex	score	age
1	mingming	1234567	男	89.6	12
2	小红	12345	女	96.0	11
3	peter	12345	男	67.0	14
4	rose	12345	女	90.0	12
8	黄晓明	12345	男	10.0	11
9	杨幂	12345	女	87.0	22
11	霍建华	12345	男	90.0	39

图 13-1　运行结果 1

id	name	password	sex	score	age
1	小明	1234567	男	98.6	12
2	小红	12345	女	96.0	11
3	peter	12345	男	67.0	14
4	rose	12345	女	90.0	12
8	黄晓明	12345	男	10.0	11
9	杨幂	12345	女	87.0	22
11	霍建华	12345	男	90.0	39

图 13-2　运行结果 2

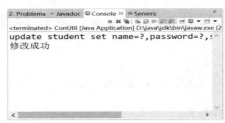

图 13-3　运行结果 3

13.3.4　获得查询结果

通过 Statement 接口的 executeUpdate 或 executeQuery 方法，可以执行 SQL 语句，同时返回执行结果：如果执行的是 executeUpdate 方法，将返回一个 int 型数值，代表影响数据库记录的条数，即插入、修改或删除记录的条数；如果执行的是 executeQuery 方法，将返回一个 ResultSet 型的结果集，其中不仅包含所有满足查询条件的记录，还包含相应数据表的相关信息，例如每一列的名称、类型和列的数量等。

13.3.5　关闭连接

建立 Connection、Statement 和 ResultSet 实例，均需占用一定的数据库和 JDBC 资源，所以每次访问数据库结束后，应该通过各个实例的 close 方法及时销毁这些实例，释放它们占用的所有资源。执行 close 方法时建议按照如下的顺序：

```
resultSet.close();
statement.close();
connection.close();
```

建议按上面的顺序关闭的原因在于 Connection 是一个接口，close 方法的实现方式多种多样。如果是通过 DriverManager 类的 getConnection 方法得到的 Connection 实例，在调用 close 方法关闭 Connection 实例时会同时关闭 Statement 实例和 ResultSet 实例。但是通常情况下需要采用数据库连接池，在调用通过连接池得到的 Connection 实例的 close 方法时，Connection 实例可能并没有被释放，而是被放回到了连接池中，又被其他连接调用，在这种情况下如果不手动关闭 Statement 实例和 ResultSet 实例,它们在 Connection 中可能会越来越多。虽然 JVM 的垃圾回收机制会定时清理缓存,但是如果清理得不及时,当数据库连接达到一定数量时,将严重影响数据库和计算机的运行速度,甚至导致软件或系统瘫痪。

下面给出 SQL Server 以及 Oracle 数据库的连接方法。

SQL Server 数据库的驱动为:

```
String driverClass="com.microsoft.jdbc.sqlserver.SQLServerDriver";
```

连接 SQL Server 数据库的 URL 为:

```
String url="jdbc:microsoft:sqlserver://localhost:1433;DatabaseName= 数据库名 ";
```

Oracle 数据库的驱动为:

```
String driverClass="oracle.jdbc.driver.OracleDriver";
```

连接 Oracle 数据库的 URL 为:

```
String url="jdbc:oracle:thin:@localhost: 数据库端口:数据库名或 SID";
```

13.4   操作数据库

访问数据库的目的是操作数据库,包括向数据库插入记录或修改、删除数据库中的记录,或者是从数据库中查询符合一定条件的记录。这些操作既可以通过静态的 SQL 语句实现,也可以通过动态的 SQL 语句实现,还可以通过存储过程实现,具体采用的实现方式要根据实际情况而定。

在增、删、改数据库中的记录时,分为单条操作和批量操作:单条操作又分为一次只操作一条记录和一次只执行一条 SQL 语句;批量操作又分为通过一条 SQL 语句(只能是 UPDATE 和 DELETE 语句)操作多条记录和一次执行多条 SQL 语句。

13.4.1   添加数据

在添加记录时,一条 INSERT 语句只能添加一条记录。如果只需要添加一条记录,通常情况下通过 Statement 实例完成。

【例13-5】   通过Statement实例执行静态INSERT语句添加单条记录。

```
public class ConUtil {
/**
* 添加学生信息
*/
    public String addStudent(Student student) throws SQLException {
```

```
                Connection conn = null;
                try {
                        conn = DBConnection.getConn();
                        String sql = "insert into student(name,password,sex,score,age) val-
ues('" + student.getName() + "','"+ student.getPassWord() + "','" + student.getSex() + "','" + stu-
dent.getScore() + "','"+ student.getAge() + "')";
                        Statement statement = conn.prepareStatement(sql);
                        int reault = statement.executeUpdate(sql);
                        return reault > 0 ? " 添加成功 " : " 添加失败 ";
                } finally {
                        conn.close();
                }
        }
        public static void main(String[] args) throws SQLException {
                ConUtil conUtil = new ConUtil();
                Student student = new Student();
                student.setName(" 白浅 ");
                student.setPassWord("12345");
                student.setSex(" 女 ");
                student.setAge(20);
                System.out.println(conUtil.addStudent(student));
        }
}
```

例 13-5 的运行结果如图 13-4、图 13-5 所示。

id	name	password	sex	score	age
1	小明	1234567	男	98.6	12
2	小红	12345	女	96.0	11
3	peter	12345	男	67.0	14
4	rose	12345	女	90.0	12
8	黄晓明	12345	男	10.0	11
9	杨幂	12345	女	87.0	22
11	霍建华	12345	男	90.0	39

图 13-4 运行结果 1

id	name	password	sex	score	age
▶ 1	小明	1234567	男	98.6	12
2	小红	12345	女	96.0	11
3	peter	12345	男	67.0	14
4	rose	12345	女	90.0	12
8	黄晓明	12345	男	10.0	11
9	杨幂	12345	女	87.0	22
11	霍建华	12345	男	90.0	39
12	白浅	12345	女	0.0	20

图 13-5　运行结果 2

如果需要添加多条记录,即需要批量添加记录,可以通过 Statement 实例反复执行静态 INSERT 语句实现,例如:

```
statement.executeUpdate("insert into student(name, password,sex,score,age) values()");
statement.executeUpdate("insert into student(name, password,sex,score,age)values(' 李四 ','123456',' 男 ', 98.8,12)");
```

通过 Statement 实例的 executeUpdate(String sql) 方法执行 SQL 语句时,每条 SQL 语句都要单独提交一次,即批量插入多少条记录,就需要向数据库提交多少次 INSERT 语句,操作比较烦琐。所以,当需要批量添加记录时,通常情况下通过 PreparedStatment 实例或 CallableStatement 实例完成。

【例 13-6】　通过 PreparedStatement 实例执行动态 INSERT 语句批量添加记录。

```
public class ConUtil {
    /**
     * 批量添加学生信息
     */        public void addStudent() throws SQLException {
        Connection conn = null;
        try {
            conn = DBConnection.getConn();
            Student[] students = new Student[2];
            Student student1 = new Student(" 夜华 ", "12345", " 男 ", 98, 13);
            Student student2 = new Student(" 离境 ", "12345", " 男 ", 98, 13);
            students[0] = student1;
            students[1] = student2;
            String sql = "insert into student(name,password,sex,score,age) values(?,?,?,?,?)";

            PreparedStatement statement = conn.prepareStatement(sql);
            statement.clearBatch();
            for (int i = 0; i < students.length; i++) {
```

```
                        statement.setString(1, students[i].getName());
                        statement.setString(2, students[i].getPassWord());
                        statement.setString(3, students[i].getSex());
                        statement.setFloat(4, students[i].getScore());
                        statement.setInt(5, students[i].getAge());
                        statement.addBatch();
                    }
                    statement.executeBatch();
                    statement.close();
            } finally {
                    conn.close();
            }
        }

        public static void main(String[] args) throws SQLException {
                ConUtil conUtil = new ConUtil();
                conUtil.addStudent();
        }
}
```

例 13-6 的运行结果如图 13-6、图 13-7 所示。

id	name	password	sex	score	age
1	小明	1234567	男	98.6	12
2	小红	12345	女	96.0	11
3	peter	12345	男	67.0	14
4	rose	12345	女	90.0	12
8	黄晓明	12345	男	10.0	11
9	杨幂	12345	女	87.0	22
11	霍建华	12345	男	90.0	39
12	白浅	12345	女	0.0	20

图 13-6　运行结果 1

注意：在为动态 SQL 语句中的参数赋值时，参数的索引值从 1（而不是 0）开始；并且要为动态 SQL 语句中的每一个参数赋值，否则在提交时将抛出"错误的参数绑定"异常。

id	name	password	sex	score	age
1	小明	1234567	男	98.6	12
2	小红	12345	女	96.0	11
3	peter	12345	男	67.0	14
4	rose	12345	女	90.0	12
8	黄晓明	12345	男	10.0	11
9	杨幂	12345	女	87.0	22
11	霍建华	12345	男	90.0	39
12	白浅	12345	女	0.0	20
13	夜华	12345	男	98.0	13
14	离境	12345	男	98.0	13

图 13-7　运行结果 2

【例 13-7】　通过 CallableStatement 实例执行存储过程批量添加记录。

```java
public class ConUtil {
    /**
     * 通过 CallableStatement 实例执行存储过程批量添加学生信息
     */
    public void addStudent() throws SQLException {
        Connection conn = null;
        try {
            conn = DBConnection.getConn();
            Student[] students = new Student[2];
            Student student1 = new Student(" 李易峰 ", "12345", " 男 ", 98, 13);
            Student student2 = new Student(" 杨洋 ", "12345", " 男 ", 98, 13);
            students[0] = student1;
            students[1] = student2;
            CallableStatement statement = conn.prepareCall("{call add_student(?,?,?,?,?)}");

            statement.clearBatch();// 清空 Batch
            for (int i = 0; i < students.length; i++) {
                statement.setString(1, students[i].getName());
                statement.setString(2, students[i].getPassWord());
                statement.setString(3, students[i].getSex());
                statement.setFloat(4, students[i].getScore());
                statement.setInt(5, students[i].getAge());
                statement.addBatch();
            }
            statement.executeBatch();
```

```
                    statement.close();
        } finally {
                    conn.close();
            }
    }

    public static void main(String[] args) throws SQLException {
        ConUtil conUtil = new ConUtil();
        conUtil.addStudent();
    }
}
```

例 13-7 的运行结果如图 13-8、图 13-9 所示。

id	name	password	sex	score	age
1	小明	1234567	男	98.6	12
2	小红	12345	女	96.0	11
3	peter	12345	男	67.0	14
4	rose	12345	女	90.0	12
8	黄晓明	12345	男	10.0	11
9	杨幂	12345	女	87.0	22
11	霍建华	12345	男	90.0	39
12	白浅	12345	女	0.0	20
13	夜华	12345	男	98.0	13
14	离境	12345	男	98.0	13

图 13-8　运行结果 1

id	name	password	sex	score	age
1	小明	1234567	男	98.6	12
2	小红	12345	女	96.0	11
3	peter	12345	男	67.0	14
4	rose	12345	女	90.0	12
8	黄晓明	12345	男	10.0	11
9	杨幂	12345	女	87.0	22
11	霍建华	12345	男	90.0	39
12	白浅	12345	女	0.0	20
13	夜华	12345	男	98.0	13
14	离境	12345	男	98.0	13
15	李易峰	12345	男	98.0	13
16	杨洋	12345	男	98.0	13

图 13-9　运行结果 2

在例 13-6 和例 13-7 中通过 PreparedStatement 实例和 CallableStatment 实例批量添加记

录时，均是先将 INSERT 语句保存到 Batch 中，然后通过执行 executeBatch 方法将 Batch 中的所有 INSERT 语句一起提交到数据库，这时才真正执行前面生成的 INSERT 语句，将记录添加到数据库中，这样只需要提交一次 INSERT 语句。

需要注意的是，当通过 PreparedStatment 实例和 CallableStatement 实例添加单条记录时，在设置完参数值后，也需要调用 executeUpdate 方法，这时才真正执行 INSERT 语句向数据库添加记录。

【例 13-8】 通过 PreparedStatement 实例执行动态 INSERT 语句添加单条记录。

```java
public class ConUtil {
    /**
     * 添加学生信息
     */
    public String addStudent(Student student) throws SQLException {
        Connection conn = null;
        try {
            conn = DBConnection.getConn();
            String sql = "insert into student(name,password,sex,score,age) values('" + student.getName() + "','"+ student.getPassWord() + "','" + student.getSex() + "','" + student.getScore() + "','"+ student.getAge() + "')";
            PreparedStatement statement = conn.prepareStatement(sql);
            int reault = statement.executeUpdate();
            return reault > 0 ? " 添加成功 " : " 添加失败 ";
        } finally {
            conn.close();
        }
    }

    public static void main(String[] args) throws SQLException {
        ConUtil conUtil = new ConUtil();
        Student student = new Student();
        student.setName("Lily");
        student.setPassWord("12345");
        student.setSex(" 女 ");
        student.setAge(20);
        System.out.println(conUtil.addStudent(student));
    }
}
```

【例 13-9】 通过 CallableStatement 实例执行存储过程添加单条记录。

```
public class ConUtil {
    /**
     * 通过 CallableStatement 实例执行存储过程添加单条记录
     */
    public void addStudent() throws SQLException {
        Connection conn = null;
        try {
            conn = DBConnection.getConn();
            Student[] students = new Student[2];
            Student student1 = new Student(" 吴亦凡 ", "12345", " 男 ", 98, 13);
            students[0] = student1;
            CallableStatement  statement  =  conn.prepareCall("{call  add_stu-
dent(?,?,?,?,?)}");

            statement.clearBatch();
            statement.setString(1, students[0].getName());
            statement.setString(2, students[0].getPassWord());
            statement.setString(3, students[0].getSex());
            statement.setFloat(4, students[0].getScore());
            statement.setInt(5, students[0].getAge());
            statement.addBatch();
            statement.executeBatch();
            statement.close();
        } finally {
            conn.close();
        }
    }

    public static void main(String[] args) throws SQLException {
        ConUtil conUtil = new ConUtil();
        conUtil.addStudent();
    }
}
```

【例 13-10】 实现添加学生功能。

```
public class ConUtil {
    /**
     * 添加学生信息
```

```
*/
    public String addStudent(Student student) throws SQLException {
            Connection conn = null;
            try {
                    conn = DBConnection.getConn();
                    String sql = "insert into student(name,password,sex,score,age) val-
ues('" + student.getName() + "','"+ student.getPassWord() + "','" + student.getSex() + "','" + stu-
dent.getScore() + "','"+ student.getAge() + "')";
                    Statement statement = conn.prepareStatement(sql);
                    int reault = statement.executeUpdate(sql);
                    return reault > 0 ? " 添加成功 " : " 添加失败 ";
            } finally {
                    conn.close();
            }
    }

    public static void main(String[] args) throws SQLException {
            ConUtil conUtil = new ConUtil();
            Student student = new Student();
            student.setName(" 白浅 ");
            student.setPassWord("12345");
            student.setSex(" 女 ");
            student.setAge(20);
            System.out.println(conUtil.addStudent(student));
    }
}
```

13.4.2 查询数据

在查询数据时,既可以通过 Statement 实例执行静态 SELECT 语句完成,也可以通过 PreparedStatement 实例执行动态 SELECT 语句完成,还可以通过 CallableStatement 实例执行存储过程完成。

(1)通过 Statement 实例执行静态 SELECT 语句查询数据的典型代码如下:

```
ResultSet rs = statement.executeQuery("select * from student where sex=' 男 '");
```

(2)通过 PreparedStatement 实例执行动态 SELECT 语句查询数据的典型代码如下:

```
String sql = "select * from student where sex=?";
```

```
PreparedStatement prpdStmt = connection.prepareStatement(sql);
prpdStmt.setString(1, " 男 ");
ResultSet rs = prpdStmt.executeQuery();
```

（3）通过 CallableStatement 实例执行存储过程查询数据的典型代码如下：

```
String call = "{call pro_record_select_by_sex(?)}";
CallableStatement cablStmt = connection.prepareCall(call);
cablStmt.setString(1, " 男 ");
ResultSet rs = cablStmt.executeQuery();
```

无论通过哪个实例查询数据，都需要执行 executeQuery 方法，这时才真正执行 SELECT 语句，从数据库中查询符合条件的记录。该方法将返回一个 ResultSet 型的结果集，在该结果集中不仅包含所有满足查询条件的记录，还包含相应数据表的相关信息，例如每一列的名称、类型和列的数量等。

【例 13-11】 通过 Statement 实例执行静态 SELECT 语句查询记录。

```
public class ConUtil {
    /**
     * 查询所有的学生
     */
    public List<Student> selectAllStudents() throws SQLException {
        Connection conn = null;
        try {
            conn = DBConnection.getConn();// 与数据库建立连接
            Student student = null;
            List<Student> list = new ArrayList<>();
            Statement statement = conn.createStatement();
            String sql = "select * from student";
            ResultSet resultSet = DBConnection.query(sql);
            while (resultSet.next()) {
                student = new Student();
                student.setName(resultSet.getString("name"));
                student.setPassWord(resultSet.getString("password"));
                student.setSex(resultSet.getString("sex"));
                student.setScore(resultSet.getFloat("score"));
                student.setAge(resultSet.getInt("age"));
                list.add(student);
            }
```

```
                return list;
        } finally {
                conn.close();
        }
    }

    public static void main(String[] args) throws SQLException {
        ConUtil conUtil = new ConUtil();
        List<Student> list = conUtil.selectAllStudents();
        for (Student student : list) {
                System.out.println(" 学生名字: " + student.getName());
        }
    }
}
```

运行例 13-11 的代码,在控制台将输出图 13-10 所示的结果。

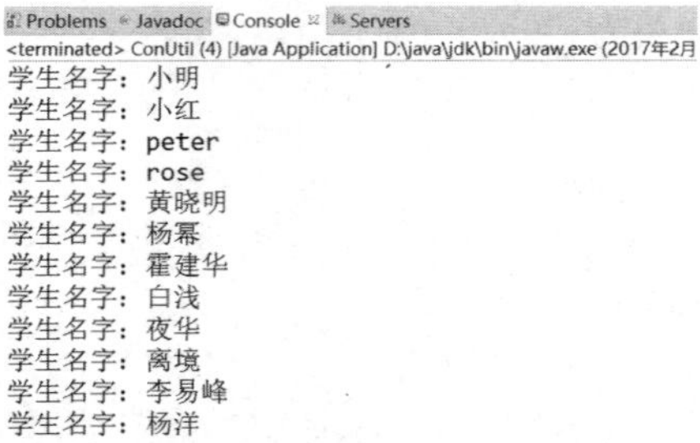

图 13-10　例 13-11 的运行结果

【例 13-12】 通过 PreparedStatement 实例执行动态 SELECT 语句查询记录,并输出列名。

```
public class ConUtil {
    /**
     * 通过 PreparedStatement 实例执行动态 SELECT 语句查询记录,并输出列名
     */
    public void selectAllStudents() throws SQLException {
        Connection conn = null;
        try {
                conn = DBConnection.getConn();// 与数据库建立连接
                String sql = "select * from student where sex=?";
                PreparedStatement statement = conn.prepareStatement(sql);
                statement.setString(1, " 男 ");
```

```
            ResultSet resultSet = statement.executeQuery();
            ResultSetMetaData resultSetMetaData = resultSet.getMetaData();
            System.out.println(resultSetMetaData.getColumnName(1));
            System.out.println(resultSetMetaData.getColumnName(2));
            System.out.println(resultSetMetaData.getColumnName(3));
            System.out.println(resultSetMetaData.getColumnName(4));
            System.out.println(resultSetMetaData.getColumnName(5));
            while (resultSet.next()) {
                    String name = resultSet.getString("name");
                    String password = resultSet.getString("password");
                    String sex = resultSet.getString("sex");
                    float score = resultSet.getFloat("score");
                    int age = resultSet.getInt("age");
                    System.out.println(name + password + sex + score + age);
            }
        } finally {
            conn.close();
        }
    }

    public static void main(String[] args) throws SQLException {
        ConUtil conUtil = new ConUtil();
        conUtil.selectAllStudents();
    }

}
```

运行例 13-12 的代码,在控制台将输出图 13-11 所示的数据,输出的第一行为列的名称。

```
Problems  Javadoc  Console ⅹ  Servers
<terminated> ConUtil (5) [Java Application] D:\java\jdk\bin\javaw.e
id
name
password
sex
score
小明1234567男98.612
peter12345男67.014
黄晓明12345男10.011
霍建华12345男90.039
夜华12345男98.013
离境12345男98.013
李易峰12345男98.013
杨洋12345男98.013
```

图 13-11   例 13-12 的运行结果

【例 13-13】 根据学生分数查询信息。

```java
public class ConUtil {
    /**
     * 根据学生分数查询信息
     */
    public List<Student> selectStudent(float score) throws SQLException {
        Connection conn = null;
        try {
            conn = DBConnection.getConn();
            List<Student> list = new ArrayList<>();
            Student student = null;
            String sql = "select * from student where score='" + score + "'";
            Statement statement = conn.createStatement();
            ResultSet resultSet = statement.executeQuery(sql);
            while (resultSet.next()) {
                student = new Student();
                student.setName(resultSet.getString("name"));
                student.setPassWord(resultSet.getString("password"));
                student.setSex(resultSet.getString("sex"));
                student.setScore(resultSet.getFloat("score"));
                student.setAge(resultSet.getInt("age"));
                list.add(student);
            }
            return list;
        } finally {
            conn.close();
        }
    }

    public static void main(String[] args) throws SQLException {
        ConUtil conUtil = new ConUtil();
        List<Student> list = conUtil.selectStudent(98);
        for (Student student : list) {
            System.out.println("name:" + student.getName());
        }
    }
}
```

```
        }
```

13.4.3　修改数据

在修改数据时,既可以通过 Statement 实例执行静态 UPDATE 语句完成,也可以通过 PreparedStatement 实例执行动态 UPDATE 语句完成,还可以通过 CallableStatement 实例执行存储过程完成。

（1）通过 Statement 实例执行静态 UPDATE 语句修改数据的典型代码如下：

```
String sql = "update student set score=90 where name=' 霍建华 '";
statement.executeUpdate(sql);
```

（2）通过 PreparedStatement 实例执行动态 UPDATE 语句修改数据的典型代码如下：

```
String sql = "update student set score =? where name =?";
PreparedStatement prpdStmt = connection.prepareStatement(sql);
prpdStmt.setInt(1, 90);
prpdStmt.setString(2, " 霍建华 ");
prpdStmt.executeUpdate();
```

（3）通过 CallableStatement 实例执行存储过程修改数据的典型代码如下：

```
String call = "{call pro_record_update_salary_by_duty(?,?)}";
CallableStatement cablStmt = connection.prepareCall(call);
cablStmt.setInt(1, 90);
cablStmt.setString(2, " 霍建华 ");
cablStmt.executeUpdate();
```

无论利用哪个实例修改数据,都需要执行 executeUpdate 方法,这时才真正执行 UPDATE 语句,修改数据库中符合条件的记录。该方法将返回一个 int 型数,为被修改记录的条数。

【例 13-14】　通过 Statement 实例每次执行一条 UPDATE 语句。

```
public class ConUtil {
    /**
     * 通过 Statement 实例每次执行一条 UPDATE 语句
     */
    public String updateStudent() throws SQLException {
            Connection conn = null;
            try {
```

```
                conn = DBConnection.getConn();// 与数据库建立连接
                String sql = "update student set score= score+10 where name=' 霍
建华 '";

                Statement statement = conn.createStatement();
                int result = statement.executeUpdate(sql);
                return result > 0 ? " 修改成功 " : " 修改失败 ";
            } finally {
                conn.close();
            }
        }

        public static void main(String[] args) throws SQLException {
            ConUtil conUtil = new ConUtil();
            System.out.println(conUtil.updateStudent());
        }
    }
```

例 13-14 中的代码将指定学生的分数在原来的基础上加 10，图 13-12 所示为修改前的数据表，图 13-13 所示为修改后的数据表。

id	name	password	sex	score	age
1	小明	1234567	男	98.6	12
2	小红	12345	女	96.0	11
3	peter	12345	男	67.0	14
4	rose	12345	女	90.0	12
8	黄晓明	12345	男	10.0	11
9	杨幂	12345	女	87.0	22
11	霍建华	12345	男	90.0	39
12	白浅	12345	女	0.0	20
13	夜华	12345	男	98.0	13
14	离境	12345	男	98.0	13
15	李易峰	12345	男	98.0	13
16	杨洋	12345	男	98.0	13

图 13-12　修改前的数据表

id	name	password	sex	score	age
1	小明	1234567	男	98.6	12
2	小红	12345	女	96.0	11
3	peter	12345	男	67.0	14
4	rose	12345	女	90.0	12
8	黄晓明	12345	男	10.0	11
9	杨幂	12345	女	87.0	22
11	霍建华	12345	男	100.0	39
12	白浅	12345	女	0.0	20
13	夜华	12345	男	98.0	13
14	离境	12345	男	98.0	13
15	李易峰	12345	男	98.0	13
16	杨洋	12345	男	98.0	13

图 13-13　修改后的数据表

【例 13-15】　通过 PreparedStatement 实例一次执行多条 UPDATE 语句。

```
public class ConUtil {
    /**
     * 通过 PreparedStatement 实例一次执行多条 UPDATE 语句
     */
    public void updateStudent() throws SQLException {
        Connection conn = null;
        try {
            conn = DBConnection.getConn();
            Student[] students = new Student[2];
            Student student1 = new Student(" 夜华 ", "12345", " 男 ", 98, 13);
            Student student2 = new Student(" 离境 ", "12345", " 男 ", 98, 13);
            students[0] = student1;
            students[1] = student2;
            String sql = "update student set score=? where name=?";
            PreparedStatement statement = conn.prepareStatement(sql);
            statement.clearBatch();
            for (int i = 0; i < students.length; i++) {
                statement.setFloat(1, students[i].getScore());
                statement.setString(2, students[i].getName());
                statement.addBatch();
            }
            statement.executeBatch();
            statement.close();
```

```
        } finally {
            conn.close();
        }
    }

    public static void main(String[] args) throws SQLException {
        ConUtil conUtil = new ConUtil();
        conUtil.updateStudent();
    }
}
```

图 13-14 所示为修改前的数据表，图 13-15 所示为修改后的数据表。

id	name	password	sex	score	age
1	小明	1234567	男	98.6	12
2	小红	12345	女	96.0	11
3	peter	12345	男	67.0	14
4	rose	12345	女	90.0	12
8	黄晓明	12345	男	10.0	11
9	杨幂	12345	女	87.0	22
11	霍建华	12345	男	100.0	39
12	白浅	12345	女	0.0	20
13	夜华	12345	男	98.0	13
14	离境	12345	男	98.0	13
15	李易峰	12345	男	98.0	13
16	杨洋	12345	男	98.0	13

图 13-14　修改前的数据表

id	name	password	sex	score	age
1	小明	1234567	男	98.6	12
2	小红	12345	女	96.0	11
3	peter	12345	男	67.0	14
4	rose	12345	女	90.0	12
8	黄晓明	12345	男	10.0	11
9	杨幂	12345	女	87.0	22
11	霍建华	12345	男	100.0	39
12	白浅	12345	女	0.0	20
13	夜华	12345	男	0.0	13
14	离境	12345	男	0.0	13
15	李易峰	12345	男	98.0	13
16	杨洋	12345	男	98.0	13

图 13-15　修改后的数据表

【例 13-16】 实现对学生信息的修改。

```
public class ConUtil {
    /**
     * 实现对学生信息的修改
     */
    public String updateStudent(Student student) throws SQLException {
        Connection conn = null;
        try {
            conn = DBConnection.getConn();
            String sql = "update student set name=?,password=?,sex=?,
score=?,age=? where id=?";
            PreparedStatement statement = conn.prepareStatement(sql);
            statement.setString(1, student.getName());
            statement.setString(2, student.getPassWord());
            statement.setString(3, student.getSex());
            statement.setFloat(4, student.getScore());
            statement.setInt(5, student.getAge());
            statement.setInt(6, student.getId());
            System.out.println(sql);
            int reault = statement.executeUpdate();
            return reault > 0 ? " 修改成功 " : " 修改失败 ";
        } finally {
            conn.close();
        }
    }
}
```

13.4.4 删除数据

在删除数据时,既可以通过 Statement 实例执行静态 DELETE 语句完成,也可以通过
PreparedStatement 实例执行动态 DELETE 语句完成,还可以通过 CallableStatement 实例执
行存储过程完成。

(1)通过 Statement 实例执行静态 DELETE 语句删除数据的典型代码如下:

```
String sql = "delete from student where id=1";
statement.executeUpdate(sql);
```

(2)通过 PreparedStatement 实例执行动态 DELETE 语句删除数据的典型代码如下:

```
String sql = "delete from student where id=? ";
PreparedStatement prpdStmt = connection.prepareStatement(sql);
prpdStmt.setString(1, 1);
prpdStmt.executeUpdate();
```

（3）通过 CallableStatement 实例执行存储过程删除数据的典型代码如下：

```
String call = "{call pro_merchandise_delete_by_date(?)}";
CallableStatement cablStmt = connection.prepareCall(call);
cablStmt.setString(1,1);
cablStmt.executeUpdate();
```

无论利用哪个实例删除数据，都需要执行 executeUpdate 方法，这时才真正执行 DE-LETE 语句，删除数据库中符合条件的记录。该方法将返回一个 int 型数，为被删除记录的条数。

【例 13-17】 通过 Statement 实例每次执行一条 DELETE 语句。

```
public class ConUtil {
    /**
     * 删除 id 为 1 的学生信息
     */
    public String deleteStudent() throws SQLException {
        Connection conn = null;
        try {
            conn = DBConnection.getConn();
            String sql = "delete from student where id=1";
            Statement statement = conn.createStatement();
            int result = statement.executeUpdate(sql);
            return result > 0 ? " 删除成功 " : " 删除失败 ";
        } finally {
            conn.close();
        }
    }
}
```

图 13-16 所示为删除前的数据表，图 13-17 为删除后的数据表。

id	name	password	sex	score	age
1	小明	1234567	男	98.6	12
2	小红	12345	女	96.0	11
3	peter	12345	男	67.0	14
4	rose	12345	女	90.0	12
8	黄晓明	12345	男	10.0	11
9	杨幂	12345	女	87.0	22
11	霍建华	12345	男	100.0	39
12	白浅	12345	女	0.0	20
13	夜华	12345	男	0.0	13
14	离境	12345	男	0.0	13
15	李易峰	12345	男	98.0	13
16	杨洋	12345	男	98.0	13

图 13-16 删除前的数据表

id	name	password	sex	score	age
2	小红	12345	女	96.0	11
3	peter	12345	男	67.0	14
4	rose	12345	女	90.0	12
8	黄晓明	12345	男	10.0	11
9	杨幂	12345	女	87.0	22
11	霍建华	12345	男	100.0	39
12	白浅	12345	女	0.0	20
13	夜华	12345	男	0.0	13
14	离境	12345	男	0.0	13
15	李易峰	12345	男	98.0	13
16	杨洋	12345	男	98.0	13

图 13-17 删除后的数据表

【例 13-18】 通过 PreparedStatement 实例一次执行多条 DELETE 语句。

```java
public class ConUtil {
    /**
     * 通过 PreparedStatement 实例一次执行多条 DELETE 语句
     */
    public String deleteStudent() throws SQLException {
        Connection conn = null;
        try {
            conn = DBConnection.getConn();
            String[] names = { "李易峰", "杨洋" };
            String sql = "delete from student where name=?";
            PreparedStatement statement = conn.prepareStatement(sql);
            statement.clearBatch();
            for (int i = 0; i < names.length; i++) {
```

```
                    statement.setString(1, names[i]);
                    statement.addBatch();
                }
                int[] result = statement.executeBatch();
                return result.length > 0 ? " 删除成功 " : " 删除失败 ";
            } finally {
                conn.close();
            }
        }
        public static void main(String[] args) throws SQLException {
            ConUtil conUtil = new ConUtil();
            System.out.println(conUtil.deleteStudent());
        }
    }
```

图 13-18 所示为删除前的数据表，图 13-19 为删除后的数据表。

id	name	password	sex	score	age
2	小红	12345	女	96.0	11
3	peter	12345	男	67.0	14
4	rose	12345	女	90.0	12
8	黄晓明	12345	男	10.0	11
9	杨幂	12345	女	87.0	22
11	霍建华	12345	男	100.0	39
12	白浅	12345	女	0.0	20
13	夜华	12345	男	0.0	13
14	离境	12345	男	0.0	13
15	李易峰	12345	男	98.0	13
16	杨洋	12345	男	98.0	13

图 13-18　删除前的数据表

id	name	password	sex	score	age
2	小红	12345	女	96.0	11
3	peter	12345	男	67.0	14
4	rose	12345	女	90.0	12
8	黄晓明	12345	男	10.0	11
9	杨幂	12345	女	87.0	22
11	霍建华	12345	男	100.0	39
12	白浅	12345	女	0.0	20
13	夜华	12345	男	0.0	13
14	离境	12345	男	0.0	13

图 13-19　删除后的数据表

13.5　应用 JDBC 事务

所谓事务，是指一组相互依赖的操作单元的集合，用来保证对数据库的正确修改，保持数据的完整性。如果一个事务的某个单元操作失败，将取消本次事务的全部操作。例如银行交易、股票交易和网上购物等，都需要利用事务来控制数据的完整性，如将 A 账户的资金转入 B 账户，在 A 中扣除成功，在 B 中添加失败，则导致数据失去平衡，事务将回滚到原始状态，即 A 中没少，B 中没多。数据库事务必须具备以下特征（简称 ACID）。

（1）原子性（Atomicity）：每个事务都是一个不可分割的整体，只有所有的操作单元执行成功，整个事务才成功；否则此次事务就失败，所有执行成功的操作单元必须撤销，数据库回到此次事务之前的状态。

（2）一致性（Consistency）：在执行一次事务后，关系数据的完整性和业务逻辑的一致性不能被破坏。例如 A 账户的资金转入 B 账户后，它们的资金总额是不能改变的。

（3）隔离性（Isolation）：在并发环境中，一个事务所做的修改必须与其他事务所做的修改相隔离。例如一个事务查看的数据必须是其他并发事务修改之前或修改完毕的数据，不能是修改中的数据。

（4）持久性（Durability）：事务结束后，对数据的修改是永久保存的，即使系统故障导致重启数据库系统，数据依然是修改后的状态。

数据库管理系统采用锁的机制来管理事务。当多个事务同时修改同一数据时，只允许持有锁的事务修改该数据，其他事务只能"排队等待"，直到前一个事务释放其拥有的锁。

【例 13-19】　使用事务管理模拟银行转账流程。

```
public class DBConnection {
    public static String url = "jdbc:mysql://localhost:3306/test";
    public static String userName = "root";
    public static String passWord = "123456";
    /**
     * 获取与数据库的连接
     */
    public static Connection getConn() {
        Connection conn = null;
        try {
            Class.forName("com.mysql.jdbc.Driver");
            conn = DriverManager.getConnection(url, userName, passWord);
        } catch (Exception e) {
            e.printStackTrace();
        }
```

```java
                return conn;
        }
        /**
         * 关闭连接
         */
        public static void close(Connection connection, Statement statement, ResultSet resultSet) throws SQLException {
                if (resultSet != null) {
                        resultSet.close();
                }
                if (statement != null) {
                        statement.close();
                }
                if (connection != null) {
                        connection.close();
                }
        }
        /**
         * 执行查询
         */
        public static ResultSet query(String sql) throws SQLException {
                Connection con = DBConnection.getConn();
                Statement stmt = null;
                ResultSet rs = null;
                try {
                        stmt = con.createStatement();
                        rs = stmt.executeQuery(sql);
                        return rs;
                } catch (SQLException e) {
                        e.printStackTrace();
                        return null;
                }
        }
        /**
         * 执行修改
         */
        public static boolean update(String sql) throws SQLException {
```

```
                Connection con = DBConnection.getConn();
                Statement stmt = null;
                try {
                        stmt = con.createStatement();
                        int num = stmt.executeUpdate(sql);
                        return num > 0 ? true : false;
                } catch (SQLException e) {
                        e.printStackTrace();
                        return false;
                } finally {
                        DBConnection.close(con, stmt, null);
                }
        }
}
    public class AccountService {
        @Test
        public void transfer() throws SQLException {
                Connection conn = null;
                try {
                        conn = DBConnection.getConn();
                        conn.setAutoCommit(false); // 开启事务
                        String sql1 = "update account set money=money-100 where
name='aaa'";
                        DBConnection.update(sql1);
                        String sql2 = "update account set money=money+100 where
name='bbb'";
                        DBConnection.update(sql2);
                        conn.commit(); // 提交事务
                } finally {
                        if (conn != null) {
                                conn.close();
                        }
                }
        }
    }
```

13.6　JDBC 综合案例——DBUtils 通用类

这里给出了我们自定义的 JDBC 通用类的代码案例：

```
jdbcConfig.properties
driverClassName=org.gjt.mm.mysql.Driver
url=jdbc:mysql://localhost:3306/tickerdb?useUnicode=true&characterEncoding=utf-8
username=root
password=root
DBUtils
public class DBUtils {
    static Connection conn;
    static PreparedStatement pstmt;
    static ResultSet rs;
    // 这是个单例模式的例子
    static public Connection getConnection() {
            try {
                    Properties properties = new Properties();
                    properties.load(DBUtils.class.getResourceAsStream("jdbcConfig.prop-
erties"));

                    if (conn == null) {
                            Class.forName(properties.getProperty("driverClassName"));
                            conn=DriverManager.getConnection(properties.getProper-
ty("url"), properties.getProperty("username"),properties.getProperty("password"));
                    }
            } catch (Exception e) {
                    System.out.println(" 数据库连接失败 ");
            }
            return conn;
    }
    static public List<Map<String, Object>> query(String sql, Object... arg) {
            List<Map<String, Object>> list = new ArrayList<Map<String, Object>>();
            try {
                    pstmt = conn.prepareStatement(sql);
                    for (int i = 0; i < arg.length; i++) {
                            pstmt.setObject(i, arg[i]);
```

```
                }
                rs = pstmt.executeQuery();
                ResultSetMetaData rsmd = rs.getMetaData();
                while (rs.next()) {
                        Map map = new HashMap();
                        for (int i = 0; i < rsmd.getColumnCount(); i++) {
                                map.put(rsmd.getColumnLabel(i + 1), rs.getObject(i + 1));
                        }
                        list.add(map);

                }
        } catch (Exception e) {
                e.printStackTrace();
        }
        return list;
}
static public int update(String sql, Object... arg) {
        try {
                pstmt = conn.prepareStatement(sql);
                for (int i = 0; i < arg.length; i++) {
                        pstmt.setObject(i + 1, arg[i]);
                }
                int i = pstmt.executeUpdate();
                return i;
        } catch (Exception e) {
                System.out.println(e.getMessage());
        }
        return 0;
}
static public void close() {
        try {
                if (rs != null)
                        rs.close();
                if (pstmt != null)
                        pstmt.close();
                if (conn != null)
                        conn.close();
        } catch (Exception e) {
```

```
                    System.out.println(" 关闭失败 ");
            } finally {
                    System.out.println(" 关闭数据库结束 ");
            }
      }
}
```

小结

　　本章主要介绍了以下内容：一是 JDBC 技术的常用接口，包括 Statement、Prepared-Statement、CallableStatment 和 ResultSet 接口；二是利用 JDBC 技术访问数据库的主要步骤；三是操作数据库的方法，即添加、修改、删除和查询记录，并分别介绍了如何利用 Statement、PreparedStatment 和 CallableStatment 接口实现；四是如何应用 JDBC 事务。本章针对每个知识点给出了典型的实例，供读者学习和参考。

经典面试题

13-1　　PreparedStatement 接口与 Statement 接口相比，有哪些优势？
13-2　　在使用 JDBC 操作数据库时如何实现批量添加数据？
13-3　　使用 JDBC 如何调用存储过程？
13-4　　说明数据库连接池工作机制。
13-5　　JDBC 如何实现事务处理？

跟我上机

13-1　　使用 JDBC 技术完成数据库表的创建。
13-2　　使用 JDBC 技术对 MySQL 数据库进行增、删、改、查操作。
13-3　　使用 JDBC 将获取的 ResultSet 结果集封装成 List<Map<String,Object>> 集合。
13-4　　使用 JDBC 调用数据库的存储过程。
13-5　　JDBC 事务练习：连接两个数据库，进行下列操作。
（1）模拟一次转账操作，从 Oracle 数据库中取 50 元到 MySQL 数据库的账户中；
（2）对两个数据库的 user 表都进行 UPDATE 操作；
（3）MySQL 的 UPDATE 失败会回滚 Oracle 的 UPDATE。